洺河东庄水库

喀斯特渗漏问题研究

李清波　万伟锋　刘建磊 等　著

中国水利水电出版社
www.waterpub.com.cn
·北京·

内 容 提 要

本书对东庄水库喀斯特渗漏的勘察研究进行了系统梳理和总结。全书共10章，包括绪论、区域地质概况、区域喀斯特发育背景条件研究、喀斯特地下水系统研究、筛珠洞泉域喀斯特地下水子系统特征、库坝区喀斯特水文地质条件、工程区重大喀斯特水文地质问题分析研究、库坝区喀斯特渗漏分析及防渗处理思路、碳酸盐岩库坝区防渗方案、东庄水库蓄水对地下水环境的影响。本书可为我国北方喀斯特地区大型水利工程建设技术论证提供有益借鉴。

本书可供从事水利工程建设的专业人士参考，也可供相关专业高校师生阅读。

图书在版编目（CIP）数据

泾河东庄水库喀斯特渗漏问题研究 / 李清波等著. -- 北京 : 中国水利水电出版社, 2021.5
ISBN 978-7-5170-9600-9

Ⅰ. ①泾… Ⅱ. ①李… Ⅲ. ①喀斯特地区－水库渗漏－研究－陕西 Ⅳ. ①TV697.3

中国版本图书馆CIP数据核字(2021)第097360号

书　　名	**泾河东庄水库喀斯特渗漏问题研究** JING HE DONGZHUANG SHUIKU KASITE SHENLOU WENTI YANJIU
作　　者	李清波　万伟锋　刘建磊　等 著
出版发行	中国水利水电出版社 （北京市海淀区玉渊潭南路1号D座　100038） 网址：www.waterpub.com.cn E-mail：sales@waterpub.com.cn 电话：(010) 68367658（营销中心）
经　　售	北京科水图书销售中心（零售） 电话：(010) 88383994、63202643、68545874 全国各地新华书店和相关出版物销售网点
排　　版	中国水利水电出版社微机排版中心
印　　刷	北京印匠彩色印刷有限公司
规　　格	184mm×260mm　16开本　14.25印张　347千字
版　　次	2021年5月第1版　2021年5月第1次印刷
印　　数	001—600册
定　　价	**120.00元**

《泾河东庄水库喀斯特渗漏问题研究》编撰人员

章　　名	主要撰写人
统稿	李清波
前言	李清波
第 1 章　绪论	李清波　万伟锋　刘建磊
第 2 章　区域地质概况	刘建磊　周益民　戴其祥
第 3 章　区域喀斯特发育背景条件研究	张海丰　邹剑峰　曾　峰
第 4 章　喀斯特地下水系统研究	万伟锋　张海丰　曾　峰
第 5 章　筛珠洞泉域喀斯特地下水子系统特征	李清波　万伟锋　张海丰
第 6 章　库坝区喀斯特水文地质条件	王泉伟　张海丰　周益民　苗　旺
第 7 章　工程区重大喀斯特水文地质问题分析研究	李清波　万伟锋　王泉伟
第 8 章　库坝区喀斯特渗漏分析及防渗处理思路	刘建磊　万伟锋　戴其祥
第 9 章　碳酸盐岩库坝区防渗方案	刘建磊　曾　峰　王泉伟
第 10 章　东庄水库蓄水对地下水环境的影响	曾　峰　邹剑峰　周益民

PREFACE 序

泾河东庄水库是渭河流域防洪减淤体系的重要控制性工程。大坝最大坝高230m，总库容为32.76亿m^3。

工程的勘测、规划与设计工作始于20世纪50年代，直至2018年正式动工兴建，其间工程经历了多次上马、下马的反复和多家勘测设计单位的变动。坝址及近坝库段出露地层为中奥陶统灰岩，地下水位低于河水位30～50m，喀斯特渗漏问题成为坝址选择的关键因素，也是导致坝址选择多次反复的主要原因。

东庄水库从宏观地质条件看可以分为上下两个河段：上河段代表性坝址为前山嘴坝址，基岩为三叠系中下统砂页岩；下河段代表性坝址为东庄坝址，基岩为奥陶系中统马家沟灰岩。两个坝址相距约9km。就地质条件而言，当考虑下坝址复杂的喀斯特渗漏问题时，曾一度倾向选择上坝址；但是当考虑工程综合效益时，下坝址明显优于上坝址，很难言弃。为此，前后参与的几家勘测设计单位都为查清下坝址的喀斯特水文地质条件做了大量的工作。

2010年以来，黄河勘测规划设计研究院有限公司联合陕西省水利电力勘测设计研究院及国内多家科研单位、高等院校，在前人工作基础上对东庄水库开展了新一轮勘察设计及喀斯特渗漏专题研究，主要工作内容包括大范围区域地质背景调查分析、专门性喀斯特水文地质测绘、区域地下水系统划分及其相互联系、喀斯特发育规律调查研究、大量的泉水井水和钻孔地下水位动态调查和长期监测、水化学分析和连通试验、泾河水文资料收集分析、防渗的可行性及防渗方案比较等，并多次召开国内有关专家会议进行专题讨论。经充分勘察和反复论证，得出的结论意见认为：水库右岸不存在向邻谷渗漏问题；左岸钻天岭一带存在地下水分水岭，不存在沟通左岸低邻谷的强渗漏通道；坝基及近坝库段存在防渗可以依托的弱透水岩体。水库蓄水后，渗漏形式以溶隙型为主。通过采取防渗处理措施，东庄坝址具备成库条件。

在有关主管部门主持的多次审查中，与会者基本同意上述结论，并建议在项目建议书阶段采用偏于安全的防渗设计方案，然后在下一步的勘测设计工作中进行优化。东庄水库的喀斯特水文地质问题研究，为我国尤其是北方地区的喀斯特渗漏研究提供了许多有益的经验。

东庄水库坝址的比较选择过程给人以深刻的启迪。就水坝工程而言，坝址选择是一个战略环节，也是一项综合性很强的工作。这一步走好了，以后的勘测设计乃至施工和运行管理都将顺利推进。早期我们在水坝工程建设中所走的弯路多源于对此重视不够，这是很值得记取的。

是为序。

全国工程勘察设计大师 陈德基

2021年4月

前言

FOREWORD

渭河是黄河的第一大支流。泾河是渭河的第一大支流，也是渭河洪水和泥沙的主要来源。泾河洪水场次频繁，洪量集中，洪水决溢后，水退沙存，河渠淤塞，给泾河、渭河下游带来严重洪涝灾害和巨大经济损失，长期以来一直是历届政府的心腹之患。

泾河下游、渭河两岸的陕西关中平原是国家西部大开发“十一五”规划的三大重点经济区之一，在我国经济发展的总体格局中占有非常重要的地位，其经济社会的可持续发展迫切要求泾河、渭河下游河道长治久安。同时，渭河流域水资源相对缺乏，随着关中-天水经济区规划的实施和西咸新区成立，关中地区水资源供需矛盾将进一步突出，成为制约经济社会发展的瓶颈因素。

渭河干流不具备修建控制性防洪工程的条件，泾河两岸迄今也未形成完整的防洪体系。为了从根本上解决渭河水患，缓解渭北“旱腰带”严重缺水问题，中华人民共和国成立以来，一代又一代水利人将目光聚焦到了泾河东庄水库。自1950年9月黄河水利委员会和陕西省首次提出在泾河峡谷段建设大型水库的规划设想起，至2006年，先后有多家勘察设计单位开展了5轮勘测设计工作，但受经济发展水平和工程技术论证难度大等因素影响，每一次工作最终都被无奈搁置。东庄灰岩坝址是否存在严重喀斯特渗漏问题是制约工程立项建设的关键技术问题之一。

2010年5月，陕西省委、省政府决定重新启动东庄水库前期工作。黄河勘测规划设计研究院有限公司联合了陕西省水利电力勘测设计研究院以及中国地质科学院岩溶地质研究所、中国地质科学院水文地质环境地质研究所、中国地质大学（北京）、中国地质大学（武汉）、西安石油大学、长安大学、河海大学、成都理工大学、华北水利水电大学等国内多家科研单位和高等院校，对东庄水库开展了新一轮技术论证，获取了大量可靠的勘察资料，也对东庄水库灰岩坝址喀斯特渗漏问题取得了比较全面的认识，即东庄水库处于一个相对独立的水文地质单元内，不具备发育大规模古喀斯特和近代喀斯特的背景条件，喀斯特渗漏形式以溶隙型为主，不会产生严重的喀斯特渗漏问题，通过采取防渗处理措施，东庄坝址具备成库条件。

2012 年 11 月，东庄水利枢纽工程项目建议书推荐的灰岩坝址方案通过水利部水利水电规划设计总院审查，标志着东庄水库喀斯特问题研究取得了重大进展。2014 年 11 月，东庄水利枢纽工程项目建议书获国家发展和改革委员会批复。2017 年 7 月，国家发展和改革委员会批复了东庄水利枢纽工程可行性研究报告。2019 年 6 月，东庄水利枢纽工程初步设计报告获水利部批复，工程由此进入了全面建设的新阶段，三秦儿女六十多年的梦想即将变为现实。

笔者有幸参与了 2010 年以来新一轮东庄水库勘察设计的全过程。工作伊始，系统整理了已有成果资料，从不同时期的成果报告与会议记录中，看到了政府和社会各界对东庄坝址寄予的厚望，看到了众多技术人员及专家学者严谨务实的工作作风，以及各方对东庄水库喀斯特渗漏问题的不同认识与争论，同时也深深感受到了东庄水库喀斯特渗漏问题勘察研究的艰辛困难。

在这种背景下，笔者在新一轮东庄水利枢纽勘察研究过程中投入大量工作，针对我国北方喀斯特地区具体特点专门开展了喀斯特渗漏专题研究，以要解决的问题为导向，把喀斯特渗漏这个大问题划分为一系列相关问题，抽丝剥茧，一个一个地予以解决。从区域喀斯特发育背景到区域喀斯特地下水系统研究，从库坝区喀斯特发育规律到岩体透水性特征，从工程区重大喀斯特水文地质问题研究到水库渗漏形式及渗漏途径分析，从库坝区防渗方案比选优化到水库蓄水后地下水环境效应评价，每个数据都尽力做到真实可靠，每个观点都经过反复推敲论证，目的是将喀斯特渗漏这一关键问题尽量说清楚，从而为顺利推进东庄水利枢纽建设提供扎实的技术支撑。

目前，东庄水利枢纽工程全面开工建设，前期工作中对东庄水库喀斯特渗漏问题取得的认识是否全面、客观、正确，尚有待于工程实践的进一步检验。笔者认为有必要将东庄水利枢纽喀斯特渗漏勘察研究成果及时进行回顾和总结，向读者系统阐述东庄水库的喀斯特水文地质条件，全面介绍所采用的勘察研究方法，详细论述对东庄水库喀斯特渗漏重大问题的认识及依据，为我国北方喀斯特地区大中型水利工程建设技术论证提供有益借鉴。

在东庄水库喀斯特渗漏问题勘察研究过程中，始终得到了水利部水利电力规划设计总院、陕西省水利厅、陕西省东庄水利枢纽工程建设有限责任公司、原陕西省水利厅东庄水库工程前期工作领导小组办公室与国内众多专家学者的关心支持。全国工程勘察设计大师陈德基、高玉生、李文纲，水利部水利水电规划设计总院教授级高级工程师司富安、鞠占斌，水电水利规划设计总院教授级高级工程师朱建业，陕西省水利电力勘测设计研究院教授级高级工程师濮声荣，长江勘测规划设计研究院教授级高级工程师徐福兴，贵阳勘测设计研究院教授级高级工程师谢树庸，贵州省水利厅教授级高级工程师董存波，以及中国地质大学（北京）教授万力等专家学者更是一直关注研究进展，并通过咨询、审查等多种形式建言献策，悉心指导，为东庄水库喀斯特渗漏问题勘察研究倾注了心血与智慧。陈德基大师更是在百忙之中欣然为本书作序。在此，谨对曾经参与和关心东庄水库喀斯特渗漏问题研究的各个单位及各位专家学者表示崇高的敬意和诚挚的感谢！

在工作及本书编制过程中，还得到了黄河勘测规划设计研究院有限公司董事长、东庄水库项目经理兼设计总工程师张金良教授级高级工程师，公司总工程师、东庄项目副经理景来红大师，公司总规划师、东庄项目副经理刘继祥教授级高级工程师，公司副总工程师、东庄项目设计常务副总工程师刘庆亮教授级高级工程师等的大力支持与帮助。公司地质工程院部分同志参与了本书的数据整理、图件绘制和文稿校对工作。在此一并表示感谢。

由于笔者水平有限，文中疏漏在所难免，热忱欢迎读者批评指正。

作者

2021年3月

CONTENTS

目录

第1章 绪论

1.1 工程概况

东庄水库坝址位于泾河干流最后一个峡谷段出口（张家山水文站）以上 29km，左岸为陕西省淳化县王家山林场，右岸为陕西省礼泉县叱干镇，距西安市约 90km。水库控制流域面积为 4.31 万 km^2，占泾河流域面积的 95%，占渭河华县站控制流域面积的 40.5%，几乎控制了泾河的全部洪水泥沙。坝址断面实测年均悬移质输沙量为 2.48 亿 t，约占渭河来沙的 70%，黄河来沙的 1/6。东庄水库是黄河水沙调控体系的重要支流水库，是国家 172 项节水供水重大水利工程之一，是《黄河流域综合规划》和《渭河流域重点治理规划》中提出的渭河流域防洪减淤体系重要控制性工程，在渭河乃至黄河综合治理开发中占有十分重要的战略地位。

东庄水库开发任务为“以防洪减淤为主，兼顾供水、发电和改善生态等综合利用”。工程等别为Ⅰ等，工程规模为大（1）型，总投资 163.61 亿元，施工总工期为 95 个月。

水库正常蓄水位为 789.00m，死水位为 756.00m，汛期限制水位为 780.00m，100 年一遇防洪高水位为 796.22m，设计洪水位为 799.21m，校核洪水位为 803.29m；总库容为 32.76 亿 m^3，防洪库容为 4.30 亿 m^3，调水调沙库容为 3.27 亿 m^3，拦沙库容为 20.53 亿 m^3；水电站装机容量为 110MW。取水口设计引水流量为 $6.11m^3/s$，水库多年平均供水量为 4.35 亿 m^3。混凝土拱坝设计洪水标准为 1000 年一遇，校核洪水标准为 5000 年一遇。工程区地震基本烈度为Ⅶ度，大坝地震设计烈度采用Ⅷ度。

工程总体布置为：河床布置混凝土双曲拱坝，最大坝高 230m，坝顶弧线长度 456.41m。拱坝坝身河床坝段布置 3 个溢流表孔、4 个排沙泄洪深孔和 2 个非常排沙底孔。坝下设消能防冲水垫塘和二道坝。库区左岸坝前布置发电、排沙及供水联合进水口，引水发电洞、地下厂房及排沙洞布置在左岸山体内。近坝库区防渗帷幕与坝基帷幕连接布置。运行期生态基流通过电站小机组泄放。

东庄水库为峡谷河道型水库。正常蓄水位 789.00m 时，水库沿河道回水长度约 97km 至枣渠电站。其中，大坝至上游 2.7km 老龙山断层处为奥陶系碳酸盐岩库段，近岸地下水位低于现状河水位，形成悬托河，喀斯特形迹以溶孔、溶隙为主，蓄水后存在喀斯特渗漏问题。老龙山断层以上为二叠系、三叠系砂页岩库段，库段内泾河为本区最低侵蚀基准面，两岸地下水分水岭高于水库正常蓄水位，库盆基岩透水性差，不存在水库渗漏问题。

1.2　研究背景

1.2.1　勘察设计历程

泾河干流规划及东庄水库前期工作始于 20 世纪 50 年代。长期以来，国内多家勘察设计单位和科研院所在不同时段围绕东庄水库开展了大量前期勘察设计与研究论证工作，提出了不同坝址和高、低坝等多个方案，其开发目标任务也多次变化。但由于对工程开发任务、喀斯特渗漏、水库泥沙等三大关键问题一直存在不同认识与争议，加之受当时经济发展水平限制，工程经历了多次勘察设计，直至 2019 年 6 月东庄水利枢纽工程初步设计报告获水利部批复，工程才正式进入全面建设阶段。

1. 第一次勘察设计（20 世纪 50 年代）

中华人民共和国成立不久，百业待兴，中央即着手安排研究解决渭河防洪和灌溉问题，启动了泾河东庄水库勘测规划设计工作。1950 年 9 月，黄河水利委员会、西北工程局会同陕西省水利局、西北大学对泾河进行查勘规划，于 1950 年 11 月完成了泾河查勘初步报告，提出在彬县县城以下河段建设高坝大库的规划设想。1956 年，黄河水利委员会和陕西省对泾河干流进行全面勘察和规划，按照“以防洪、灌溉为主”的开发目标，提出彬县大佛寺、礼泉县东庄二级开发方案。1959 年大佛寺水库开工建设，1961 年因国民经济调整而停建。

2. 第二次勘察设计（20 世纪 60 年代）

因黄河三门峡水库运行造成渭河下游严重淤积，灾害频发，直接危及西安安全，引起国务院高度重视。1964 年 8 月，中央领导人在治黄会议上提出确保西安、确保下游的方针，黄河水利委员会随即按照减少入黄泥沙、保卫三门峡水库的思路，提出在渭河最大支流泾河修建拦泥库缓解三门峡水库淤积的思路。同年 10 月，时任水电部副部长钱正英带领全国水利专家对东庄坝址进行踏勘。随后至 1966 年，黄河水利委员会组织技术人员对泾河东庄水库进行勘察设计，提出在礼泉县的泾河下游峡谷修建东庄拦泥库的规划。黄河水利委员会设计院对东庄水库灰岩坝址进行了规划及初设一期选坝阶段的勘测工作，选择了两个坝址，上坝址为现在的灰岩坝址，下坝址位于其下游 3km 处。勘测工作历时两年，完成钻孔 2413m，平洞 568m，完成的主要成果有《泾河东庄拦泥水库规划阶段 1：5 万地质测绘报告》《泾河东庄拦泥水库规划阶段坝段工程地质勘察报告》《泾河东庄坝段初步设计第一期工程地质勘察报告》等。报告中对水库喀斯特渗漏问题的主要结论是：上、下坝址区内喀斯特不发育，地层透水性弱，绕坝渗漏问题不大；地下水埋藏条件及与河水关系未得出确切结论，尚需下步研究。其后，工程因故搁置。

3. 第三次勘察设计（20 世纪 70—80 年代）

陕西省大兴水利，陕西省水电局组织原水电部第三工程局设计院再次开展东庄水库勘测设计，于 1975 年提出修建拱坝方案的技术报告，1975 年底因勘测设计单位隶属关系调整而停止工作。

1978 年，陕西省政府邀请国内著名水电专家对东庄坝址进行了踏勘，并召开泾河东庄水库技术讨论会。会上，一些专家认为灰岩坝址存在喀斯特渗漏问题，应在上游的砂页岩地区另外选择一个坝址；另一些专家认为砂页岩坝址工程量太大，灰岩坝址优越，漏点水成为泉水再加以利用不算损失。

1978—1982年，陕西省水利电力勘测设计研究院对东庄灰岩坝址、湾里砂页岩坝址进行了规划选点阶段地质勘察工作，针对东庄坝址的喀斯特渗漏问题进行了水文地质勘测，发现东庄灰岩坝址地下水位低于河水位。1982年6月，陕西省水利电力勘测设计研究院提交了《泾河东庄水库规划选点阶段（中间）工程地质勘察报告》，认为："灰岩坝址除2.5km碳酸盐岩库段外，无永久性渗漏问题；坝区及碳酸盐岩河段无相对隔水层，地下水位低于河床25.7～29.0m，地表水补给地下水，喀斯特发育深达河床下100余米，拟建水库将成为'悬库'，垂直渗漏是必然的，故坝区及灰岩、白云岩库段要作防渗处理。"其后由于当时国家基建压缩，工作未能继续深入开展。

4. 第四次勘察设计（20世纪90年代）

1991年3月，水利部水利水电规划设计总院会同陕西省水利厅、黄河水利委员会在西安召开了"泾河规划暨东庄水利枢纽工程前期工作讨论会"，确定了东庄一级开发方案，开发任务拟定为"防洪、减淤、灌溉、城镇供水以及发电等综合利用"，并明确上海勘测设计院为可行性研究总负责单位，西北勘察设计研究院负责地勘工作，陕西省水利电力勘测设计研究院参加部分勘测设计工作。

1992年7月，上海勘测设计院在西安召开了由16家单位70余位专家、代表参加的"泾河东庄水利枢纽工程坝段选择地质技术讨论会"。会议提出：鉴于喀斯特问题调查的复杂性，即使进行了相当程度的勘察研究，要得出明确的结论还是很困难的。这样必然会延缓东庄水利工程的前期工作进度，对加速泾河干流（陕西段）的开发和治理带来不利影响……大多数专家根据地质条件建议砂页岩坝段作为可行性研究阶段的工作重点。但最终形成的会议纪要中，仍保留了"有的专家认为灰岩坝段还需进行适当的地勘工作"的意见。根据会议纪要精神，又在砂页岩坝段增选了西马庄坝址和前山嘴坝址。1993—1994年对东庄、西马庄、前山嘴三个坝址开展了勘测工作，提交了选坝阶段工程地质报告。1995年8月完成了《东庄水利枢纽工程可行性研究选坝报告》，报告类比渭北羊毛湾水库、桃曲坡水库及华北碳酸盐岩地区所建水库发生的喀斯特渗漏问题，认为东庄水库蓄水后在200m水头压力下，将会产生严重的喀斯特渗漏问题，必须进行有效的防渗处理。报告推荐坝址为前山嘴砂页岩坝址，坝高195.0m，总库容28.5亿m^3，总投资54亿元。后因资金筹措困难，1996年4月又将开发目标调整为"以灌溉、供水为主，兼有防洪、发电等综合效益"，按正常蓄水位水位760.00m做低坝方案，推荐坝址为西马庄砂页岩坝址，设计库容12.6亿m^3。

1997年12月，上海勘测设计院和陕西省水利电力勘测设计研究院编制完成了《泾河东庄水利枢纽工程项目建议书》并上报水利部。陕西省水利电力勘测设计研究院根据项目建议书审查意见对西马庄坝址和前山嘴坝址进行了补充地勘工作。

1999年7月，中国国际工程咨询公司对项目建议书进行了评估，认为：关于灰岩坝段与砂页岩坝段的比选，几年来已进行过多次审议，确定放弃灰岩坝段。本阶段在砂页岩坝段选择坝址的意见是合适的。

2000年1月，中国国际工程咨询公司在上报国家计委（现为国家发展和改革委员会）的评估报告中提出“在如此高含沙量的河流上修建水库，目前缺少经验，若水库调度不当，不仅水库不能长期发挥效益，而且会加重渭河下游河道淤积，匆忙上马，弊大于利”。至此，工程再一次进入停滞状态。

5. 第五次勘察设计（2000—2006年）

进入21世纪后，国家更加关注渭河洪灾与治理问题。2001年10月，全国政协与中国工程院组成考察团对渭河流域进行了全面考察，形成了关于渭河流域综合治理问题的调研报告，国务院副总理两次作出重要批示：“渭河流域综合治理要列入重要议程，首先要充分论证，做好规划”“渭河流域综合治理应统筹考虑环保和生态问题”。2002年5月，黄河水利委员会组织开展了《渭河流域重点治理规划》编制工作，同时东庄水库规划设计再次启动。

2002—2003年，西北勘察设计研究院针对东庄灰岩坝址喀斯特渗漏和坝肩稳定问题进行了地质复核和补充论证工作，编制了《东庄水利枢纽工程项目建议书阶段工程地质报告》和《泾河东庄水利枢纽工程碳酸盐岩坝段（址）岩溶分析报告》。报告提出：从喀斯特水文地质条件分析，碳酸盐岩库段存在喀斯特渗漏的可能性，必须进行有效的防渗处理，处理后水库渗漏量可减少到允许范围以内。

2005年12月，国务院批复《渭河流域重点治理规划》，明确将泾河东庄水库作为近期实施的重要防洪骨干工程，开发目标确定为“以防洪减淤为主，兼顾供水、发电及改善生态环境”。2006年12月，上海勘测设计院、西北勘察设计研究院完成了《泾河东庄水利枢纽工程项目建议书》。但其后由于没有继续深入开展工作，东庄水库第五次被搁置。

6. 第六次勘察设计（2010—2019年）

随着西部大开发战略、关中-天水经济区发展规划和陕甘宁革命老区振兴计划的逐步实施，陕西省在泾河、渭河两岸布局了一系列开发区和工业园区，防洪安全问题已成为急需解决的首要问题。同时，陕西省水土保持工作也取得了进展，减沙作用初见成效。

基于上述情况，2010年陕西省决定重新启动东庄水库前期工作。陕西省水利厅东庄水库领导小组办公室确定由黄河勘测规划设计研究院有限公司牵头，陕西省水利电力勘测设计研究院配合，联合国内20多家科研单位和高等院校，共同开展新一轮勘测设计与科研工作。

本轮工作启动后，黄河勘测规划设计研究院有限公司和陕西省水利电力勘测设计研究院在东庄灰岩坝址、前山嘴砂页岩坝址开展了大量勘探试验工作，并组织国内科研院所、高校进行联合攻关研究。随着工作不断深入，对东庄水库喀斯特渗漏问题的认识也逐步明确，即东庄水库处于一个相对独立的水文地质单元内，不具备发育大规模古喀斯特和近代喀斯特的背景条件，工程区地下水与渭北“380”喀斯特水无明显水力联系，左岸钻天岭存在地下水分水岭，喀斯特渗漏形式以溶隙型为主，不会产生严重的喀斯特渗漏问题，通过采取防渗处理措施，东庄坝址具备成库条件。

2012年11月，黄河勘测规划设计研究院有限公司和陕西省水利电力勘测设计研究院提交的东庄水利枢纽工程项目建议书通过水利部水利水电规划设计总院审查，标志着东庄灰岩坝址方案所涉及的喀斯特渗漏问题研究取得了重大进展。审查意见指出：碳酸盐岩河谷段地下水位低于河水面40余米，形成悬托型河谷，水库蓄水后存在渗漏问题，渗漏形式为溶隙型渗漏，不排除局部存在强透水带的可能性，基于目前对本区喀斯特水文地质条件的认识，通过采取防渗处理措施，东庄坝址具备成库条件。

2014 年 5 月，东庄水利枢纽工程被列为国务院确定的 172 项节水供水重大水利工程之一。

2014 年 7 月，东庄水利枢纽工程项目建议书通过中国国际工程咨询公司评估。评估意见认为：喀斯特渗漏专题研究成果对区域及河段喀斯特发育特征、喀斯特水文地质条件等分析评价基本合适，可作为本阶段碳酸盐岩库段防渗处理设计的依据；经综合比选本阶段初选东庄坝址是可行的。

2014 年 11 月，东庄水利枢纽工程项目建议书获国家发展和改革委员会批复。

2015 年 7 月，东庄水利枢纽工程可行性研究报告通过水利部水利水电规划设计总院审查。

2016 年 11 月，陕西省东庄水利枢纽工程建设有限责任公司正式注册成立。

2017 年 7 月，国家发展和改革委员会批复了东庄水利枢纽工程可行性研究报告。

2018 年 5 月，东庄水利枢纽工程环评报告通过生态环境部审批。

2018 年 7 月，东庄水利枢纽工程开工建设。

2019 年 6 月，东庄水利枢纽工程初步设计报告获水利部批复，标志着工程进入了全面建设的新阶段。

1.2.2 东庄水库喀斯特渗漏重大问题

1.2.2.1 东庄水库坝址比选

东庄水库工程勘察设计过程中，曾先后比选过前山嘴坝址、西马庄坝址、湾里砂页岩坝址及东庄、老龙山等碳酸盐岩坝址，但不同时段的坝址推荐意见，主要是基于当时对碳酸盐岩库段渗漏问题的认识而提出的，并导致坝址选择几经反复。2010 年以后，坝址比选的重点集中到了以前山嘴坝址为代表的砂页岩坝址和以东庄坝址为代表的灰岩坝址。两代表性坝址相距约 9km。

综合比选结果表明，东庄坝址和前山嘴坝址在正常蓄水位相同的前提下，均能满足防洪、供水等任务，移民占地、环境影响、施工条件、工期差别不大。东庄坝址库容较大，拦沙减淤量较多，发电量大，拦沙减淤效益和发电效益较好，经济指标较优，坝址相对更优。但东庄坝址 2.7km 碳酸盐岩库段水文地质条件复杂，存在喀斯特渗漏问题，是否具备成库条件一直是各方关注争议的焦点，也是长期以来制约工程立项建设的关键技术问题之一，需要进行深入研究论证。

1.2.2.2 东庄水库喀斯特水文地质问题

针对东庄水库喀斯特渗漏问题，多年来主要存在两种不同的观点。一种观点认为，喀斯特地区修筑水利水电工程的复杂程度是公认的，要做到查清库区渗漏段喀斯特发育的具体特征、地下水径流特征、水库渗漏的具体数量和采取有效的防渗措施，需要相当大的勘察工作量和较长的时间周期，才能有较大的把握。从已建工程情况看，在渭北碳酸盐岩地区修建水库多存在严重的喀斯特渗漏问题，东庄水库也位于渭北喀斯特地区，故东庄水库产生比较严重的喀斯特渗漏是必然的，因此不应在东庄坝址修坝建库，而应在上游选择砂页岩坝址修建当地材料坝。另一种观点认为，国内在灰岩上修建高坝大库也有许多成功范例，不应从喀斯特地区必然漏水的概念出发，判定东庄灰岩坝址因渗漏而不能建库，而应认真调查喀斯特发育特征，分析渗漏形式、途径，积极慎重地研究喀斯特防渗处理方案。东庄灰岩坝址岩体完整，喀斯特发育弱，透水性弱，渗漏量小，水库运行后泥沙淤积在库底形成铺盖，将对防渗起到积极作用。总体上看，灰岩坝段不会产生大的渗漏问题，具备建坝成库条件。

上述分歧产生的背景，主要在于东庄坝址碳酸盐岩库段水文地质条件复杂，对一些水文地质现象的认识比较困难。归纳起来，东庄坝址主要存在以下几个重大喀斯特水文地质问题：

（1）东庄水库蓄水后是否会发生与邻近的桃曲坡水库、羊毛湾水库类似的严重喀斯特渗漏问题。桃曲坡水库位于东庄水库东北约50km的耀县（今陕西铜川耀州区，下同）沮河上，水库正常蓄水位为784.00m，总库容为4300万m^3。坝址区出露基岩地层主要为中奥陶统深灰色灰岩、上石炭统杂色页岩、下二叠统碎屑岩，灰岩地层中喀斯特现象十分发育。库坝区地下水位远低于河水位，为悬托型水库。1974年3月水库蓄水至747.80～754.70m高程时，平均漏水量为4.54万～5.77万m^3/d，占河道来水量的57.4%，漏水严重。

羊毛湾水库位于东庄水库西南约50km的乾县漆水河上，水库正常蓄水位为635.90m，总库容为1.2亿m^3。库坝区分布基岩地层主要为寒武-奥陶系灰岩，上覆古近系红土砾石层及第四系黄土。灰岩中喀斯特发育强烈。坝基地下水位低于河床80余米，亦为悬托型水库。水库1971年开始蓄水，库水位蓄至629.00m高程时发生严重喀斯特渗漏，年渗漏量达4700万m^3。

东庄水库工程区与其相邻的桃曲坡水库和羊毛湾水库均位于渭北灰岩地区，因此，东庄水库建成蓄水后，是否会产生与桃曲坡水库、羊毛湾水库类似的严重渗漏现象，是一个十分重大而敏感的问题。

（2）筛珠洞泉域喀斯特水与其东部铜川-韩城喀斯特水的水力联系问题。东庄水库碳酸盐岩库段位于渭北喀斯特地区的筛珠洞泉域喀斯特水子系统内，该系统东部在口镇附近与铜川-韩城喀斯特水子系统相接。铜川-韩城子系统内喀斯特水位都在380.00m高程左右，径流排泄通畅，人们常以“380”喀斯特水称之。老龙山断层为筛珠洞泉域子系统的北部隔水边界，断层发育规模大，向东一直延伸穿过口镇，因此，水库蓄水后是否会沿老龙山断层向东部的“380”喀斯特水系统产生集中渗漏也一直是争论的焦点问题之一。

（3）筛珠洞泉群泉水补给来源问题。筛珠洞泉群位于陕西省泾阳县西北约30km泾河出山口，泉群多年平均流量约为1.48m^3/s，是筛珠洞泉域地下水子系统内最大的地下水集中排泄点。多年来，对于筛珠洞泉群补给来源问题一直存在不同认识，其中一种观点认为泉域内地下喀斯特现象较为发育，可能存在相对集中的排泄通道，泉水补给来源大部分来自泾河河水渗漏，东庄水库建成后将会产生严重的喀斯特渗漏问题。

（4）水库左岸钻天岭地下水分水岭问题。东庄水库碳酸盐岩库段以东约7km处为钻天岭地表分水岭，其顶峰高程为1599.00m。坝址区地下水位一般在550.00～580.00m之间，而位于水库东南方向口镇一带的张家山山前断裂带地下水位在510.00～550.00m之间，因此有人认为，钻天岭一带不存在地下水分水岭，水库蓄水后，库水整体上可能以较为通畅的形式向东部方向径流，最终沿张家山断裂带向东南方向径流排泄，产生严重渗漏。

钻天岭一带地形复杂，交通不便，前期一直未对钻天岭分水岭一带开展过勘探工作，钻天岭一带是否存在地下水分水岭缺乏直接证据，因而该问题也成为勘察研究过程中的重大争议焦点之一。

(5) 碳酸盐岩库段悬托河成因问题。东庄坝址坝前 2.7km 碳酸盐岩库段，地下水位普遍低于泾河水位 30～50m，为悬托型河谷。河床以下和两岸无可靠的隔水岩层。

在喀斯特地区，悬托河往往意味着河床以下喀斯特较为发育，径流和排泄的速度较快，在悬托河段上建坝面临的喀斯特渗漏风险很高。因而悬托河的存在成为制约东庄坝址是否具备建坝成库条件的关键水文地质问题之一。关于东庄水库悬托河段的成因机制及其对水库渗漏的影响程度，在前期勘察研究过程中长期未形成统一认识。

(6) 东庄水库渗漏形式、渗漏途径及防渗处理问题。水库防渗方案的合理确定主要取决于库水渗漏形式、渗漏途径、渗漏量、地层结构、岩体透水性、地下水位以及工程费用等因素，其中渗漏形式、渗漏途径的影响尤为显著。基于对东庄水库区域喀斯特发育背景条件、库坝区喀斯特发育特征及岩体透水性特征的不同认识与理解，前期工作中对东庄水库喀斯特渗漏形式、渗漏途径以及渗漏量的分析判断亦存在不同认识，从而导致防渗方案难以决策。

上述重大问题长期以来一直影响着东庄水利枢纽工程的论证与决策，也因而成为 2010 年以后新一轮东庄水库喀斯特渗漏问题勘察研究的重要方向及关键内容。

1.3 研究内容、方法与结论

1.3.1 研究内容与技术方法

1.3.1.1 研究内容

东庄水库喀斯特渗漏问题研究范围处于东经 108°00′～108°50′，北纬 34°30′～34°50′之间，东西长约 78km，南北宽约 36km，面积约 2808km^2。研究区地处鄂尔多斯地块与渭河盆地的交接过渡地带，主要包含咸阳市泾阳县、礼泉县、乾县、永寿县以及淳化县的大部分区域。泾河自西北向东南方向横穿工程区域，东部大致以流经淳化县城的冶峪河流域为界；西部至漆水河流域，大致以乾县羊毛湾水库至永寿县南甘井一线为界。

针对东庄水库喀斯特渗漏的重点问题与认识分歧，确定主要研究内容如下：

(1) 区域喀斯特发育背景条件及特征。

(2) 区域喀斯特水系统划分及其水文地质特征。

(3) 库坝区喀斯特水文地质条件。

(4) 工程区重大喀斯特水文地质问题研究。

(5) 水库渗漏形式与途径分析。

(6) 水库防渗工程方案比选优化。

(7) 水库蓄水对地下水环境影响评价。

1.3.1.2 技术方法

1. 研究思路

研究区位于陕西省境内渭河以北的北部低山丘陵区及黄土塬区，气候半干旱，碳酸盐岩大部分上覆有第四纪黄土，小部分裸露、半裸露。总体上看，受气候与地质条件影响，研究区喀斯特在埋藏类型、发育形态、含水介质类型、喀斯特水系统、喀斯特水文地质结构、补径排特征等方面均与我国南方地区存在明显差异，喀斯特发育程度总体上较弱，规模较小，分布不均。同时，东庄水库碳酸盐岩库段河谷为悬托河，两岸山体陡峻，地下水埋深较大，地下水径流方式以溶蚀裂隙流为主，径流缓慢，南方喀斯特地区一些行之有效的试验研究方法（如堵洞试验等）在研究区并不适用，勘察研究工作难度大。

工作中，围绕东庄水库喀斯特渗漏与防渗处理的关键技术问题，以“区域喀斯特发育背景→喀斯特水系统研究→工程区喀斯特发育特征→库坝段岩体透水性特征→防渗体系”为研究主线，按从面到点、从区域到坝址的思路全面系统地展开研究。针对研究区典型北方喀斯特发育特征，采用水文地质调查、水化学分析、同位素测试、大型示踪试验、物探、钻探、洞探、地下水监测和地下水渗流数值模拟等方法，重点对东庄水库与桃曲坡、羊毛湾水库的喀斯特发育差异、喀斯特水系统之间水力联系、左岸钻天岭地下水分水岭、库坝段悬托河成因等一系列关键水文地质问题进行深入研究，以期在一些分歧问题和重点难题方面取得突破，最终的目标是对库坝区喀斯特渗漏问题进行全面分析评价，并提出科学、合理和经济的防渗处理方案。

为全面完成研究目标，黄河勘测规划设计研究院有限公司联合了国内多所高校和科研院所开展了一系列专项研究工作，主要包括以下内容：

（1）区域喀斯特发育背景条件研究。

（2）地下水同位素和水化学研究。

（3）喀斯特水示踪试验渗流场分析研究。

（4）碳酸盐岩库段可溶岩可溶性分析研究。

（5）碳酸盐岩库段地下水渗流计算分析研究。

（6）水库蓄水对地下水环境影响研究。

2. 技术路线

研究采用的技术路线见图1.3-1。

3. 主要技术方法

研究中采用的主要技术方法如下：

（1）区域喀斯特水文地质调查与测绘。以东庄水库库坝区为中心，开展了1∶10万的区域水文地质调查及测绘，总面积达1600km^2，范围覆盖渭北中部地区的礼泉县、乾县、永寿县、淳化县和泾阳县，对测绘范围内诸如泉点、机（民）井等主要水文地质点进行了详细调查。同时利用补充地质测绘，确定了沙坡断层、张家山断层、老龙山断层的位置、产状、规模及水文地质特征，进一步核实了区域地下水补给、径流和排泄条件及地下水开发利用现状，为分析库坝区喀斯特水文地质单元的边界条件与区域喀斯特水水位和径流方向提供了基本依据。

（2）同位素与水化学分析。结合区域喀斯特水文地质测绘成果，综合考虑各主要水文

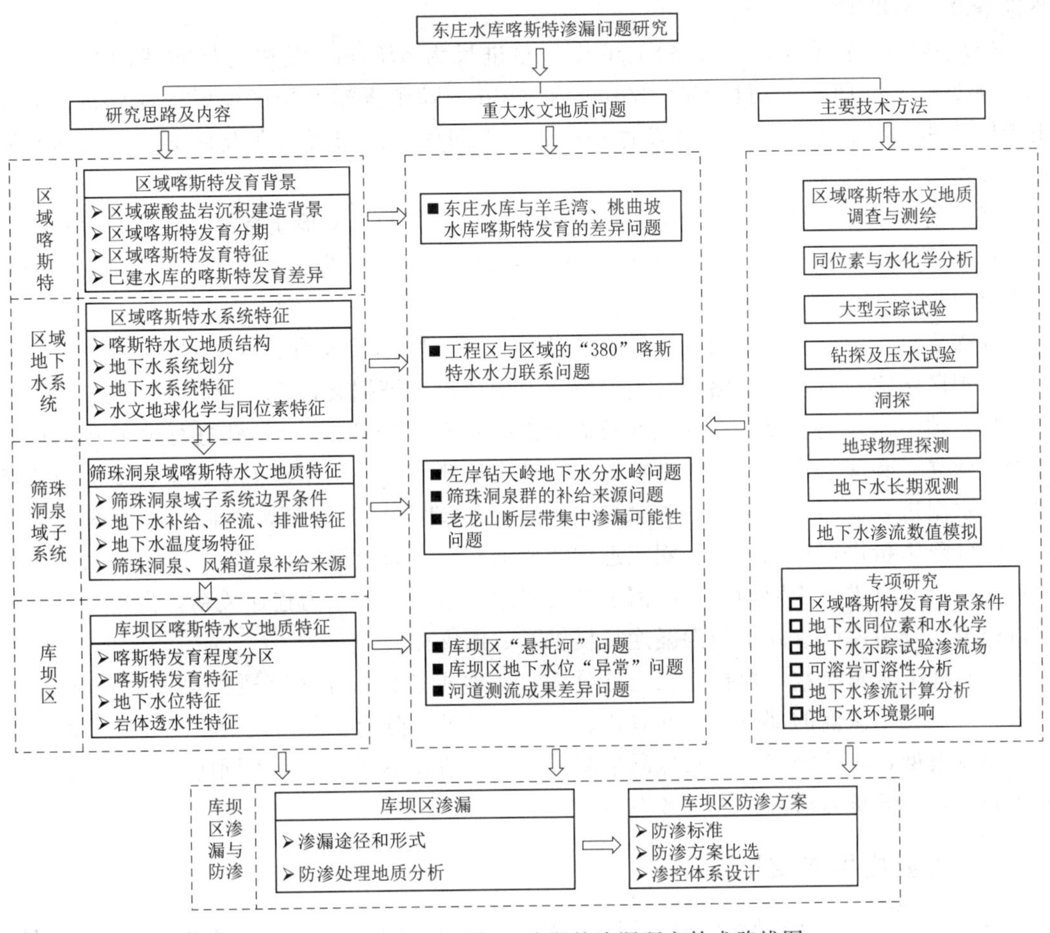

图 1.3-1　东庄水利枢纽喀斯特渗漏研究技术路线图

点的分布位置、赋水岩性、地下水位等因素，采集库区及其周边具有代表性的地下水、地表水、泉水和大气降水样品共计 152 组，其中同位素水样 53 组，水化学样 99 组，利用同位素测年和水质分析等技术手段对区域地下水径流场、水化学场开展研究，以获取区内不同喀斯特水子系统的地下水化学特征及其内在联系，为查明筛珠洞泉域地下水主要补给来源和径流排泄途径提供佐证。

（3）大型示踪试验。为充分论证东庄水库所处喀斯特水子系统的地下水径流场特征，验证老龙山断裂和张家山断裂的导水性及地下水渗流方向，分析筛珠洞泉水的成因与补给来源，在泾河河水，库坝区及左岸钻天岭的钻孔中投放示踪剂，开展大型二元示踪试验和三元示踪试验，接收检测点共计 36 个，涵盖筛珠洞泉域子系统内的喀斯特泉水、地表河水、钻孔以及泾河出山口冲积平原的民井地下水。另外在坝址上游的 ZK322 钻孔实施了小型示踪试验 1 组，获取了钻孔附近河床岩体透水性和下渗补给特征。

（4）钻探及压水试验。研究区内共布置地质勘探孔 89 个，总进尺为 20848m。结合水库特征水位，对钻孔基岩段进行压水试验 3258 段，分层观测钻孔稳定水位 150 段，获取区内地层岩性分布、岩体透水率及地下水渗流场特征，为水库蓄水后的渗漏量估算以及防渗帷幕设计提供了分析依据。

(5) 洞探。库坝区共布置平洞66个，总进尺为6783m。其中左岸布置的两条平洞YRPD01和YRPD02，深度分别为787m和350m。除了揭露库坝区地层岩性分布、老龙山断层及其影响带宽度与喀斯特发育特征外，平洞内部还布置钻孔及地下水位长期监测孔，以做动态监测和示踪试验接收之用。

(6) 地球物理探测。为确定老龙山断裂展布及深部的水文地质特征，在老龙山断裂带及碳酸盐岩库段完成大地电磁（EH4）物探剖面30.7km、跨孔电磁CT测试2777.0m，全孔壁成像14045.9m。

物探成果可为分析老龙山断裂带岩体破碎程度、喀斯特发育、地下水位及透水特征，总结库坝区水文地质条件、喀斯特发育特征及规律提供证据支持。

(7) 地下水长期观测。在库坝区及周边选择具有代表性24个钻孔进行地下水位长期观测，建立了碳酸盐岩库坝区喀斯特地下水动态监测系统，利用地下水位全自动监测仪对水位、水温进行监测，获取库坝区及周边地下水位动态变化特征，并将监测数据与河水位、大气降雨量进行对比分析，圈定近坝河段悬托河分布范围，证实钻天岭地下水分水岭的可靠性，并且进一步明确了泾河河水与两岸地下水之间的水力连通关系，为建立地下水渗流模型、分析库区渗漏量与渗漏途径提供了数据支撑。

(8) 地下水渗流数值模拟。在充分分析水文地质条件、库区喀斯特发育特征前提下，对水库可能发生渗漏的部位、渗漏方式、渗漏途径进行分析，并以此为基础建立了地下水三维渗流模型，范围涵盖整个筛珠洞泉域子系统，估算不同工况、不同防渗处理方案的水库渗漏量，并评价防渗方案的有效性。

1.3.2 主要成果与结论

经过近10年的系统勘察研究与深入分析论证，查明了东庄水库喀斯特水文地质条件，分析评价了工程区重大喀斯特水文地质问题，提出了合理的水库防渗处理方案，为东庄这一喀斯特水文地质条件十分复杂的大型水利枢纽工程的开工建设奠定了基础。主要研究成果与结论如下：

(1) 东庄水库的喀斯特发育背景及渗漏条件与羊毛湾水库、桃曲坡水库存在明显差异，蓄水后不会产生类似于桃曲坡、羊毛湾水库的严重渗漏问题。

从渭北地区碳酸盐岩沉积环境、古地理特征、构造演化史和河流发育史等角度出发，系统研究了工程区所在区域的喀斯特发育背景。研究区在地质演化历史中，整体经历了加里东和燕山两次强烈的造山运动，形成两次大的沉积间断，奠定了本区喀斯特发育的基础。在两次沉积间断期，东庄水库工程区一直处于渭北山区高地，历史时期发育的古老喀斯特、古喀斯特大部分在后期被剥蚀掉，不具备发育大规模古老喀斯特和古喀斯特的背景条件。库坝区喀斯特主要为第四纪以来沿河谷岸坡发育的近代喀斯特，且处于发育初级阶段，喀斯特发育程度弱。

东庄水库和羊毛湾水库、桃曲坡水库在沉积环境、古喀斯特发育条件和渗漏条件等方面存在明显差异。桃曲坡水库喀斯特是古老喀斯特经后期改造形成的喀斯特系统，羊毛湾水库喀斯特是古喀斯特经后期改造形成的喀斯特系统。东庄水库喀斯特主要为第四纪以来沿河谷发育的近代喀斯特，喀斯特发育形式以溶隙、溶孔为主，未形成大规模连通的喀斯特管道系统，水库建成后不会产生类似桃曲坡水库、羊毛湾水库的严重渗漏问题。

(2) 东庄水库碳酸盐岩库段所在的筛珠洞泉域喀斯特水与其东部铜川-韩城喀斯特水之间不存在明显的水力联系，水库蓄水后不会向铜川-韩城喀斯特水系统产生集中渗漏。

渭北地区喀斯特地下水分为北部山区喀斯特水和南部的山前深埋喀斯特水，北部山区喀斯特水大致以口镇为界，可划分为岐山-泾阳喀斯特地下水系统（Ⅰ）和铜川-韩城喀斯特地下水系统（Ⅱ）两个喀斯特水系统；岐山-泾阳喀斯特地下水系统以唐王陵向斜1000～2500m厚的含砾页岩为相对隔水边界，进一步划分为两个子系统，即筛珠洞泉域子系统（I_1）和周公庙-龙岩寺泉域子系统（I_2）。东庄水库处于筛珠泉域喀斯特地下水子系统（I_1）中沙坡断层以北水文地质单元（I_1^1）内。

通过水文地质调查、地下水同位素分析和示踪试验等方法，基本查明了筛珠洞泉域喀斯特水系统和铜川-韩城区域“380”喀斯特水系统的关系。二者交汇部位地下水位相差大，地下水同位素差异明显，示踪试验未发现二者之间存在连通性，表明二者之间不存在明显的水力联系。东庄水库蓄水后向东部铜川-韩城喀斯特地下水子系统（“380”喀斯特水）渗流的可能性很小，也不会沿老龙山断层带向东产生集中渗漏。

(3) 筛珠洞泉域地下水子系统与其西南部龙岩寺泉地下水子系统之间存在水力联系。泾河河水对筛珠洞泉群的入渗补给量有限。

采用水文地质测绘、地下水化学和同位素测试等手段，系统研究了筛珠洞泉域喀斯特水系统的补给来源问题。研究成果表明，筛珠洞泉群既接受泉域内部地下水的补给，又接受其西南部周公庙-龙岩寺泉域地下水的补给。泾河河水与筛珠洞泉水化学成分、同位素等指标差异明显，河水入渗对筛珠洞泉群的补给量有限。

(4) 查明了工程区地下水径流特征，揭示了碳酸盐岩库段东部钻天岭一带存在地下水分水岭，水库蓄水后向东产生渗漏的可能性小。

通过钻探、地下水位长期观测等工作，揭示了碳酸盐岩库段东部的钻天岭一带存在地下水分水岭，其地下水位为714.00～782.00m。该分水岭的存在对工程具有重要意义。

东庄水库碳酸盐岩库段左、右两岸均存在地下水分水岭。天然状态下，泾河两岸地下水均向泾河河谷方向径流，然后再向河谷下游方向排泄，至坝址下游约4.5km沙坡断层处，大部分地下水受沙坡断层下盘平凉组页岩阻隔和河谷切割控制，在风箱道一带以泉水方式出溢补给泾河。另一部分地下水通过深部循环越过沙坡断层向下游排泄。坝址区河床与近河谷岸坡部位地下水与河水具有一定水力联系，地下水动态与河水位基本上同步变化。其他区域地下水与河水水力联系微弱，受河水动态变化影响不明显。

数值模拟结果表明，水库蓄水后钻天岭一带地下水位将进一步壅高，壅高后的地下水位可能高于东庄水库正常蓄水位（789.00m），库水向东及东南方向产生渗漏的可能性较小。

(5) 揭示了东庄水库碳酸盐岩库段“悬托河”成因机制及地下水位持续下降的主要原因。悬托河的形成主要受补给条件差及排泄相对通畅两方面因素控制。区域地下水开采是导致工程区地下水位持续下降的主要原因。

通过工程区水文地质勘察及地下水位长期观测，揭示了东庄水库碳酸盐岩悬托河段仅分布在老龙山断层以南、沙坡断层以北的河床和近河岸坡地段，地下水位低于河床30～50m。悬托河的形成主要受补给源不足及排泄途径相对通畅两方面因素控制：一是工程区河床以下普遍存在微弱透水岩体，两岸碳酸盐岩裸露区地形陡峻，覆盖区和埋藏区上覆有黄土地层，地下水补给条件差；二是位于坝址下游的沙坡断层及其北侧分布的平凉组页岩为阻水构造，构成了工程区一级排泄基准面（风箱道泉群），地下水排泄相对通畅。

水库修建前，东庄水库碳酸盐岩悬托河段地下水位主要受风箱道泉群排泄基准面控制。1965年以来悬托河段地下水位下降幅度为20～30m，区域地下水开采所引起的地下水位下降联动效应是导致该区地下水位呈持续下降趋势的主要原因。

(6) 查明了工程区喀斯特发育特征和分布规律，揭示其喀斯特发育形态以溶隙、溶孔为主。对碳酸盐岩库段进行了岩体可溶性和喀斯特发育程度分区，查明了各区岩体渗透结构和透水性特征。

通过地表水文地质调查、探洞、钻孔、钻孔内高清晰光学成像以及大型示踪试验等多种手段，揭示工程区喀斯特发育形态主要以溶隙为主，溶孔次之，喀斯特发育程度弱。喀斯特形迹主要沿裂隙、层面、软弱夹层等结构面分布，局部沿构造裂隙发育孤立的浅表型溶洞，但溶洞规模一般较小，未发现连通的喀斯特管道系统。岸坡50m深度内沿结构面溶蚀现象相对明显，较大溶蚀裂隙发育深度可达100m以上，并多被黏土、岩屑、钙质充填，埋深150～200m以下喀斯特发育程度总体微弱。

根据地表喀斯特发育特征、地质构造、地层岩性，将2.7km碳酸盐库坝段分为A区、B区、C区3个区。A区为老龙山断层及其影响带，岩性主要为白云岩，岩体较破碎，但挤压紧密，浅表部喀斯特相对较发育，深部发育弱；B区为中倾横向或斜向谷，岩性为白云岩夹泥质白云岩、灰岩，受白云岩夹泥质白云岩层状渗透结构控制，喀斯特发育弱，在垂层方向具有一定隔水作用；C区为库首巨厚层灰岩段，溶蚀裂隙较发育。

碳酸盐岩库段岩体透水性总体上随埋深增加而降低。左岸初拟防渗帷幕线550.00m高程以下，岩体为弱透水—微透水，550.00m高程以上存在部分强透水段；右岸透水性整体上弱于左岸，初拟防渗帷幕线600.00m高程以下，岩体为弱透水—微透水，600.00m高程以上存在少量强透水段；河床岩体透水性整体上为弱透水—微透水，中等透水试验段占比小于10%，仅个别孔段偶见强透水岩体。

河床坝基部位512.00～526.00m高程以上存在厚度60～90m的微—弱透水岩体；365.00～526.00m高程间岩体受构造及溶蚀裂隙发育影响，透水性总体上为弱—中等，其分布在横河向局限于河床与左岸坝基范围内，在顺河向局限在坝轴线上下游一定范围内；365.00m高程以下岩体透水性微—弱。两坝肩及坝肩外侧岸坡岩体透水性以微—弱为主，650.00m高程以上局部岩体透水性为中等—强，左岸中等—强透水性岩体分布相对较多，其埋深一般小于300m；右岸中等—强透水性岩体零星分布，且埋深一般小于200m。

(7) 东庄水库喀斯特渗漏形式以溶隙型为主，渗漏途径主要为坝基及绕坝渗漏。通过采取防渗处理措施，东庄坝址具备成库条件。

工程区喀斯特发育形式以溶隙、溶孔为主，溶洞规模较小，孤立发育，且多为口大里小，最终渐变为溶蚀裂隙，未形成连通的喀斯特管道系统；水化学分析、同位素研究表明泾河河水与喀斯特水水力联系较弱，示踪试验表明库坝区不存在喀斯特管道系统，局部优势渗流通道以裂隙流为主。综合分析判断，碳酸盐岩库坝区渗漏形式以溶隙型为主，局部可能存在沿溶蚀大裂隙和断层的脉管型渗漏。

碳酸盐岩库段两岸均存在地下水分水岭。水库蓄水后，右岸地下水分水岭远高于水库正常蓄水位，不存在侧向渗漏问题；左岸钻天岭一带壅高后的地下水位可能高于东庄水库正常蓄水位（789.00m），库水向东及东南方向产生渗漏的可能性较小，即便局部地段地下水位在水库蓄水后略低于正常蓄水位，由于渗径很长，水力坡降很小，其向远端产生的渗漏量也会十分有限。老龙山断裂带三元大型示踪试验及地下水位长期观测结果均揭示，水库蓄水后沿老龙山断裂带向东产生渗漏的可能性基本不存在。综合分析判断，水库蓄水后产生渗漏的主要部位是库首C区，主要渗漏途径为坝基及绕坝渗漏。采取防渗处理措施后，东庄坝址具备成库条件。

（8）经多阶段深入比选，提出了“坝基坝肩防渗帷幕向两岸延伸接弱透水岩体”的水库防渗处理优化方案，大幅降低了防渗工程投资。经计算，防渗处理后水库渗漏轻微。

基于对东庄水库喀斯特渗漏问题认识的不断深入，可行性研究阶段对项目建议书修编阶段采用的“全包”防渗方案（两岸帷幕线从坝址处一直接到老龙山断层的全封闭防渗方案）进行了优化，提出了取消右岸A区、B区防渗帷幕，并适当抬升左岸A区、B区防渗底界的方案，即左岸全封闭、右岸坝肩接弱透水岩体的“半包”防渗方案。

初步设计阶段又对防渗方案进行了进一步比选优化，最终确定采用“坝基坝肩防渗帷幕向两岸延伸接弱透水岩体”的防渗方案。鉴于河床及左岸坝基岩体连续1Lu界线埋深大，且河床坝基上部存在60～90m厚的微—弱透水岩体，综合考虑地下水位、岩体透水率和埋深等因素，在确保大坝渗透稳定及水库渗漏量总体可控的前提下，坝基防渗帷幕按近似于平行坝轴线布置，穿过河床及左岸坝基库区弱—中等透水岩体深入至3Lu线以下5m；左右坝肩防渗帷幕分别外延与库区防渗帷幕衔接，帷幕幕底深入至3Lu线以下5m；库区防渗帷幕在左、右岸均沿山脊布设，端点接B区白云岩弱透水地层，帷幕底界按小于3Lu控制。该方案较“全包”防渗方案节约投资7.51亿元。

数值模拟计算结果表明，采用“坝基坝肩防渗帷幕向两岸延伸接弱透水岩体”防渗方案工况水库渗漏量约2215万m^3/a，占多年平均入库径流量的1.83%，属轻微渗漏。同时，蓄水后库底将形成较大厚度的泥沙淤积铺盖，可进一步有效降低水库渗漏量。

（9）对东庄水库蓄水后的地下水环境影响效应进行了评价。水库蓄水后将导致坝址下游风箱道泉与筛珠洞泉流量有所增加，但对筛珠洞泉水质影响轻微，不会产生大的环境地质问题。

水库蓄水后产生的渗漏量主要向下游沙坡断层以北的河道和风箱道泉群排泄，少量通过深循环绕过沙坡断层后向筛珠洞泉群和张家山断裂处排泄。水库蓄水后产生少量渗漏不影响水库功能、效益的发挥。在采取帷幕防渗条件下，水库蓄水后会导致风箱道泉与筛珠洞泉流量不同程度的增加，地下水上升区其范围主要在沙坡断层以北的库坝区及其附近区域。水库蓄水对下游筛珠洞泉群水质影响微弱，不会导致地下水质量级别发生变化，不会产生大的环境地质问题。

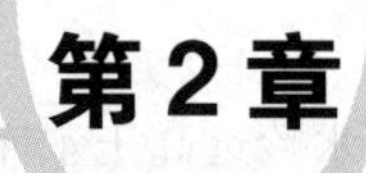

第2章 区域地质概况

本书所述研究区指渭北北山一带，包括渭北碳酸盐岩分布区及其相邻或相间分布的非碳酸盐岩分布区以及山前地段。该区域北部以灵台县、旬邑县和白水县一线为界，东部以宜川县、韩城市和华阴市一线为界，南部以大荔县、阎良区、泾阳县和杨陵区一线为界，西部以岐山县、灵台县一线为界。所述研究区主要包含乾县、礼泉县、泾阳县、淳化和永寿县部分区域。所述工程区指的是东庄水库坝址上至老龙山断层、下至沙坡断层的泾河河谷及其左右岸一定范围内的地段。

2.1 气象水文

2.1.1 气象

研究区所在的区域属温带半干旱大陆性季风气候，全年多被西北干旱寒冷气流控制，四季分明，具有气候干燥、蒸发作用较强烈、年温差与日温差较大、湿度较小、降水量小而集中、时空分布不均等特点。

气温大致呈现出南高北低的趋势，东西差异不大。据礼泉县气象站资料显示，研究区东南部区域多年平均气温为12.9℃，年极端最高气温为42.0℃，最低气温为－19.4℃，多年平均无霜期214d，平均光照时数为2215.6h。降水量时空分布不均。空间上，区域总体特征为基岩山区大于黄土台塬、黄土丘陵区，西部整体大于东部，西北向东南逐渐减小。年内降水量主要集中在7—9月，短期降水量超过全年降水量的50%。区内历年降水量的分布也十分不均匀，丰水年、枯水年降水量差距显著，且极不稳定。据彬县气象站降水量时间序列资料显示，研究区旱年较多，约相当于丰、平水年之和，历史最大年降水量为987.0mm，最小年降水量仅358.0mm。历年的降水量时间序列资料显示，大致以8～12年为一个周期出现一个丰水年，而每个丰水年后3年左右出现一个降水量相对较小的枯水年。在连续干旱年份期间，地表水资源急剧减少，地下水位也随之下降。

据淳化、旬邑、彬县、永寿4县1961—2000年气象资料统计结果，研究区内多年平均年降水量为561.0mm，多年平均年蒸发量为1378.0mm。

2.1.2 水文

流经研究区的主要河流有4条，自西向东分别是漆水河、泔河、泾河以及冶峪河（见

图 2.1-1)。由于这些河流都流经黄土地区，降水量相对集中，水土流失严重，河流携沙量较大，侵蚀模数大，水位和流量具有显著季节性变化，丰水期和枯水期会相应出现暴涨暴落等特点。

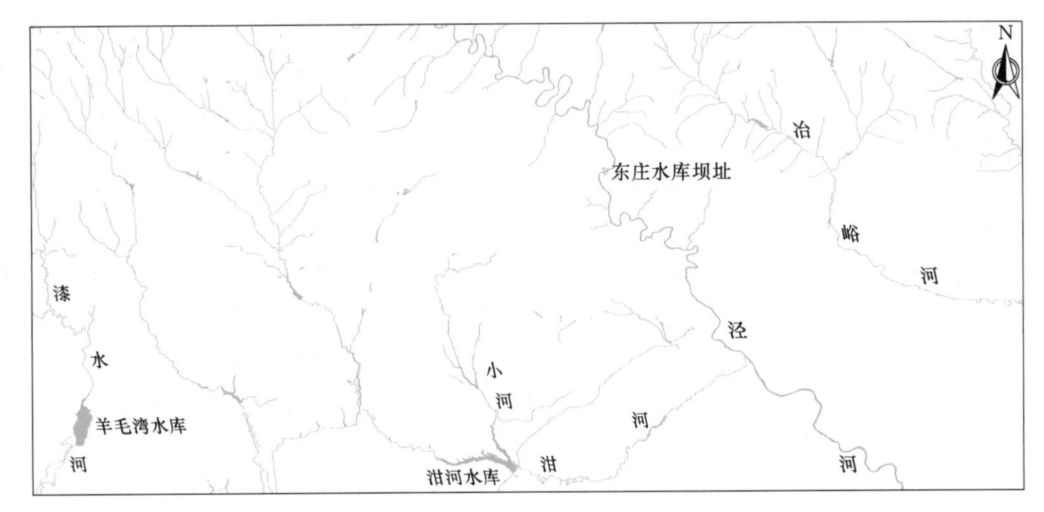

图 2.1-1 研究区主要河流水系图

研究区河流中、上游的黄土丘陵、基岩山区等地带，沟谷、河谷发育，地表径流条件好，降水多以地表径流形式排泄，河谷对地下水的排泄作用较强，地表水对地下水的补给作用一般较弱。但泾河与沙坡断层交接处以北的碳酸盐岩地段，由于受区域地下水排泄基准面控制，地下水位低于泾河水位，造成河水在某种程度上补给地下水。

1. 漆水河

漆水河发源于麟游县招贤以北的斜梁，经麟游、永寿、乾县、武功等县流入渭河，属于渭河一级支流。全长约 151.6km，流域面积约为 3824km^2，年平均流量约为 2.7m^3/s，年径流量为 0.31 亿～1.7 亿 m^3，多年平均径流量约为 0.86 亿 m^3。根据监测资料，最大日流量为 131.0m^3/s（1981 年 8 月 21 日），最小日流量为 0.012m^3/s（1981 年 1 月 4 日）。

位于漆水河上的羊毛湾水库属大（2）型水库，始建于 1958 年 10 月，1969 年 10 月关闸蓄水，1970 年 5 月正式投入使用，水库以上控制流域面积约为 1100km^2，总库容约为 1.2 亿 m^3，有效库容为 0.522 亿 m^3，正常蓄水位为 635.90m，有效灌溉面积达 23.9 万亩，具有多年调蓄特征。

2. 泔河

泔河为泾河的支流，发源于永寿县北斜梁罐罐沟，流向为北西—南东方向，全长约 76.0km，流域面积约为 1185km^2，于礼泉县白灵公汇入泾河，多年平均径流量为 0.22 亿 m^3。

在礼泉县北部约 3.5km 处的泔河与小河交汇处建有泔河水库，它是一座以灌溉为主，兼具防洪、水产养殖等综合功能的中型水库。大坝上游主河道长约 54km，控制流域面积约为 710km^2，主要支流为小河。水库始建于 1958 年，于 1972 年 5 月建成投运，正常蓄水位为 541.00m，总库容约为 0.646 亿 m^3，兴利库容为 0.313 亿 m^3。水库正常运行控制库容约为 0.438 亿 m^3。

3. 泾河

泾河是渭河的最大支流、黄河的二级支流，发源地位于宁夏回族自治区六盘山东麓的泾源县老龙潭，源头海拔 2540.00m，自北西—南东向依次流经宁夏回族自治区、甘肃省、陕西省。由长武入陕西，经淳化、礼泉、泾阳等县，于陕西省高陵县（今西安市高陵区，下同）陈家滩汇入渭河。泾河干流总长约 455.1km，河道平均比降约为 2.47‰，流域面积约为 4.54 万 km^2。位于研究区内泾河出山口的张家山水文站控制的流域面积约为 4.32 万 km^2，约占泾河流域总面积的 95%。

据泾河出山口张家山水文站实测资料统计结果显示，1932—2008 年时间序列的多年平均实测天然径流量约为 17.32 亿 m^3，其中汛期 7—10 月径流量约为 10.71 亿 m^3，约占年径流量的 61.8%，非汛期径流量约 6.61 亿 m^3，占年径流量的 38.2%。泾河年径流量年际变化见图 2.1-2。据史料记载，泾河历史最大洪峰流量约为 1.67 万 m^3/s（1841 年），最小流量约为 $1.9m^3/s$（1980 年 1 月）。泾河是一条典型的多泥沙河流，多年平均含沙量约为 $141kg/m^3$，年最大天然输沙量约为 11.42 亿 t，年最小天然输沙量约为 0.54 亿 t，实测最大含沙量为 $1430kg/m^3$，侵蚀模数为 $3812.5t/(km^2 \cdot a)$。

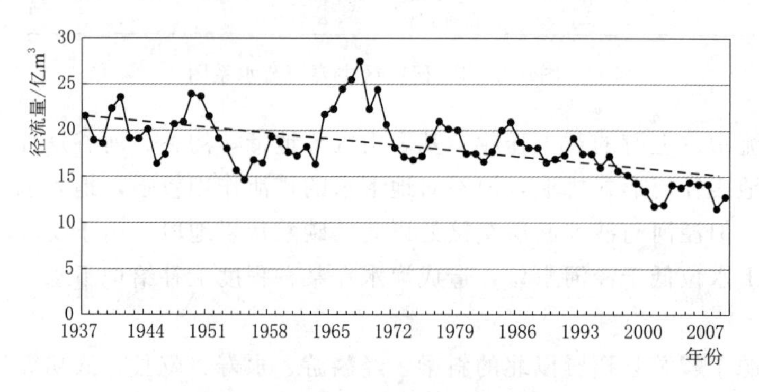

图 2.1-2　泾河年径流量变化曲线

（据 1932—2008 年张家山水文站资料）

从图 2.1-2 张家山水文站实测的泾河年径流量曲线可以看出，最近 70 多年来泾河年径流量呈现减小的趋势。2008 年对应的年径流量为 12.5 亿 m^3。

4. 冶峪河

冶峪河位于研究区的东北部，系石川河二级支流，渭河的三级支流。它发源于陕西省淳化县与耀县交界处的英烈山，由北西—南东向分别流经淳化县、泾阳口镇、三原县北部，至三原县鲁桥镇的双河口注入清峪河，而后流入渭河。

冶峪河干流全长为 81.8km，流域面积为 $662km^2$，河道总比降为 9.67‰。据淳化站 1961—1999 年实测水文资料，冶峪河多年平均径流量约为 1440 万 m^3，最大径流量约为 3330 万 m^3（1964 年），最小径流量约为 870 万 m^3（1997 年），年输沙量约为 39.0 万 t。

2.2　地形地貌

研究区地处渭北中部，地势整体上北高南低，自北向南呈阶梯状排列。根据海拔、相对高差、坡度、覆盖层岩性、基底岩性等条件，将研究区地貌划分为6个地貌单元区（见图2.2-1），分别为基岩中低山区（Ⅰ）、黄土丘陵区（Ⅱ）、山前冲洪积倾斜平原区（Ⅲ）、黄土台塬区（Ⅳ）、沟谷区（Ⅴ）和河谷阶地区（Ⅵ），并结合不同的基底岩性，将基岩中低山区以及黄土丘陵区进一步划分出不同的亚区（见表2.2-1）。空间地貌形态大致呈北东向和近东西向展布，区内地形差异较大，最高海拔1599.00m（钻天岭）。

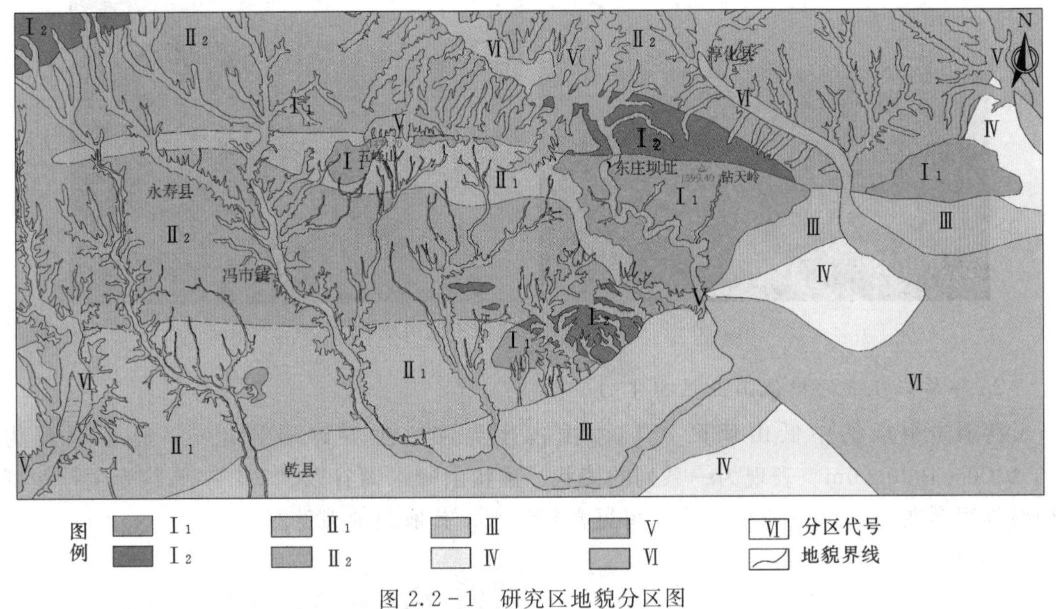

图2.2-1 研究区地貌分区图

表2.2-1 研究区地貌类型分区表

分区代号	类型	亚区
Ⅰ	基岩中低山区	碳酸盐岩组成的中低山亚区（I_1）
		碎屑岩组成的中低山亚区（I_2）
Ⅱ	黄土丘陵区	下伏碳酸盐岩黄土丘陵区（II_1）
		下伏碎屑岩黄土丘陵区（II_2）
Ⅲ	山前冲洪积倾斜平原区	
Ⅳ	黄土台塬区	
Ⅴ	沟谷区	
Ⅵ	河谷阶地区	

2.2.1 基岩中低山区

在老龙山断层与乾县-富平大断裂之间呈不连续的片状分布，研究区西北部永寿县永平镇附近亦有分布，具体分布见图2.2-1。根据基岩岩性分为碳酸盐岩中低山亚区（I_1）和碎屑岩中低山亚区（I_2）。

1. 碳酸盐岩组成的中低山亚区（I_1）

碳酸盐岩组成的中低山亚区（I_1）地面高程为1300.00～1600.00m，地形起伏较大，相对高差为600～700m。山体总体上沿北东东向雁行排列，山坡呈不对称形，南陡北缓。

沟谷以“V”字形峡谷为主，切割深度几十米至数百米不等，多数呈干沟，仅在雨季可见到暂时性流水，偶见一些大的沟谷中可见常年流水。岩性主要为古生界碳酸盐岩。区内制高点北部有五峰山（1475.00m）、瓦庙山（1360.00m）、钻天岭（1599.00m），中南部有唐王陵（1225.00m）和顶天寺（1271.00m）等，其地貌形态见图 2.2-2。

图 2.2-2 碳酸盐岩组成的中低山地貌形态

2. 碎屑岩组成的中低山亚区（$Ⅰ_2$）

碎屑岩组成的中低山亚区（$Ⅰ_2$）由古生界和中生界碎屑岩组成，地面高程为 1000.00～1600.00m。表现为一系列的棱状、锥状山峰，沟谷以“V”字形谷为主，切割相对高程多在 100.00m 以上，沟底可见常年流水，其地貌景观见图 2.2-3。

图 2.2-3 碎屑岩组成的中低山地貌形态

2.2.2 黄土丘陵区

黄土丘陵区（Ⅱ）分布于研究区西部、北部的广大地区，与中低山区呈缓坡过渡。上部为黄土覆盖层，下部为基岩。根据下伏基岩岩性的不同将其分为以下两个亚区。

1. 下伏碳酸盐岩黄土丘陵区（$Ⅱ_1$）

该区分布在研究区中部地区的仪井、蔡家、金家堡、铁佛寺和夏侯村一带以及北甘井、滚村、北坊、叱干镇以及东庄乡区域。下伏古生代碳酸盐岩，上覆几米至百余米的黄土，地面高程为 700.00～1200.00m。在形态上，表现为黄土残塬和黄土梁峁及树枝状冲沟和“U”字形沟谷，切割深度几十米至百余米，在深切沟谷中可见到碳酸盐岩出露及零星分布的小溶洞，多数沟谷为干谷或有季节性水流。

2. 下伏碎屑岩黄土丘陵区（$Ⅱ_2$）

该区分布于淳化县口镇至永寿县蒿店乡连线以北以及永寿县城附近的御驾宫、南甘井以南，吴店、冯市镇以北，礼泉县叱干镇、南坊镇以南、乾县注泔以北的大部分区域。下伏地层以前新生界碎屑岩为主，局部有新近系砂砾岩、泥岩分布，上覆几米至百余米的黄土，地面高程为 900.00～1500.00m。形态以梁峁状为主，沟谷发育成“U”字形，切割深度几十米至百余米不等，沟谷中多见泉水汇流。

2.2.3 山前冲洪积倾斜平原区

该区广泛分布在山前平原地区，大致呈西南至东北方向展布，高程为 400.00～600.00m，属渭河盆地北部边缘，上部被几米至百余米的第四系更新统黄土覆盖，下伏碳酸盐岩埋深数百米至上千米。包括 1～5 级洪积扇，其中 2～5 级洪积扇组成物质主要为含泥砂砾石和粉质黏土。地面呈波状起伏，向南缓倾。

2.2.4 黄土台塬区

该区分布于山前冲洪积倾斜平原以南，大体呈片状散布，塬面高程一般为 500.00～890.00m。塬面较平坦、连续，地势总体西高东低，以黄土梁峁、黄土残丘为主。上部为黄土，厚 85～140m；中部为中下更新统冲洪积河湖相沉积物和新近系黏土夹砂砾石胶结层，厚度较大；下伏碳酸盐岩的埋深多在千米以下。

2.2.5 沟谷区

该区分布于泾河、漆水河、冶峪河等基岩区的河谷段，系雏形期河流及后期支沟侵蚀形成，包括残存的侵蚀阶地（呈窄条形斜坡状的基岩阶坎）和高于阶地的基岩谷坡（伴有支沟和沟间基岩梁）。地形破碎，崖高谷深，岩坡陡峻，常有悬崖、“U”字形谷和灰岩段溶洞分布。残存阶面高差大，甚至出现五级阶面倾向上游的反常情况，表明该地段上升下切作用格外强烈。

2.2.6 河谷阶地区

该区分布于较大河流如泾河、冶峪河以及清峪河的河谷河床、两岸阶地和河流下游的阶地区，包括河漫滩以及一至五级阶地。组成物质为冲积砂卵石、中细砂，二至五级阶地上覆更新统黄土。

2.3 地层

2.3.1 地层划分依据

研究区所处的陕西渭北地区地层划分经历过几次调整，渭北西部地层划分采用 1989 年陕西地层表陇县-永寿小区方案，而渭北东部地层划分则采用的是 1989 年陕西省地勘局第二水文队在渭北东部地区工作中采用的划分方案。1999—2001 年，陕西省地质调查院在进行渭北中部喀斯特地下水勘察时，依据 1998 年全国地层多重划分对比研究陕西省岩石地层划分方案，结合岩相变化、沉积旋回、岩性特征以及邻区地层剖面综合对比，对渭北中部地层进行了划分，见表 2.3-1，本书沿用了渭北中部的地层划分方案。

表 2.3-1　　**陕西渭北地区地层划分表**

<table>
<tr><th>界</th><th colspan="4">渭北西部</th><th colspan="3">渭北东部</th><th colspan="3">本次采用方案（渭北中部）</th></tr>
<tr><td rowspan="5">新生界</td><td colspan="4">第四系 Q</td><td colspan="3">第四系 Q</td><td colspan="3">第四系 Q</td></tr>
<tr><td colspan="4">新近系 N</td><td colspan="3">新近系 N</td><td colspan="3">新近系 N</td></tr>
<tr><td colspan="4">白垩系下统 K_1</td><td colspan="3" rowspan="2"></td><td colspan="3">白垩系下统 K_1</td></tr>
<tr><td colspan="4">侏罗系中下统 J_{1+2}</td><td colspan="3">侏罗系中统 J_2</td></tr>
<tr><td colspan="4">三叠系中下统 T_{1+2}</td><td colspan="3">三叠系下统 T_1</td><td colspan="3">三叠系下统 T_1</td></tr>
<tr><td rowspan="20">古生界</td><td colspan="4">二叠系 P</td><td colspan="3">二叠系 P</td><td colspan="3">二叠系 P</td></tr>
<tr><td colspan="4" rowspan="2">地层缺失</td><td colspan="3">石炭系 C</td><td colspan="3">石炭系 C</td></tr>
<tr><td colspan="3">地层缺失</td><td colspan="3">地层缺失</td></tr>
<tr><td rowspan="8">奥陶系 O</td><td rowspan="2">上统 O_3</td><td colspan="2">唐王陵组 O_3t</td><td rowspan="8">奥陶系 O</td><td rowspan="2">上统 O_3</td><td rowspan="2">背锅山组 O_3t</td><td rowspan="8">奥陶系 O</td><td rowspan="2">上统 O_3</td><td rowspan="2">唐王陵组 O_3t</td></tr>
<tr><td colspan="2">皇坪组 O_3h</td></tr>
<tr><td rowspan="3">中统 O_2</td><td colspan="2">龙门洞组 O_2l</td><td rowspan="4">中统 O_2</td><td>平凉组 O_2p</td><td rowspan="4">中统 O_2</td><td>平凉组 O_2p</td></tr>
<tr><td rowspan="2">三道沟组 O_2s</td><td>上部 O_2s^2</td><td>峰峰组 O_2f</td><td rowspan="3">马家沟群 O_2m（本次进一步将马家沟群从下至上划分为马一—马六共 6 段）</td></tr>
<tr><td>下部 O_2s^1</td><td>上马家沟组 O_2m^2</td></tr>
<tr><td>下统 O_1</td><td colspan="2">水泉岭组 O_1sh</td><td>下马家沟组 O_2m^1</td></tr>
<tr><td rowspan="2"></td><td colspan="2" rowspan="4">地层缺失</td><td rowspan="2">下统 O_1</td><td>亮甲山组 O_1l</td><td rowspan="2">下统 O_1</td><td>亮甲山组 O_1l</td></tr>
<tr><td>冶里组 O_1y</td><td>冶里组 O_1y</td></tr>
<tr><td rowspan="9">寒武系 ∈</td><td rowspan="3">上统 $\in_3$</td><td rowspan="9">寒武系 ∈</td><td rowspan="3">上统 $\in_3$</td><td>凤山组 $\in_3f$</td><td rowspan="9">寒武系 ∈</td><td rowspan="3">上统 $\in_3$</td><td rowspan="3">崮山组 $\in_3g$</td></tr>
<tr><td>长山组 $\in_3c$</td></tr>
<tr><td colspan="2">崮山组 $\in_3g$</td><td>崮山组 $\in_3g$</td></tr>
<tr><td rowspan="3">中统 $\in_2$</td><td colspan="2">张夏组 $\in_2z$</td><td rowspan="3">中统 $\in_2$</td><td>张夏组 $\in_2z$</td><td rowspan="3">中统 $\in_2$</td><td>张夏组 $\in_2z$</td></tr>
<tr><td colspan="2">徐庄组 $\in_2x$</td><td>徐庄组 $\in_2x$</td><td>徐庄组 $\in_2x$</td></tr>
<tr><td colspan="2">毛庄组 $\in_2mz$</td><td>毛庄组 $\in_2mz$</td><td>毛庄组 $\in_2mz$</td></tr>
<tr><td rowspan="3">下统 $\in_1$</td><td colspan="2">馒头组 $\in_1m$</td><td rowspan="3">下统 $\in_1$</td><td>馒头组 $\in_1m$</td><td rowspan="3">下统 $\in_1$</td><td>馒头组 $\in_1m$</td></tr>
<tr><td colspan="2">朱砂洞组 $\in_1z$</td><td rowspan="6">以下未划分</td><td>朱砂洞组 $\in_1z$</td></tr>
<tr><td colspan="2">辛集组 $\in_1x$</td><td>辛集组 $\in_1x$</td></tr>
<tr><td rowspan="4">中元古界 Pt_2</td><td colspan="4">杜关组 Pt_2d</td><td rowspan="4">以下未划分</td><td rowspan="4">以下未划分</td><td colspan="3" rowspan="3">蓟县系 Jx</td></tr>
<tr><td colspan="4">巡检司组 Pt_2x</td></tr>
<tr><td colspan="4">龙家园组 Pt_2l</td></tr>
<tr><td colspan="4">以下未划分</td><td colspan="3">以下未划分</td></tr>
</table>

注　1. 渭北西部地层划分为陕西地层表（1989 年）陇县-永寿小区方案。

2. 渭北东部地层划分为 1989 年陕西地勘局第二水文队在渭北东部地区工作时采用方案。

3. 渭北中部地层划分主要依据 1998 年全国地层多重划分对比研究陕西省岩石地层划分方案。

2.3.2 地层岩性

研究区处于东西向构造带，祁吕贺山字型构造体系、陇西旋扭构造体系以及北西向构造带的复合部位，构造条件复杂，地层分布受到构造的控制作用明显。渭北山前断裂以北地层自南而北由老到新分布，依次为寒武系（∈）、奥陶系（O）碳酸盐岩夹碎屑岩、二叠系（P）、三叠系（T）碎屑岩等，岩层产状总体倾向为北西，上覆新近系（N）碎屑岩和第四系（Q）松散岩类。区内地层由老到新分述如下。

2.3.2.1 寒武系（∈）

研究区所在区域分布的寒武系地层主要出露在泾河峡谷出山口附近、泾阳口镇东部以及乾县羊毛湾水库西南、鲁马-兴平断裂以北地区的漆水河河谷两岸地带，总厚度大于603m，自下而上由泥质岩和镁质碳酸盐岩组成。寒武系下统地层主要有辛集组（$\in_1 x$）、朱砂洞组（$\in_1 z$）和馒头组（$\in_1 m$），寒武系中统地层主要有毛庄组（$\in_2 mz$）、徐庄组（$\in_2 x$）以及张夏组（$\in_2 z$），寒武系上统地层主要有崮山组（$\in_3 g$）。

（1）辛集组（$\in_1 x$）：下部由杂色页岩和石英砂岩组成。上部为含磷岩系。由磷砾岩、磷块岩、含磷砂岩、含磷砂质灰岩、含磷碎屑页岩和生物碎屑灰岩等组成。

（2）朱砂洞组（$\in_1 z$）：为浅紫色、土黄、浅粉红色薄层泥灰岩与深灰、紫灰色页岩互层，夹不稳定的紫色页岩。厚45～86m。

（3）馒头组（$\in_1 m$）：为浅紫色、土黄、浅粉红色薄层泥灰岩与深灰、紫灰色页岩互层，夹不稳定的紫色页岩。厚45～86m。

（4）中统毛庄组（$\in_2 mz$）：为紫红、暗紫色页岩，含粉砂页岩夹深灰色灰岩、鲕状灰岩、泥灰岩及石英砂岩，厚42～71m。

（5）中统徐庄组（$\in_2 x$）：上部为暗紫、紫红色粉砂质页岩夹薄层泥灰岩、鲕状灰岩；下部粉砂质页岩夹结晶灰岩、粉砂岩及灰岩。岐山涝川李家沟层厚110m。

（6）中统张夏组（$\in_2 z$）：泾河出山口处岩性主要为灰黑色厚层—块状中粗晶白云岩间夹层厚25m的鲕粒灰岩。张夏组岩性由西向东灰质含量减少，白云质含量增加，地层厚度以岐山最厚，泾河一带厚度不足250m。

（7）上统崮山组（$\in_3 g$）：泾河西侧下韩村岩性为薄层泥质白云岩，上寒武统以岐山二郎沟剖面出露最全，地层厚度最大为510m；泾河一带厚度则不足20m。

2.3.2.2 奥陶系（O）

奥陶系地层在研究区内较为发育，主要分布在泾阳钻天岭、顶天寺一带，总厚度为4600～4700m，东厚西薄，中下统为浅海相质纯的碳酸盐岩，中上统为滨海相碎屑岩夹碳酸盐岩。与下伏寒武系呈假整合接触，与上覆二叠系不整合接触。根据岩相特征、生物化石以及构造特征将研究区奥陶系分为4个岩组。

1. 奥陶系下统冶里-亮甲山组（$O_1 y—l$）

该组主要分布在老龙山断层（F_3）以南，呈条带状展布，在泾河两岸、礼泉唐王陵及乾县县城以西局部地段出露。下部为灰色、黄褐色、紫红色中厚层状细—粗晶白云岩、含燧石条带白云岩和硅质白云岩；中部为深灰、黄褐以及褐红色微晶白云岩与黄绿色薄层泥质白云岩韵律；上部为深灰色细晶白云岩、灰质白云岩和紫红色泥质白云岩，偶夹薄层角砾岩、泥页岩，层厚为885～1183m。该组岩性以含燧石条带或团块白云岩为特征，为区内标志层。由西向东，燧石条带或团块含量增多，在泾河东岸燧石大小达1.0m×0.9m，局部呈透镜体，长2.2m，宽20cm。

2. 奥陶系中统马家沟群（O_2m）

根据区内马家沟群的岩性变化特征，大致可划分为以下6段：

(1) 马一段分布于研究区的中部，出露于泾河河谷两岸，岩性为灰黄色泥质白云岩、灰黑色白云岩夹薄层灰岩，局部地区含砂砾岩，厚度30～130m。作为马家沟群的最底部沉积，本组下部含有一定量的细碎屑岩，底部见砾岩或角砾岩，与下伏地层亮甲山组、冶里组或寒武系的不同层位呈不整合接触。

(2) 马二段岩性为石灰岩，部分地区顶部常发育云斑石灰岩或晶粒白云岩，厚度数十米至百米。

(3) 马三段岩性为灰—黄灰色泥粉晶白云岩、泥质泥粉晶白云岩、硅质、钙质白云岩等，局部地区夹含泥质石灰岩，厚数十米至数百米。

(4) 马四段为一套以泥粉晶灰岩、砂屑灰岩、生物灰岩以及颗粒灰岩为主的岩石组合，局部地区为细—粉晶白云岩，厚度数百米。

(5) 马五段：分为上下两段，下段以泥粉晶白云岩夹膏盐岩为特征；上段以泥粉晶白云岩和溶塌角砾白云岩为主，夹少量颗粒白云岩，厚度达数十米至数百米。

(6) 马六段因受后期剥蚀影响，鄂尔多斯盆地大部分地区缺失这一层位。但在研究区保留完整，马六段下部岩石为深灰色灰泥石灰岩，上部岩石为粉晶—细晶白云岩，根据区域资料，厚度为300～580m。

马家沟群沉积厚度为西薄东厚，岐山崛山沟厚度约1000m，东部泾河一带厚达1470m。泾河、铁瓦殿为马家沟期沉降中心。

3. 奥陶系中统平凉组（O_2p）

该组分布于岐山—礼泉—泾阳一带，系一套沉积细碎屑岩，主要为灰黑、深灰、黄绿色页岩夹灰黑色灰岩，并伴有凝灰岩、凝灰质砂岩及少量白云岩，厚为188～879m。其中在沙坡断层（F_4）北侧呈条带状，岩性为深灰色粉砂质页岩夹薄层状粉砂岩及灰岩透镜体，厚度一般为150～200m，出露最薄处几十米，最厚处可达数百米。本岩组以泥质岩和粉砂质岩为主，可溶岩成分含量低，岩体可溶性差。

4. 奥陶系上统唐王陵组（O_3t）

该组分布于关头—薛家村—建陵—唐王陵一带，向西延至岐山交界一带消失，东西长约百十千米，南北宽为5～6km。岩性为一套以粗碎屑为主的沉积物，局部被二叠系碎屑岩不整合覆盖。唐王陵组下部为杂色（黄褐、灰绿、紫红、深灰）含砾页岩，并发育有燧石条带白云岩大漂砾，中部为含砾泥岩或泥质砂砾岩夹页岩，上部为硅质角砾岩、砾岩，偶夹砾屑砂岩，在唐王陵向斜核部厚度可达1000～2500m，与上覆二叠系呈不整合接触。该地层属滨海相陆源粗粒碎屑物沉积建造，为不可溶岩层，此次野外实地踏勘也同样表明，该地层喀斯特不发育。

2.3.2.3 二叠系（P）

二叠系分布于老龙山断层（F_3）以北，在唐王陵向斜核部亦有少量分布，呈北西向展布，总厚度518m。与奥陶系下统冶里—亮甲山组（$O_1y—l$）地层呈不整合接触，由陆海相沉积砂岩和泥岩夹页岩组成。

1. 二叠系下统（P_1）

二叠系下统分布于口镇-关山断裂北侧，钻天岭北坡以及冶峪河、口镇山口一带，出露范围有限，大致呈近东西向带状展布。岩性上部为灰黄色、灰绿色细砂岩与紫红色泥岩互层，向下变为灰绿色、黄绿色厚层状含砾中粗砂岩。下部为深灰色、灰黑色页岩、炭质页岩及铝土质页岩夹细砂岩，向下变为浅灰色、灰白色中厚层状石英砂岩，厚度小于150m。

2. 二叠系上统（P_2）

二叠系上统地层在区内分布有限，一般出露于二叠系下统相邻的北部。岩性上部为灰白色、灰绿色长石砂岩与暗紫色、杂色砂质泥岩互层，向下变为灰绿色、黄绿色含砾粗砂岩。下部为灰黄色、灰绿色细砂岩与紫红色泥岩互层，向下变为灰绿色、黄绿色厚层状含砾中粗砂岩。厚约301m。

2.3.2.4 三叠系（T）

研究区主要出露的为三叠系中下统（T_{1+2}）地层，分布于老龙山断层（F_3）以北的泾河河谷以及冶峪河河谷的部分地区，与二叠系（P）地层整合接触。岩性下部为砂泥质沉积的页岩、灰绿色厚层状砂岩；中部为砂岩、泥岩、粉砂岩；上部为砂岩、泥岩、粉砂质泥岩互层，总厚度约495m。局部地区岩层底部有一层厚为3～5m的砾岩。

2.3.2.5 新近系（N）

新近系地层分布于北部山区基岩槽谷凹地及山前地带第四系覆盖层之下。岩性为棕红色黏土岩、夹少量砂、砾岩，各地厚度差异较大，自北向南数十米至千余米，被第四系覆盖，仅在深切的沟谷中出露。

2.3.2.6 第四系（Q）

第四系广泛分布于研究区，发育较完整，成因类型复杂，有河湖相、河流冲洪积、坡积、山麓堆积及风积等。岩性以风积黄土为主，次为堆积成层的砂砾石。

（1）第四系下更新统砂砾石地层（Qp_1）：分布于山前覆盖层黄土下部、泾河两岸基座阶地之上，河湖相沉积层，为黄灰色砂、砾石堆积，中间夹亚砂土和亚黏土，分选差，结构复杂，厚度变化大。

（2）第四系中更新统黄土堆积（Qp_2）：分布于下更新统砂砾石地层以上，为风积浅黄色黄土夹数层棕红色古壤土堆积，一般厚约100m。本组上部夹多层颜色鲜艳的棕红色古土壤层，下稀上密，顶部为薄而密的红色条带状埋藏古土壤层。夹层一般有7～8层，厚度不稳定，厚1～2m。

（3）第四系上更新统黄土堆积（Qp_3）：分布于黄土塬面、梁、峁顶部，为风积浅黄色黄土堆积，发育大孔隙及垂直节理，含砾质高，疏松，厚度大于13.5m。

（4）第四系全新统现代沉积（Qh）：分布于河流沟谷、河漫滩、河床、阶地及黄土塬区。前者以冲、洪积砂质黏土、砂及砂砾石层为主，厚0～14m。后者以风成、冲积及坡积、残积或次生黄土层为主，厚度大于5m，均为疏松堆积层。

2.4　地质构造

研究区所在的区域位于鄂尔多斯台坳南缘，南邻渭河断陷带，其构造体系属于祁吕贺山字型构造的前弧部位。根据区内构造形迹的展布方向将其划分为：区域东西向构造带、北东—北东东向构造带和北西向构造带，渭北地区地质构造纲要见图 2.4－1。

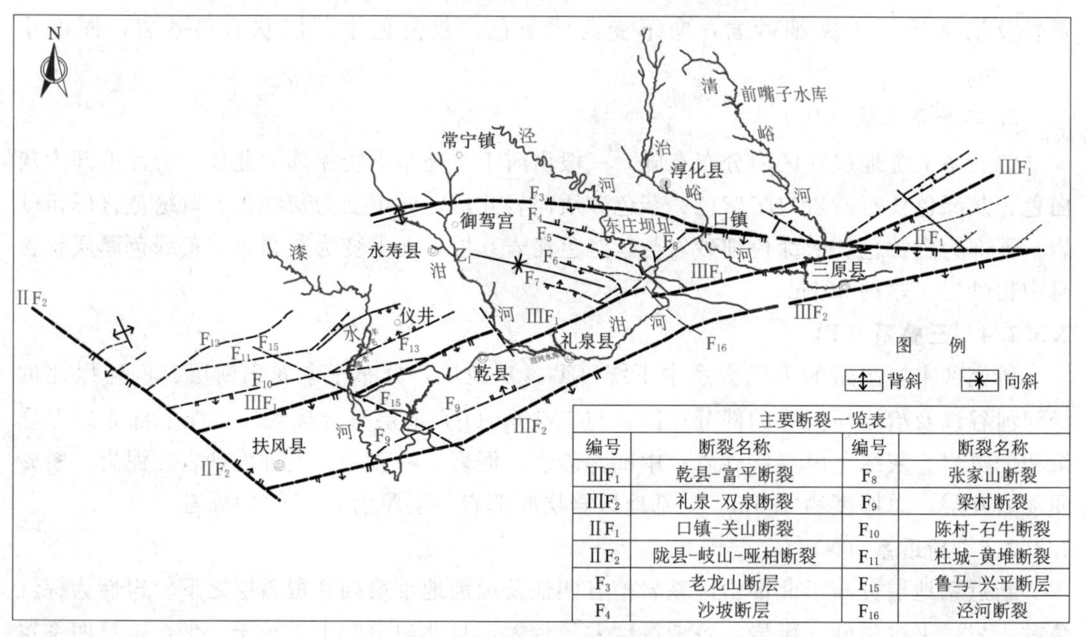

主要断裂一览表

编号	断裂名称	编号	断裂名称
ⅢF1	乾县-富平断裂	F8	张家山断裂
ⅢF2	礼泉-双泉断裂	F9	梁村断裂
ⅡF1	口镇-关山断裂	F10	陈村-石牛断裂
ⅡF2	陇县-岐山-哑柏断裂	F11	杜城-黄堆断裂
F3	老龙山断层	F15	鲁马-兴平断层
F4	沙坡断层	F16	泾河断裂

图 2.4－1　渭北地区地质构造纲要图

2.4.1　东西向构造带

东西向构造带分布在老龙山断裂（F_3）以南，乾县-富平断裂（ⅢF_1）以北的地块内。由一系列叠瓦式近东西向的断层和向斜构成。形成于古生代，部分断层现今仍有明显的活动性，主要断裂构造见表 2.4－1。

表 2.4－1　　渭北地区主要断裂构造表

构造带	编号	名称	走向	倾向	倾角	性质	长度/km	断距/m	主要特征
东西向构造带	F_3	老龙山断层	E—W	S	40°～80°	压性	约 80	大于 1000	将 O_1y—l 白云岩推覆于 P 砂页岩之上，挤压强烈，断带宽 5～60m，由角砾岩、断层泥等组成
	F_4	沙坡断层	近 E—W	S—SW	33°～75°	压性	70	数千米	将 O_1y—l 老地层推覆于 O_2m 及 O_2p 之上，断层带宽 3～50m，沿断层北侧出露泉水
	ⅡF_1	口镇-关山断裂	E—W	S	40°～70°	张性	约 100	＞1200	断层以北为基岩山和黄土塬，以南发育洪积台地、洪积扇，形成台阶状地貌

续表

构造带	编号	名称	走向	倾向	倾角	性质	长度/km	断距/m	主要特征
北东向构造带	ⅢF_1	乾县-富平断裂	50°～70°	SE	60°～80°	压性转张性	>60	>1000	北盘上升成山，南盘下降构成渭河断陷盆地北界
	ⅢF_2	礼泉-双泉断裂	NEE	S—SE		压性转张性	大于100	500～1000	在渭河盆地北山山前形成北东向洼地。在礼泉城东和乾县大王镇淡头村，该断裂错断晚更新世黄土和古土壤层
	F_8	张家山断层	62°～72°	SE	60°～70	压性转张性	17	数百米	破碎带宽20～30m，影响带数百米，出露泉群
	F_{8-1}	筛珠洞断层	58°～70°	SE	60°～72°	压性转张性	8	数百米	张家山断层分支断裂，破碎带宽20m，影响带数百米，出露有筛珠洞等泉群
	F_9	梁村断裂	NE	NW		张性	约30	数百米	在梁村镇至王乐镇的北东一线形成明显的地貌陡坎，其高差30～50m
北西向构造带	ⅡF_2	陇县-岐山-哑柏断裂	NW	多变	50°～80°	张性	50	2000	大致以与F_2断裂相交处岐山为界，以北倾向南西，以南倾向北东
	F_{15}	鲁马-兴平断裂	NW	NE		张扭性正断层	约45	数百米	上盘为奥陶系，下盘为寒武系；向南东方向延入盆地，变为半隐伏
	F_{16}	泾河断裂	NW	NE		张性正断层	约15	数百米	断裂北东盘为泾河阶地，南西盘为黄土台塬，两者高差40～50m

区内地层走向近东西向，受东西向构造影响，在近南北向主压应力作用下，五峰山以南寒武系（∈）、奥陶系（O）地层形成了区域性唐王陵向斜，同时在向斜内产生了一系列断裂构造及次级褶皱。

1. *唐王陵向斜*（Z_1）

该向斜为加里东运动生成的褶皱构造。据区域地质资料，向斜轴部为厚达1000～2500m的奥陶系上统（O_3t）非碳酸盐岩地层，岩性下部为杂色（黄褐、灰绿、紫红、深灰）含砾页岩，中部为含砾泥岩或泥质砂砾岩夹页岩，上部为硅质角砾岩、砾岩，偶夹砾屑砂岩，属滨海相陆源碎屑岩沉积，其核部厚千米以上的碎屑岩地层水文地质特征与两翼碳酸盐岩地层存在显著差别。

向斜轴向呈近东西向波状延伸，北翼倾角为45°～60°，南翼倾角为20°～30°，总体为一不对称向斜。向斜两侧受F_6断层和F_7断层切割，其中沿向斜南翼F_7断层连续分布有厚度超过百米甚至数百米的非碳酸盐岩地层，岩性为奥陶系平凉组（O_2p）页岩夹粉砂岩及薄层灰岩，加之向斜核部为厚千米以上的含砾泥页岩地层，二者联合构成弱透水或相对隔水边界。自始新世以来，唐王陵向斜出现翘倾，东部开始翘起剥蚀，东段寒武系地层出露地表。

2. *口镇-关山断裂*（ⅡF_1）

该断裂为渭河盆地北界断裂之一，起源于口镇下古生界地层组成的基岩山体南坡，向东经鲁桥、阎良到关山，逐渐隐伏在渭河新生代冲洪积地层之下。西端点距离东庄坝址直线距离约14km。

卫星线性影像显示，该断裂以北为基岩山地和黄土台塬，以南为洪积扇、阶地，断裂活动表现为北升南降的高角度正断层。断裂东段自始新世以来长期活动，在槐树坡东侧冲沟可见到错断更新世—全新世冲积层的断面，并在地表发育同方向长达100m的地裂缝，反映第四纪晚期以来该断裂具有明显的活动，判定为全新世活动断裂。口镇-关山断裂口镇段构造剖面见图2.4-2。

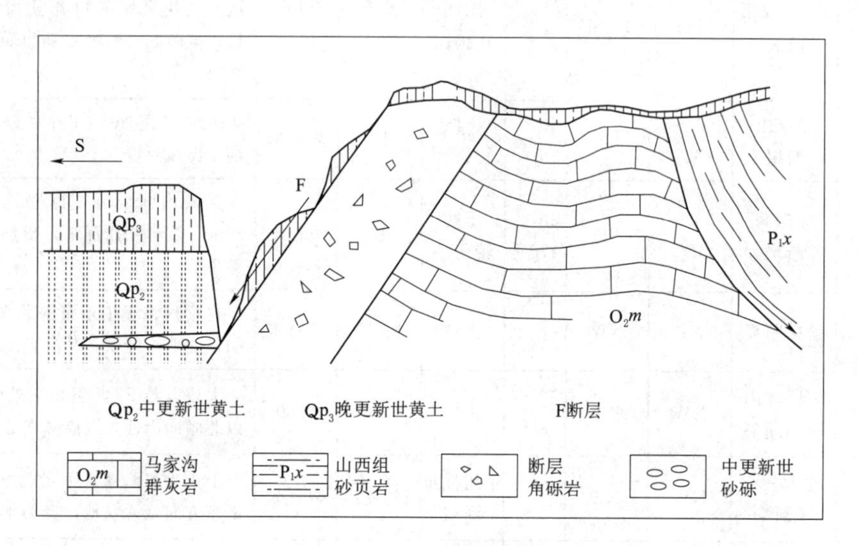

图2.4-2 口镇-关山断裂口镇段构造剖面图

该断裂形成于古生代以前，新生代之前以挤压逆冲活动为特征，口镇一带近断裂带附近的石灰岩角砾、钙质胶结的断层角砾厚为6～8m。奥陶系灰岩中可见到挤压透镜体、强烈的褶皱和片理等早期挤压构造形迹，与主断层平行的次级挤压逆冲断层十分发育，由小褶曲和小断层组合构成的挤压带宽达百米。

自新生代始新世开始，断层由挤压逆冲转化为引张倾滑，随着渭河盆地的不断裂陷扩张，成为渭河盆地的北界。据原地质矿产部第三普查勘探队钻孔资料分析，口镇-关山断裂控制了始新世以来地层的分布，并影响到第四系，使其厚度在断裂两侧有明显差异，新近系厚度差达1000m以上，第四系断距可达200m左右，反映出新生代以来断裂的垂直断距至少在1200m以上。

3. *老龙山断层*（F_3）

断裂总体走向近东西，倾向S，倾角为40°～80°，推测西部在陇县一带交于哑柏断裂（ⅡF_2），向东经麟游、永寿、五峰山至口镇，断裂长度约为80km。

根据西安石油大学对区域喀斯特发育背景的研究成果，老龙山断裂形成于古生代加里东运动时期，后期经华力西运动改造，在印支期和燕山期均有活动，在一些观察点可清晰地见到断层迹象（见图2.4-3和图2.4-4）。

在区域强烈的南北向构造应力场作用下，该断层表现为压扭性逆断层。断层切割基岩，倾角为40°～80°，地貌显示为断层崖和陡壁。

图 2.4-3　老龙山断层地貌特征

图 2.4-4　老龙山断层破碎带特征

断层断距大于1000m，将奥陶系下统（$O_1y—l$）白云岩推覆于二叠系（P）砂页岩地层之上，断层破碎带宽数米至几十米，由角砾岩及断层泥组成。在泾河河谷地带揭露断层及其影响带宽度为400～500m，断层上盘的碳酸盐岩受构造挤压破碎，次级小断层发育，喀斯特现象比较明显。断层两盘岩层陡倾，倾角一般为40°～70°，岩层扭曲剧烈，挤压紧密，下盘（北盘）主要为相对隔水的砂泥（页）岩地层（见图2.4-5），老龙山挤压逆断层和北部陡倾的砂页岩地层组成北部的相对隔水边界。

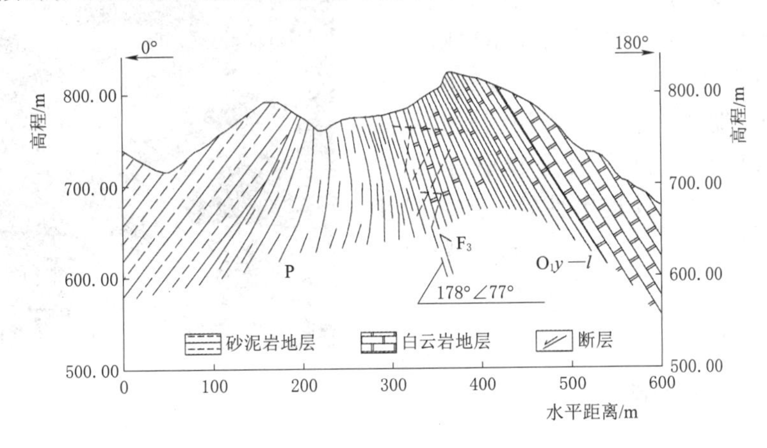

图 2.4-5　老龙山断层示意图

4. *沙坡断层*（F_4）

该断层为挤压逆断层，走向近东西，倾向S—SSW，倾角为33°～75°，断层构造线方向反映了加里东期南北向的强烈挤压变形特征。断层南侧奥陶系下统白云岩和灰岩推覆到北侧奥陶系中统平凉组黄绿色页岩和马家沟群灰岩之上。

在沙坡断层与泾河交会处，断层上盘为奥陶系下统白云岩，岩层倾向为170°～200°，倾角为50°左右；下盘为奥陶系中统马家沟群灰岩和平凉组页岩，灰岩倾向为180°～200°，倾角较稳定，一般为50°左右，页岩整体受断层挤压影响，产状多变，多扭曲，倾向为

160°～210°，倾角为 40°～65°。沙坡断层风箱道泉处地质剖面及风箱道泉见图 2.4－6 和图 2.4－7。

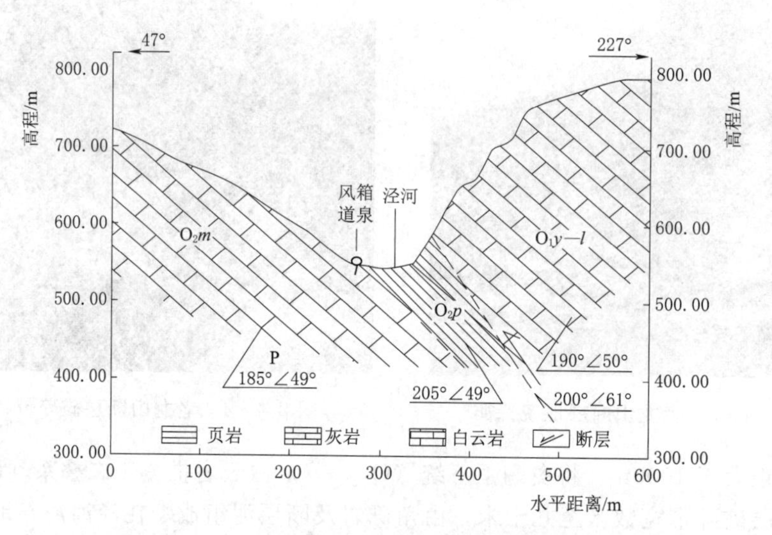

图 2.4－6　风箱道泉处沙坡断层示意剖面

研究区内，推测该断层起于礼泉县叱干镇、南坊镇一带，向东延伸到泾阳徐家山一带略有弯曲，倾向变为南西。在泾河峡谷地段断层倾角一般为 40°～60°，在泾河左岸次嘴子至宋家山一带倾角为 60°～75°，推测断距千余米。断层破碎带宽 30～50m，为泥钙质胶结的角砾岩。沙坡断层北侧连续分布厚度 50～200m 的平凉组页岩，其透水性差，加之受沙坡断层挤压扭曲，下盘页岩多形成小型褶曲，且有片理化现象，沙坡挤压逆断层下盘的页岩构成相对隔水边界。

图 2.4－7　沿沙坡断层出露的页岩及风箱道泉（镜头朝向 S 或 SE）

2.4.2　北东向构造带

该构造带发生于三叠纪，定形于白垩纪，新生代仍有活动，是印支-燕山运动的产物。研究区位于其前弧东翼，构造线主要呈北东—北东东向弧形展布，以断裂构造为主，多为隐伏断裂，由一系列向渭河地堑中心阶梯状跌落的压扭转张扭性断裂组成，具有走滑性质。

1. 乾县-富平断裂（ⅢF_1）

该断裂为半隐伏张扭性断裂，呈明显的跌落状，走向 NE50°～70°，倾向 SE，倾角为 60°～80°，断距大于 1000m。在乾县、礼泉地区，地貌上显示为丘陵与黄土塬接触的斜坡带，断裂以北下古生界埋深一般为 200～600m，上覆地层为新近系及第四系地层，其中新近系在岐山—三原中部地段断续分布。在泾阳一带，断裂隐伏于黄土塬之下，地表呈缓坡地形。据重力测量资料，断层上盘古生界碳酸盐岩埋深在1250～3350m，下部基岩埋深大致西浅东深，下盘碳酸盐岩埋深在700～2800m，亦表现为西浅东深的特征。

2. 礼泉-双泉断裂（ⅢF_2）

礼泉-双泉断裂距东庄坝址直线距离约20km。受断裂活动影响，在渭河盆地北山山前形成北东向洼地。在礼泉城东和乾县大王镇淡头村，该断裂错断晚更新世黄土和古土壤层，反映该断裂最新活动时代为晚更新世。据区域资料反映，该断裂以北下古生界地层埋深可达千米以上，上覆地层为新近系和第四系松散层。

3. 梁村断裂（F_9）

该断裂全长30km，走向NE，倾向NW，沿该断裂在梁村镇至王乐镇的北东一线形成明显的地貌陡坎，其高差30～50m，在东端礼泉县和西端田家庄一带地貌显示不明显。据重力测量结果显示，断裂上盘基岩埋深2900m，下盘基岩埋深1800m。

4. 张家山断裂（F_8）

张家山断裂为钻天岭山前断裂，西起礼泉昭陵乡，经张家山至口镇西与东西向的口镇-关山断裂（ⅡF_1）相接。断裂走向为NE62°～72°，倾向SE，倾角为60°～70°，为张性正断层。上盘向下跌落，台阶状地貌显著，沿断层及影响带形成地下水的富集运移通道，在泾河峡谷边出露有筛珠洞泉等一系列大大小小的泉点，形成泉域。张家山断层破碎带宽度为20～30m，断距数百米，断裂北西侧（下盘）为基岩山区，南东侧（上盘）为黄土塬。

2.4.3 北西向构造带

根据已有资料，北西向构造带，具有长期的活动历史，发生于侏罗纪—白垩纪，完成于古、新近纪，第四纪至今仍有活动，主要受喜马拉雅运动影响。该构造带主要位于研究区的西部外围及东北部区域。

1. 陇县-岐山-哑柏断裂（ⅡF_2）

断层位于研究区的西南部，自千阳草碧，经凤翔、扶风县西、周至哑柏直至马召进入秦岭，延伸约50km，走向为290°～320°，推测断距2000余米，倾向多变，重力、航磁、电磁资料均有显示。该断层是西部隆起的边界，与乾县-富平断裂（ⅢF_1）、张家山断裂（F_8）及老龙山断层（F_3）组成了渭北中西部岐山-泾阳喀斯特地下水系统的三角地块。

2. 鲁马-兴平断裂（F_{15}）

该断裂在研究区内长45km，走向NW，在山区，断裂切割基岩，倾向北东，上盘为奥陶系地层，下盘为寒武系地层；向南东方向延入盆地，变为半隐伏，由于北东盘向南东方向推移，使寒武系从山口处平推至龙岩寺一带出露。其南西盘为第四系松散层。推测断层倾向南西，为张扭性断裂。该断裂古生代为压扭性，倾向北东，喜马拉雅期转化为倾向南西的张扭性正断层。

3. 泾河断裂（F_{16}）

该断裂为山前隐伏断裂，走向北西，倾向北东。断裂北东盘为泾河阶地，南西盘为黄土台塬，两者高差为40～50m，为北东盘下降的张性正断层，对泾河的流向有一定的控制作用。

2.5　小结

（1）研究区地貌单元包括基岩中低山区（Ⅰ）、黄土丘陵区（Ⅱ）、山前冲洪积倾斜平原区（Ⅲ）、黄土台塬区（Ⅳ）、沟谷区（Ⅴ）和河谷阶地区（Ⅵ）。

（2）渭北山前断裂以北地层自南而北由老到新依次为寒武系（∈）、奥陶系（O）碳酸盐岩夹碎屑岩、二叠系（P）、三叠系（T）碎屑岩等，岩层产状总体倾向为北西，上覆新近系（N）碎屑岩和第四系（Q）松散岩类。

（3）研究区所在的区域位于鄂尔多斯台坳南缘，南邻渭河断陷带，其构造体系属于祁吕贺山字型构造的前弧部位。根据区内构造形迹的展布方向可将其划分为区域东西向构造带、北东—北东东向构造带和北西向构造带。

第3章 区域喀斯特发育背景条件研究

3.1 碳酸盐岩沉积建造背景

研究区所在的区域属华北地台的西端部分，震旦纪之后，早寒武世处于浅滨海相沉积环境，中、晚寒武世和早、中奥陶世沉积环境比较稳定，沉积了巨厚的浅海相碳酸盐岩地层。碳酸盐岩地层形成后，经历加里东和燕山两次大的造山运动，区域上存在两次沉积间断，在此期间，碳酸盐岩普遍裸露地表，遭受风化、淋滤和剥蚀等作用，形成喀斯特风化夷平面。受断层分割块体间差异升降的影响，下降地块的喀斯特风化夷平面被后期沉积物埋藏于地下，喀斯特形迹得以保存，并在后期构造和地下水活动影响下，进一步扩溶、发展。

研究区经历了两次沉积间断期的风化、淋滤和剥蚀等作用，且一直处于地势较高的古地理形态，使其喀斯特风化面不断遭受后期的剥蚀，第四纪以前的古喀斯特、古老喀斯特大部分被侵蚀掉，侵蚀夷平面浅部发育的喀斯特形迹未能得到保留，现有喀斯特形态以第四纪以来沿河谷发育的近代喀斯特为主。

3.1.1 寒武纪至奥陶纪连续沉积期

鄂尔多斯地区寒武纪和奥陶纪各期岩相古地貌特征及其演化历史研究成果显示，继震旦纪之后，寒武纪—晚奥陶世时期本区处于相对稳定的海洋沉积环境，古地形为西南低、东北高（见图 3.1-1）。

在此期间虽经历多期韵律性海水进退变化，但间歇性短暂，地层抬升露出水面时间有限，主要接受连续性沉积，地层发育较完整，形成了一套连续性好、厚度大的浅海相碳酸盐岩地层。

3.1.2 奥陶纪末至晚石炭世沉积间断期

受加里东运动影响，鄂尔多斯地块抬升，至奥陶纪末海水基本从鄂尔多斯地块完全退出，寒武纪和奥陶纪沉积的碳酸盐岩地层普遍裸露地表，结束了地层沉积。之后经历志留纪、泥盆纪、至晚石炭世，历时长达 1.4 亿年，裸露的碳酸盐岩地层长期遭受风化、淋滤和剥蚀等作用，形成古老喀斯特风化壳，奠定了本区的古老喀斯特基础。

3.1.3 晚石炭世至三叠纪沉积期

到晚石炭世，研究区古地形为西南高，东北低。受海西运动作用，鄂尔多斯和渭北地

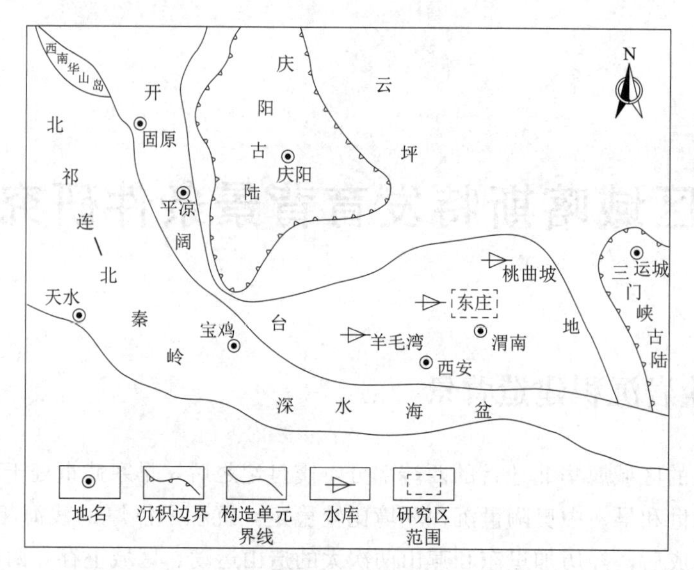

图 3.1－1　研究区早古生代沉积环境背景图

区地壳沉降，研究区再次位于水面以下重新接受沉积，在古老喀斯特风化壳之上形成了一套石炭系、二叠系和三叠系泥岩、粉砂岩等碎屑岩地层（见图 3.1－2），导致碳酸盐岩被埋藏于碎屑岩地层之下（其间缺失了志留系、泥盆系和中、下石炭统的地层），形成了一个大的区域不整合面，使得古老喀斯特得以保存，进入埋藏发育阶段。

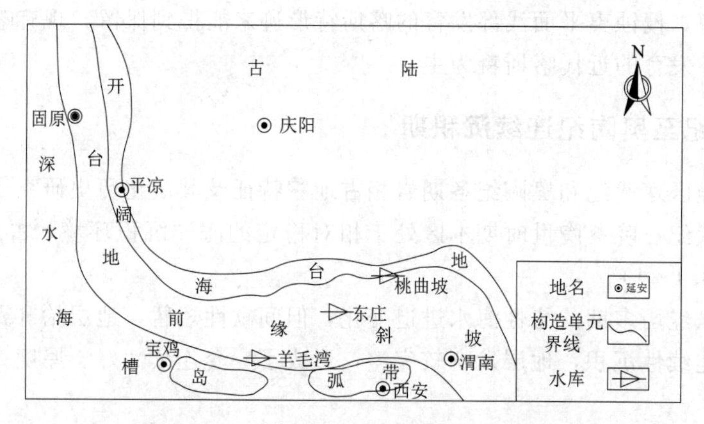

图 3.1－2　研究区中生代沉积环境背景图

这一时期，东庄、羊毛湾和桃曲坡三个水库所在的渭北东部和中西部地区的沉积建造环境基本相同，没有明显差异。

3.1.4　三叠纪末至新近纪沉积间断期

三叠纪之后，燕山运动强烈，地壳再次抬升，研究区处于高地，长期遭受风化、剥蚀。老龙山断层更是逆冲上千米，断层以南的五峰山—钻天岭—嵯峨山一带形成渭北的区域性高地。

（1）渭河地堑形成前：后燕山运动使二叠系、三叠系地层发生形变，研究区老龙山断层大规模的逆冲活动使下奥陶统灰岩逆冲在二叠系砂泥岩地层之上，垂直断距逾1000m，下伏碳酸盐岩地层再次抬升，成为陕北鄂尔多斯盆地侏罗系及白垩系沉积物的物源供给区，长期遭受风化、剥蚀和溶蚀作用，历时0.8亿年。

该阶段渭北中西部地区在石炭纪、二叠纪和三叠纪形成的碎屑岩厚度相对较薄，遭受风化、剥蚀较为强烈，碎屑岩和沿碳酸盐岩古风化壳形成的古老喀斯特形迹多被剥蚀掉，碳酸盐岩再次裸露，遭受淋滤、溶蚀，形成古喀斯特。渭北东部遭受风化、剥蚀等作用相对较弱，石炭纪、二叠纪和三叠纪形成的碎屑岩又较深厚，碎屑岩未被完全剥蚀掉，古老喀斯特形迹仍得以保存，处于埋藏发育阶段。

（2）渭河地堑形成后：喜马拉雅造山运动使本区发生重大变化，北部鄂尔多斯台地上升隆起，而南部断裂下降，形成渭河地堑。古近纪始渭河地堑形成，包括区域内近东西向的渭北山区和秦岭共同成为渭河沉降区古近系沉积物的物源供给区，在盆地内接受沉积。

受断陷和地形影响，此时，羊毛湾水库一带重新接受沉积，形成三趾马红土层上覆于碳酸盐岩风化壳面，古喀斯特得以保存并进入埋藏发育阶段。东庄水库一带仍处于高地遭受风化、剥蚀，古喀斯特形迹多被剥蚀掉。桃曲坡水库一带虽遭受剥蚀，但古老喀斯特仍被埋藏而被保存下来，见图3.1-3。

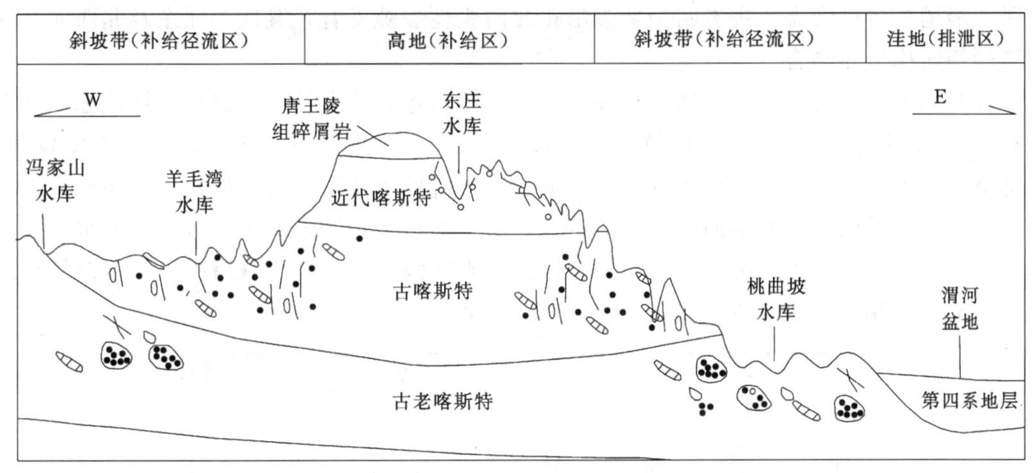

图3.1-3 研究区新生代沉积环境背景图

3.1.5 第四纪近代喀斯特形成期

第四纪以来，受喜马拉雅造山运动影响，地壳以强烈升降为主，渭北山区长期剥蚀的高地相对抬升而呈继续延伸的残山，大部分地段被黄土地层覆盖。现代地表水系相继形成，泾河快速下切，下古生界碳酸盐岩遭受剥蚀，沿河谷两岸产生新的喀斯特现象，形成了河谷型近代喀斯特。

3.2 喀斯特发育分期

研究区存在两个大的沉积间断期：一是晚奥陶世至中石炭世；二是三叠纪末至新近纪，历时时间较长，其间碳酸盐岩裸露地表，接受风化剥蚀作用，形成喀斯特。这两个阶段发育的喀斯特可分别称为古老喀斯特和古喀斯特，而第四纪以来形成的喀斯特称为近代喀斯特。因此，研究区寒武系-奥陶系碳酸盐岩地层中可划分为四期喀斯特，分别是沉积期同生喀斯特、古老喀斯特、古喀斯特和近代喀斯特。

3.2.1　沉积期同生喀斯特

沉积期同生喀斯特是指寒武系—奥陶系地层沉积期形成的喀斯特。在碳酸盐岩沉积期，受海退、海进期间水体深浅、碳酸盐岩易溶蒸发类膏盐含量影响，发育有溶孔、溶洞和溶缝等，但此类喀斯特洞穴、溶孔等多被同时期的碳酸盐岩充填。这一喀斯特现象在东庄坝址区的平洞中多见，多呈圆形和不规则多边形，边缘层理明显，规模一般为数厘米至数十厘米，被碳酸盐岩和方解石充填，且已成岩，和周边岩石成为一体，不会对水库渗漏产生影响。

3.2.2　古老喀斯特

古老喀斯特是指中奥陶世末—石炭纪碳酸盐岩裸露期（区域第一次沉积间断期）形成的喀斯特。该时期受加里东运动褶皱上升影响，奥陶系灰岩隆起，沉积间断长达 1.4 亿年，长期遭受剥蚀、溶蚀等作用，造成灰岩起伏不平及喀斯特化地形，形成溶洞、漏斗、陷阱、溶槽等各种形态。古老喀斯特多沿正北向张性裂隙发育，其次为北东及北西向，这与秦岭纬向构造相吻合。

该时期喀斯特古地貌分为喀斯特高地、喀斯特台地、喀斯特坡地和喀斯特洼地（见图 3.2-1）。喀斯特高地通常为喀斯特水补给区，地下水以垂向运动为主，循环深度较浅，深部喀斯特不发育；喀斯特台地和坡地形成径流区，地下水不仅有垂向运动，还有水平运动，在水平和垂向上均有喀斯特发育的特征；而喀斯特洼地则形成排泄区，地下水径流滞缓，不利于喀斯特发育。另外，喀斯特高地遭受剥蚀强烈，风化壳残留少，而喀斯特台地和斜坡受剥蚀相对较差，风化壳保留较完整，古老喀斯特较发育。

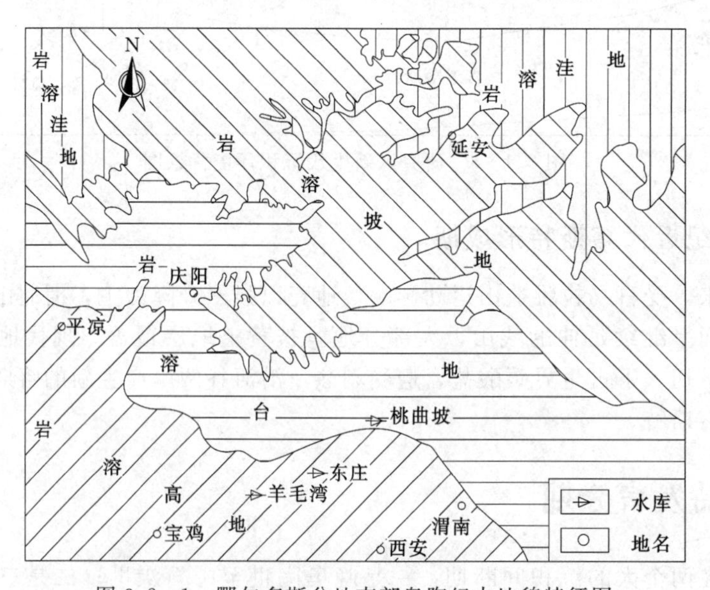

图 3.2-1　鄂尔多斯盆地南部奥陶纪古地貌特征图

东庄水库处于喀斯特高地，地下水以垂向运动为主，水平径流活动弱，古老喀斯特发育相对较弱。晚石炭世以后，海水再次入侵，二叠系、三叠系砂页岩开始沉积，不整合在古老喀斯特发育的碳酸盐岩地层上，并对古老喀斯特进行了充填。一些古老喀斯特空穴被河湖相沉积物充填，部分地被保存下来。如五峰山南侧灰岩（O_2m）露头中有残存的楔状浅肉红色含砾砂岩充填物，砂岩坚硬成岩并与灰岩相依无缝构成一个整体，岩性与邻近二叠系下统山西组粗砂砾岩相同。另据永寿县水泥厂 A_{18} 孔资料，孔深 99.5～165.0m 灰岩段夹厚为 0.2～1.3m 的灰绿色砂岩层，均为成岩状，坚实。东庄库坝区左岸 ZK457 钻孔资料显示，在白云岩段为主的地层中，夹厚约 9m（孔深 148～157m）的灰绿色—棕红色砂岩，砂岩坚硬并与白云岩胶结紧密。这些充填现象同浅部溶洞中充填物砂砾、黏土、石灰岩碎块等显著不同。

而在其他构造活动和地下水活动强烈的地段，古老喀斯特的风化侵蚀面上往往形成规模较大的喀斯特现象，如桃曲坡水库在 0.15km^2 范围内的中奥陶统（O_2）灰岩中发现了 149 个溶洞、溶隙，溶洞充填有上石炭统（C_3）铝土页岩，证明此类溶洞在晚石炭世（C_3）以前形成。以垂直溶洞、溶隙、落水洞、溶斗为主，规模较大，洞径可达数米至数十米，长几十米至数百米。桃曲坡水库建成蓄水后，库水进入古煤窑洞，并与石炭纪和奥陶纪之间的“不整合接触面间的风化壳”古老喀斯特相沟通，产生了严重的渗漏现象。

3.2.3 古喀斯特

古喀斯特是指三叠纪末—新近纪碳酸盐岩裸露期（区域第二次沉积间断期）形成的喀斯特。在三叠纪之后到新近纪之间，碳酸盐岩受燕山运动影响，再次隆起遭受剥蚀，开始第二个喀斯特化阶段。本区经历了长期的剥蚀和平原化夷平作用，喀斯特发育的浅部地层被剥蚀掉，而后广大的夷平面又历经了三趾马红土层沉积。

根据区域已有的喀斯特调查资料，古喀斯特形迹多沿层面、断裂带发育形成溶洞、溶斗、溶槽、溶孔等多种形态，部分喀斯特形迹被红土层充填，如 S_{12}（乾县水泥厂）钻孔在深度在 93～200m 范围内，遇高度 0.5～2m 不等的棕红色黏土充填的溶洞，并有灰岩碎块，呈半成岩状；S_{38}（南北村）钻孔在孔深 380～420m 范围内，揭露浅褐色泥灰质充填的溶洞（直径多小于 1m）、溶隙（宽数厘米），泥灰质坚硬成岩，呈细晶结构。

3.2.4 近代喀斯特

第四纪以来，受喜马拉雅造山运动影响，地壳以强烈升降运动为主，渭河地堑形成，北山继续隆起，泾河、泔河、漆水河等河流穿越渭北山区流入渭河盆地，此时沿河谷发育的喀斯特称为近代喀斯特。

近代喀斯特的特点是发育规模较小，一般长度数米，最长者十余米，形态上口大里小，多呈三角形，由口向内收缩很快，倾向河谷，连续性差，多为孤立存在，充填物为第四系松散堆积物、黏土、砂、少量砾石以及钙质岩屑方解石等。

就本区而言，桃曲坡水库的喀斯特是古老喀斯特的代表，羊毛湾水库的喀斯特是古喀斯特的代表，而东庄水库库坝区由于一直处于喀斯特高地，除部分被第四系地层覆盖外，碳酸盐岩地层之上未接受其他地层沉积（或在后期被剥蚀掉），历史时期发育的古老喀斯特、古喀斯特在后期基本上被剥蚀掉，库坝区的喀斯特主要为沿河谷岸坡发育的近代喀斯特，古老喀斯特和古喀斯特不发育，地表以下亦不存在发育大规模深部喀斯特的条件。

3.3 喀斯特发育特征

3.3.1 喀斯特发育概况

研究区地处北方半干旱地区，并且大部分被第四纪黄土所覆盖，因此，其喀斯特发育的程度及喀斯特景观远不如我国南方地区典型。喀斯特发育程度总体上较弱，规模较小，分布不均。根据区内喀斯特形迹，可将其分为溶痕、溶隙、溶孔、溶洞。

（1）溶痕多见于裸露岩面，或沿细小裂隙壁、不同岩石接触面上发育的微型溶蚀现象。溶面呈皱纹纸状或贝壳状，凹凸不平，面积不等，深度很浅。溶蚀面上可见有方解石沉积或褐黄铁锈色薄膜，表明其曾有地下水活动。

（2）溶隙是区内最普遍的喀斯特形态，多数沿构造裂隙、层面或风化裂隙发育，多呈陡倾斜状，有分叉、合并、尖灭等现象并彼此交错构成溶蚀裂隙网。在碳酸盐岩风化卸荷带部位尤其是河谷两侧裸露岩面上，可形成宽几厘米至数十厘米的宽大溶隙，上宽下窄呈楔形，延伸长度较大。沿断裂带或裂隙密集带的溶隙往往呈带状发育，延伸长度可达几米至几十米，在水文地质上有重要意义，往往形成储水空间和径流通道。

（3）溶孔多沿被充填的溶隙和构造破碎带分布，少数在质纯的灰岩中见到。呈脉管状蜿蜒曲折式的延伸，横断面不一，多数呈不规则的姜石状。溶孔孔径忽大忽小，孔壁常有钙质、小钟乳石、细晶方解石、黏土、锈黄色氧化膜等。据地表测绘和钻孔岩芯资料统计，在构造断裂破碎角砾岩及细晶次生方解石脉中溶孔最为常见，呈密集分布或串珠状出现，其次在溶洞洞壁或溶洞附近也很常见。密集分布和串珠状溶孔的延伸性和连通性较好，是重要含水段和导水通道。

（4）溶洞主要分布于河谷地带与断裂构造破碎带的交会地段，其次是多组节理会合处或节理与层面交会处，形状不规则。泾河河谷以宽缝穴状、洞穴状为主，洞口形状多样，有楔形、三角形、扁平、长方形等，最大直径可达数米，延伸数米至十余米，最长37m，口大里小。洞口一般倾向河床，洞内弯曲延伸有分叉。主、支洞与溶蚀缝穴、溶隙相连，少数岩壁有钙华堆积。泾河河谷出山口（张家山一带）的右岸，沿河谷断续零星似层状分布溶洞。漆水河河谷溶洞的规模较小，以缝穴状为主，洞口多呈楔形、扁平、椭圆形，直径为0.5～2.0m，延伸数米。丘陵前缘溶洞较少，洞口呈菱形、扁圆形，以桶状或袋状延伸的陡倾斜溶洞为主，直径仅0.25～0.40m，延伸数米。钻孔所遇溶洞较少，根据钻进时掉钻情况统计，洞高为0.2～2.0m之间，且钻孔揭露溶洞多为古喀斯特，溶洞中有含棱角砾石黏土、泥质或钙质充填。整体看，区内零星分布有溶洞，多数位于区域侵蚀基准面之上，且绝大部分为干洞，溶洞与溶洞之间不连通，没有形成连续的喀斯特通道。

3.3.2 喀斯特发育类型及特征

根据前述碳酸盐岩沉积建造环境及喀斯特发育分期，各期喀斯特在研究区均有分布。

古老喀斯特主要分布在渭北地区北部的鄂尔多斯盆地内（研究区东北），在中奥陶世末—石炭纪期间形成的喀斯特风化壳面发育，规模一般较大。桃曲坡水库区勘察期间发现的喀斯特多为古老喀斯特。古喀斯特主要分布在渭北山前一带，即由北山向渭河盆地的过渡地带，并且多被新近系三趾马红土层覆盖，羊毛湾水库区的喀斯特即是该期喀斯特的代表。近代喀斯特主要分布在五峰山—钻天岭—嵯峨山一线的渭北山区，该地带由于一直处于喀斯特高地，古老喀斯特、古喀斯特被风化剥蚀掉，喀斯特形迹未得以保存，沿河谷发育近代喀斯特。

古老喀斯特、古喀斯特和近代喀斯特在研究区并存，各期喀斯特发育的背景、分布以及发育程度决定了现今喀斯特形迹的基本格局，同时也决定和影响了喀斯特发育的规模。从研究区已有的地质和水文地质资料来看，羊毛湾水库地下水位位于河床以下 80m，说明地下水排泄基准面还低于此高程，推测下部还有古喀斯特存在；桃曲坡水库古老喀斯特发育深度已低于河床 300m（高程为 350.00～380.00m）。古老喀斯特和古喀斯特在研究区多表现为区域深喀斯特，该类喀斯特受历史时期的古海面控制，与现今地表水系和地下水动力场相对独立，形成各自独立的水流系统。

近代喀斯特主要受当地河流和渭河盆地排泄基准面控制，区内近代喀斯特发育总的规律是山区强于平原区、裸露区强于隐伏区、河谷区强于河间区。通过对区域近代喀斯特发育情况的研究，得出如下特征：

（1）在$\in_2 z$、$O_2 m$ 等以灰岩为主的地层分布地带，喀斯特较发育，而在以 $O_1 y$—l、$\in_3 g$、$\in_1 x$ 等以白云岩为主的地层分布地段，其喀斯特发育程度相对较弱。在 $O_2 p$、$\in_2 x$、$\in_2 m$ 等碎屑岩夹少量泥灰岩、条带状灰岩的地层分布地区，喀斯特极不发育。

（2）沿山前断裂带，喀斯特相对较发育。如乾陵南缘的斜坡地带，据该处钻孔资料，平均线性喀斯特率达 6%，喀斯特密度大，钻孔岩芯上可见密集的溶孔，并且溶孔、溶隙的连通性好。而在多个断裂交会部位，喀斯特则更为发育，在张家山断层、口镇-关山断裂一线，喀斯特地下水丰富，多处成为当地地下水集中供水水源地。远离断裂构造部位的地段，其线性喀斯特率相对较小，喀斯特形态以溶隙为主。

（3）在河谷、水系密集地带，喀斯特发育。在河谷裸露段、河谷与断裂交会处、小型褶皱轴及节理裂隙密集地段，喀斯特最为发育，常可见到溶洞及大量的溶孔。河谷越宽，喀斯特发育程度越高。在河间地段，喀斯特发育明显地减弱，一般只见溶隙和溶孔，溶洞极少见。

（4）在易溶岩地层与区内的相对非易溶岩接触带上，因非易溶岩的阻水作用，水流的汇聚加强了溶蚀作用，喀斯特较为发育，并有较大的喀斯特泉溢出。如徐家山泉即为 $O_2 p$ 的页岩与 $O_2 m$ 灰岩的接触带上形成的泉点。此外在沟阳坡、周家河、泾河口、东庄峡谷（风箱道泉）等地亦可见此现象。

（5）喀斯特发育程度随着深度增加而减弱。就其线性喀斯特率而言，以包气带和浅饱水带（地下水位以下 200m 左右深度内）来比较：其规律为河谷地带多为包气带大于饱水带；河间地段则为饱水带大于包气带；断裂构造带则规律性不强。这一规律可认为是黄土覆盖区喀斯特的基本特征。在河间地段，由于上覆较厚的黄土层，渗入水量较小，不利于包气带喀斯特发育；浅饱水带主要靠附近地表水的常年渗漏补给，呈近似水平或缓斜状径流状态，长期溶蚀有利于喀斯特形成。

3.3.3 影响喀斯特发育的因素

研究区内喀斯特发育受多种因素控制，各种因素间的相互制约、共同作用使得喀斯特发育的机理比较复杂，与现今我国南方喀斯特发育相比，泾河河谷以及库区属于北方干旱—半干旱地区，地表大部分被第四系黄土覆盖，无论是近代喀斯特还是古喀斯特的类型、喀斯特发育条件与程度均有其不同的特点。根据现场调查，岩石分析以及邻区对比，喀斯特主要受沉积环境、地层岩性、岩石结构、构造、水动力条件和气候风化等因素的影响与控制。

3.3.3.1 沉积环境

研究区在古生代接受碳酸盐岩沉积时，伴随地壳运动韵律性抬升，晚寒武世（崮山期—凤山期）、中奥陶世（马一期—马六期）以及石炭纪，鄂尔多斯地块、渭北地区存在多期时间长短不等的区域性海退，导致地层裸露并产生沉积间断。裸露的地层易遭受风化、淋滤和溶蚀作用。

东庄水库工程区地层厚度大，沉积环境水体深，易溶蒸发类膏盐不发育，寒武系—奥陶系地层抬升遭受暴露、风化、淋滤的时间短，古风化壳发育程度低。晚奥陶世，受加里东运动的影响，奥陶系灰岩地层隆起，由于工程区位于喀斯特高地，地下水循环深度较浅，深部喀斯特不发育，在遭受长期风化剥蚀后，风化壳残留少。晚三叠世以来，受燕山运动影响，工程区再次隆起并遭受长期的剥蚀和夷平作用，古喀斯特风化壳被剥蚀殆尽，故工程区不具备形成大规模古老喀斯特和古喀斯特的地质环境基础。

3.3.3.2 地层岩性

岩性是喀斯特发育的基础。岩石的溶解性是形成喀斯特的基础条件，密切控制着喀斯特的发育程度。研究区具体表现为质纯的灰岩喀斯特最发育，白云岩次之，泥质灰岩较差，硅质碳酸盐岩喀斯特极弱或基本不具喀斯特。

根据渭北地区中部喀斯特地下水勘察成果中的岩样分析结果，灰岩、白云岩、泥灰岩平均化学组分差别明显（见表3.3-1），喀斯特作用的强弱随方解石含量、CaO与MgO比值、酸不溶解物质含量等的增减而相应变化。

表3.3-1 不同碳酸盐岩平均化学组分

岩性		各化学组分含量/%				难溶不溶物含量/%	CaO与MgO的比值	样品数
		CaO	MgO	SiO_2	Al_2O_3			
灰岩	无明显喀斯特	45.25	2.71	8.47	0.55～1.48	0.27～22.22	16.7	34
	有喀斯特	54.12	0.75	0.82	0.27～0.62	0.15～20.46	72.2	89
	喀斯特较发育	52.34	1.83	0.73	0.23～0.71	0.38～0.68	28.6	22
白云岩	无明显喀斯特	29.07	18.67	11.60	0.77～3.00	1.56～24.17	1.56	43
	有喀斯特	32.22	17.10	4.74	0.38～2.96	0.38～8.43	1.89	56
泥灰岩	微具喀斯特	21.18	7.57	16.95	—	37.38	2.8	3

灰岩矿物组分中方解石一般占85%以上，白云石的含量小于10%，硅酸盐类和铁质矿物含量微小；化学成分中CaO含量一般为45%～50%，MgO仅占2%～3%，SiO_2小于10%，Al_2O_3为0.4%～13.3%，难溶物总量少于20%，CaO与MgO比值为16.7～

72.2，属于质纯易溶的岩石，喀斯特率一般较高，溶蚀性较好。

白云岩矿物组分中方解石一般小于10%，白云石含量达80%～90%，化学成分中CaO一般占30%，MgO占20%左右，SiO_2及Al_2O_3等难溶物占10%～20%，CaO与MgO比值仅为1.56～1.89，溶蚀性明显减弱。

泥灰岩矿物组分中白云石含量小于5%，化学成分中CaO含量一般为20%，MgO占8%～10%，CaO与MgO比值为2.8，溶蚀性较差。

不同岩性的地层组合，使喀斯特发育有着显著不同的特征。表现为在层厚质纯的均匀状灰岩中，喀斯特发育空间大而集中，喀斯特形态发育完善；当可溶岩与非可溶岩互层时，喀斯特形迹分布在相对易溶的岩性层中，由于具溶解性能的水流仅作用于局部易溶的岩层，喀斯特发育程度较厚层条件下同类岩性层有所增强。当白云岩与石灰岩互层时，喀斯特则主要发育在石灰岩中。

3.3.3.3 岩石结构

碳酸盐岩类岩石的结构类型，尤其是颗粒间的相互关系和成岩构造对于喀斯特发育有着重要的影响。试验表明，在各种成因的结晶中镶嵌结构和以结晶方解石呈基底式胶结的碎屑碳酸盐岩，其相对溶解速度低。鲕状、假鲕状结构或胶结物为泥状方解石并呈薄膜-孔隙式胶结的碳酸盐岩，其相对溶解速度较高。单从结晶质岩石颗粒大小而言，晶粒越小，相对溶解速度越大，不等粒结构的相对溶解速度更大。

根据野外观测结果，碳酸盐岩的溶蚀强度与岩石结构的关系为：粗晶结构大于细晶结构，细晶结构大于微晶结构，微晶结构大于隐晶结构，隐晶结构大于泥晶结构，等粒结构大于不等粒结构的溶解速度。这是由于客观存在的不均匀性在晶粒的差异风化和其间联结力不同而产生分异溶蚀结果的反映。野外还可见到碳酸盐岩由于变质作用和重结晶作用的影响，可溶岩喀斯特化程度有了显著的降低。

根据岩石薄片鉴定结果，东庄水库可溶岩主要为细晶和微晶结构，在库区内还出露有泥晶结构白云岩韵律，岩石可溶性程度整体较低，见图3.3-1和图3.3-2。

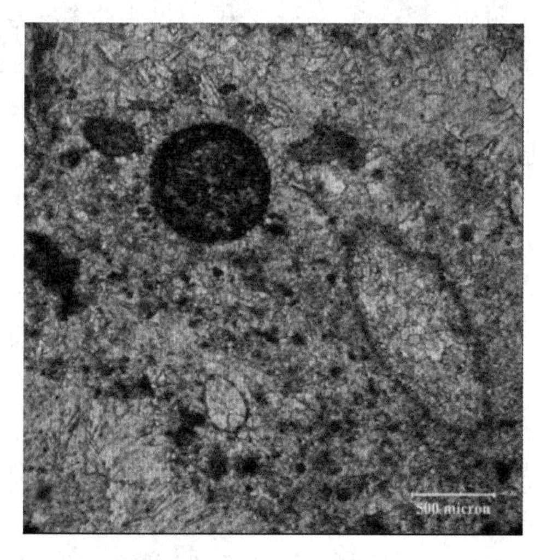

图3.3-1 ZK412-2马家沟群砂屑灰岩

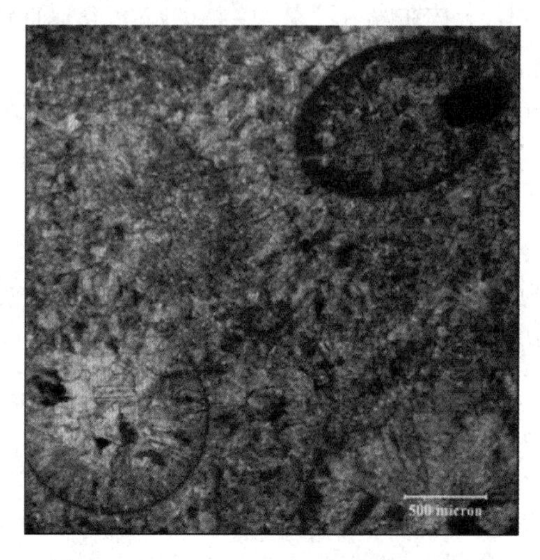

图3.3-2 ZK412-1马家沟群鲕粒灰岩

根据开展的碳酸盐岩库坝段水-岩相互作用模拟及可溶性分析专题研究成果，坝址段奥陶系马家沟群上段的 O_2m^{4-2} 质纯灰岩的可溶性较强；下段 O_2m^{4-1} 含内碎屑和生物碎屑的灰岩，其相对溶解速度较上段低，可溶化程度较弱。坝址区右岸导流洞及两岸钻孔揭露 O_2m^{4-1} 地层的喀斯特发育程度和岩体透水性明显较 O_2m^{4-2} 地层弱。

老龙山断层南侧奥陶系冶里亮甲山组 $O_1y—l$ 和奥陶系马家沟群一段至三段 O_2m^{1-3} 的泥晶结构白云岩和泥质白云岩可溶性程度整体较低。在碳酸盐岩库段白云岩、灰黄色泥质白云岩和浅灰色灰岩韵律段，主要为白云岩和泥质白云岩交替分布，夹薄层灰岩，经统计共分布有23层泥质白云岩，累计厚度约为74m。同时在泥质白云岩和白云岩、灰岩的交界面，常发育有厚1～10cm的泥化夹层，泥质白云岩和泥化夹层透水性弱，可起到相对隔水作用。地表调查和探洞揭露，在老龙山断裂影响带以外，喀斯特发育程度整体微弱。

同时，在碳酸盐岩库段发现局部有经变质作用和重结晶作用后的灰岩、白云岩、硅质白云岩，其可溶化程度更低，在可揭露的地层岩组内，几乎不存在溶蚀现象。

3.3.3.4　地质构造

构造控制喀斯特主要表现为两个方面：一是构造断裂破坏了岩石的完整性，为水的溶蚀创造了条件，同时也制约着喀斯特的形态特征；二是构造特征控制了研究区的水文地质单元划分与水动力循环条件，因而也就控制着喀斯特发育的条件、强度和分布规律。研究区内地质构造对喀斯特发育的影响主要体现在以下几个方面：

（1）区内一些主干断裂和规模较大的次级断裂，特别是北东、北东东、北西及近东西向断裂，在新生代裂谷构造阶段，其力学性质由原来的压性、压扭性转为张性、张扭性。断裂经历了多期构造作用的破坏，所形成的破碎带及其附近的构造影响带规模、范围都较大，具有较好的连通性和延伸性，有利于地下水的连通、运移及对可溶岩的溶蚀，成为喀斯特化程度较高的地带。这些多期活动的断裂构造附近，构造裂隙发育成带，连通性好，面积喀斯特率高达8%以上，成为可溶岩井下涌水的主要地段，例如，陈村-石牛断裂带（F_{10}）附近钻孔、礼泉-双泉断裂带（ⅢF_2）附近Y2钻孔（张宏村）出水量都较大。渭北地区的喀斯特泉均出露于这些多期活动的断裂带附近。如周公庙泉（ⅡF_2 哑柏断裂）、龙岩寺泉（ⅢF_2 礼泉-双泉断裂）、筛珠洞泉（F_8 张家山断裂）等喀斯特泉。

（2）溶洞的形成、发育和分布均受构造控制。在漆水河、泾河流域，溶洞主要分布于河谷地带与断裂构造破碎带的交会地段，其次是多组裂隙会合处或裂隙与层面交会处形成，溶洞形状不规则，显示出受构造裂隙的产状所控制的特征。如乾县漠西河ⅢF_2 断裂带附近，X节理走向分别为320°～330°和40°～60°，倾角75°～90°。据统计裂隙率北西方向达3.3～3.7条/m，北东向2.3～4条/m。溶蚀现象沿节理强烈发育，溶孔呈串珠状、管状，直径为8～15cm，大者达20cm。而在断裂影响带之外，则岩石完整，喀斯特不发育。

岐山县、扶风县、乾县溶蚀裂隙走向统计表明，溶蚀裂隙的走向受构造裂隙的控制，主要方向有北东向、北西向、近东西向和近南北向4组（图3.3-3）。

（3）断裂构造不仅控制着地表喀斯特发育的强弱，而且制约着地下喀斯特发育。根据乾县北部灰岩分布区钻孔资料，在断裂影响带内，平均200m进尺遇一个溶洞，且溶蚀裂

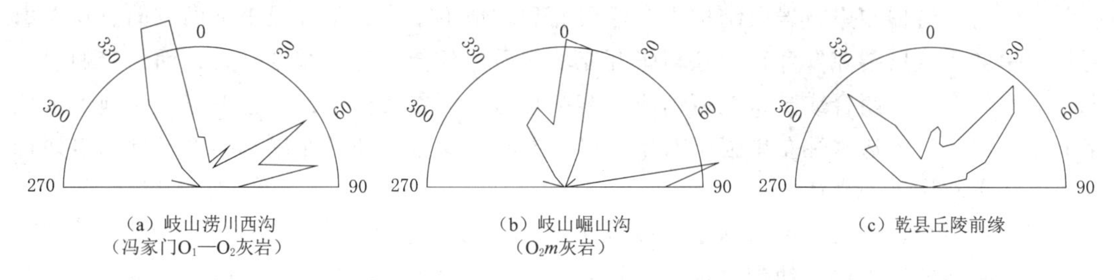

图 3.3-3 渭北中部喀斯特裂隙走向玫瑰花图

隙均较发育，富水性较好，处于ⅢF₂断裂带的Y_2勘探孔涌水量达1.02L/(s·m)，在断裂影响带的钻孔单位涌水量为0.23～0.79L/(s·m)；远离断裂影响带，钻孔累计进尺2000m未揭露一个溶洞，喀斯特发育较弱，富水性亦较差，一般单位涌水量为0.003～0.026L/(s·m)，且无泉水露头出现。地下喀斯特与地表喀斯特不同之处在于地下喀斯特除受断裂、水流等因素的影响，还受地下水循环深度及地层埋深等因素的影响，随着深度的增加，岩石环境围压增大，张裂隙趋于不发育；同时，在一定深度以下，地下水循环交替变弱，以上因素均不利于喀斯特发育。喀斯特发育的下限深度应不大于该区深大断裂的影响深度。

(4) 尽管碳酸盐岩的可溶性是喀斯特发育的基础条件，控制着喀斯特的发育程度，但个别地段即使溶解度较差的白云岩甚至条带状灰岩和泥灰岩，当被导水的断裂切穿后，喀斯特比非构造带相同岩性显得更为发育，如泾河、漆水河河口的寒武系下统白云岩被张扭性复活深大断裂所切（F_8张家山断裂，ⅢF_2礼泉-双泉断裂），沿断层破碎带形成了许多溶洞，并有喀斯特泉（筛珠洞泉、龙岩寺泉）出现。在一些小型、压性、压扭性断裂或胶结固化的断层角砾岩中（如庄河沟内灰岩、白云岩），因透水性差，喀斯特不发育，甚至不见喀斯特。这充分证明了构造断裂性质及后期改造作用对喀斯特发育的重要影响。

(5) 乾县、礼泉地区喀斯特率的统计成果表明，在岩性相同的情况下，喀斯特发育在构造带与非构造带存在着极大差别，在河谷带钻孔平均线性喀斯特率为1.5%～7.1%，而在河谷断裂带，钻孔平均线性喀斯特率为6.1%～41.9%，是前者的4～7倍。在河间地带，钻孔线性喀斯特率为2.5%～5.4%；而在河间断裂带，钻孔线性喀斯特率为4.3%～27.2%。

3.3.3.5 水动力条件

研究区气候干燥，蒸发强烈，地貌多呈现突兀山形，降水少而集中，多形成地表径流，加之上覆黄土层较厚，地表水入渗有限，山体内部水交换条件较差。同时该区水文网稀疏，河谷下切作用强烈，地下水补给作用弱，循环不畅。多种因素综合表明，区内地下水动力条件较差，导致喀斯特发育呈现以下特征：

(1) 喀斯特主要在泾河沟谷发育，集中在岸坡浅表部位。泾河河谷及两岸沟坡地段，地表水等水动力作用相对较强，水交替循环积极，溶蚀作用较强，多发育浅表型溶洞和溶隙。远离沟谷等水位变动带部位，地下水径流作用微弱，喀斯特普遍不发育，一般只见有小溶隙或小溶孔。

(2) 河谷近岸坡部位喀斯特发育左岸略强于右岸。近坝库段为斜向谷或近横向谷，岩层总体倾向下游偏左岸，岩层结构决定沿层面裂隙地下水动力条件强于垂层方向。在左岸河谷近岸坡，顺层裂隙发育，裂隙多张开充填泥质，延伸较远，宽度较大；而右岸顺层裂隙相对不发育，多闭合或微张充填钙质，溶蚀轻微。河谷及近岸钻孔也揭露左岸地下水位略低于右岸，岩体透水性左岸强于右岸。以上差异现象也印证了左岸水动力条件和喀斯特发育略强于右岸这一规律。

(3) 喀斯特相对发育带与河水位变动带总体一致。近坝库段740.00～760.00m高程河流Ⅲ级阶地的河水位变动带，水交换频繁，地下水动力条件较强，喀斯特较发育，喀斯特形迹在两岸分布范围较广，为喀斯特相对发育带。地表以浅表溶洞、宽大溶隙为主，钻孔、平洞揭露的喀斯特形迹主要为溶隙及溶孔。740.00m高程以下至现河床，河流下切较快，地下水补给不足，循环不畅，地下水径流作用微弱，岩体透水率较小，喀斯特普遍不发育，地表、钻孔及探洞揭露的喀斯特形迹主要为沿构造裂隙形成的溶隙和溶孔。

3.4　渭北喀斯特地区已建水库喀斯特发育及渗漏特征

渭北地区干旱缺水，因此中华人民共和国成立后在渭北喀斯特地区修建了一些水库，其中涉及喀斯特地区（或喀斯特地层）且距东庄水库距离较近的主要有冯家山水库、羊毛湾水库、桃曲坡水库和泾惠渠首电站水库（见图3.4-1）。

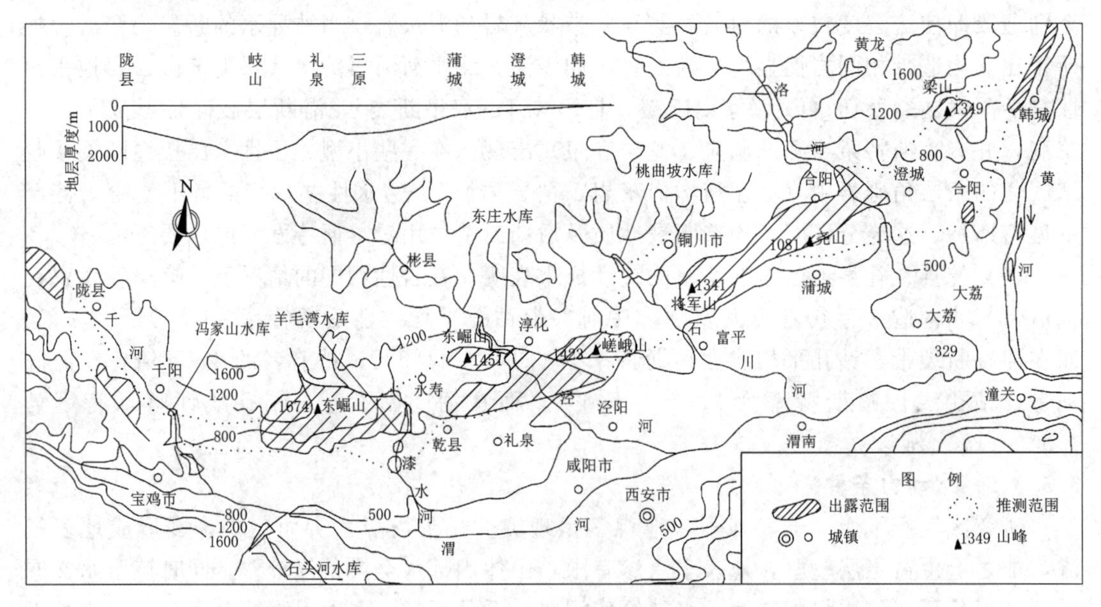

图3.4-1　渭北喀斯特地区主要水库分布图

3.4.1　冯家山水库

冯家山水库位于黄河流域渭河支流千河上，距河口25km，东距泾河东庄水库的直线距离约120km，控制流域面积3232km^2，多年平均径流量4.85亿m^3，多年平均流量15.4m^3/s。大坝坝型为均质土坝，坝高73m，坝顶高程712.00m，总库容3.89亿m^3。

该工程于1956年开始勘测设计，1960年3月开工兴建，后因其他缘故于11月停工，1970年秋重新复工兴建，1974年3月正式下闸蓄水，当年就部分受益。至今已正常运用40多年，发挥了很大的经济效益和社会效益。

冯家山水库所在工程区发育有古喀斯特和现代喀斯特，其中古喀斯特不甚发育，溶蚀形迹为溶槽和溶蚀裂隙，少见溶洞。现代喀斯特主要是古喀斯特的进一步发育和改造，形态以溶蚀裂隙为主，垂直溶洞和倾斜溶洞少见。坝址右岸基岩顺河高倾角卸荷裂隙中，可见溶蚀、溶孔、溶槽、溶洞等现象，存在喀斯特渗漏问题。

水库建设和除险加固过程中对河床砂卵石、古河道和可溶岩层采取了混凝土防渗墙、悬挂式灌浆帷幕等防渗处理措施，处理后，冯家山水库自1974年春下闸蓄水至今，基本没有渗漏问题，运用情况良好。

3.4.2 羊毛湾水库

羊毛湾水库位于渭北西部岐山-泾阳喀斯特地下水系统周公庙-龙岩寺子系统内，处于陕西乾县以西30km漆水河上，距离东庄水库约50km，是一座以灌溉为主，兼具防洪、供水的大（2）型水利工程。大坝坝型为均质土坝，坝高47.60m，坝顶高程为646.60m，正常蓄水位为635.90m，总库容为1.2亿m^3。水库于1971年开始蓄水，1973年5月枢纽全部建成。

受构造裂隙和断层控制，羊毛湾水库区喀斯特发育强烈，坝前库区大面积灰岩裸露地表，透水性强。截流基坑槽施工过程中共发现喀斯特洞穴76个，仅少数被充填，多为半充填或未充填状，充填物多为方解石、黏土、石灰岩等。坝基钻孔资料揭露，坝基以下喀斯特发育，河床以下150m深仍发育溶洞，其发育下限不清。坝基地下水位低于河床，钻孔水位低于河床80余m。

1959年，羊毛湾水库施工开始后，确定了“铺盖为主，结合局部灌浆和留底孔”的防渗处理方案，但在实际施工中仅实施了部分工作。水库大坝建成蓄水至629.00m时，水库漏水严重，无法正常运用。1988年后对羊毛湾水库进行了系统防渗处理，加上厚度达到20m以上的水库泥沙淤积天然铺盖作用，水库基本不再渗漏。

3.4.3 桃曲坡水库

桃曲坡水库位于渭北东部铜川-韩城喀斯特地下水系统内，处于石川河支流沮水河下游，距耀县县城15km，西距泾河东庄水库的直线距离约60km。坝址以上控制流域面积830km^2，多年平均径流量为2.1m^3/s。大坝坝型为均质土坝，坝高61m，坝顶长294m，水库正常蓄水位为784.00m，总库容为4300万m^3。

桃曲坡水库库坝区出露地层从下至上依次为中奥陶系深灰色灰岩、上石炭统杂色页岩、下二叠统碎屑岩和第四系松散岩层，喀斯特发育强烈。在坝区0.5km^2范围内，发现各种喀斯特洞穴达149个，洞径大者可达10m，其中90%以上为古老喀斯特。现代喀斯特主要发育在河谷两岸及河床附近，以浅小的溶槽和宽浅的溶洞为主，倾向河床，深度一般不大于3m，一般无充填，与裂隙相连，多有水流痕迹。坝址区100m深的钻孔未揭露到地下水位，根据区域资料分析，库坝区地下水位低于现库底330m左右，为悬托型库盆。

1974年年初水库基本建成后水库发生严重渗漏。蓄水位高程为747.80～754.70m时，平均漏水量为4.54万～5.77万m^3/d，占河道来水量的57.4%。水库漏水的主要原因是水库建设时未进行系统的防渗处理，水库蓄水后古溶洞和废弃的煤井、巷道、通风井等极易被库水击穿，造成水库漏水严重，水库漏光后，发现库内有36个溶洞，14个煤窑，4条宽大裂隙。

水库发生渗漏后先后进行了5次防渗处理。通过对蓄水后出现的集中漏水点进行封漏，加之水库泥沙自然淤积，渗漏量从5.2万m^3/d降至0.56万m^3/d，水库防渗效果显著，渗漏得到了有效控制。

3.4.4 泾惠渠首电站工程

泾惠渠渠首电站位于泾阳县王桥镇西北约6km的泾河上，处于筛珠洞泉子系统内，距上游东庄坝址的直线距离约11km。大坝坝型为混凝土重力坝，坝顶高程为469.00m，坝高约为35m。

泾惠渠渠首电站坝址位于泾河峡谷出口上游约1km。出露的地层有寒武系灰岩和白云岩，奥陶系灰岩、页岩，古近系砾岩和第四系松散沉积物等。坝址区地下水多以泉水形式出露于山坡裂隙及断层线附近。泾惠渠渠首电站坝址区地表喀斯特现象发育程度较低，所见到的溶洞多沿断层裂隙发育，钻探中未发现溶洞。

施工中对坝基河床进行了帷幕灌浆，在459.00～474.00m高程范围的两岸坝肩上设置宽1m、深入岸坡3m的混凝土防渗墙。对坝基进行了固结灌浆，对坝基内存在的断层破碎带或较弱夹层，根据开挖情况采取了适当的处理措施。规模小的进行一般的开挖回填，规模大的采取专门的处理措施，经防渗处理后基本不存在水库渗漏。

3.5 小结

（1）研究区在地质演化历史中，整体经历了加里东和燕山两次强烈的造山运动，形成两次大的沉积间断，奠定了本区喀斯特发育的基础。

（2）在两次沉积间断期，东庄水库工程区一直位于渭北山区高地，历史时期发育的古老喀斯特、古喀斯特大部分在后期被剥蚀掉，不具备发育大规模古老喀斯特和古喀斯特的背景条件。工程区喀斯特主要为第四纪以来沿河谷岸坡发育的近代喀斯特，且处于发育初级阶段，喀斯特发育程度弱，喀斯特发育形式主要以溶痕、溶隙、溶孔为主，溶洞规模较小，零星分布，未形成大规模连通的喀斯特管道系统

（3）桃曲坡水库喀斯特是中奥陶世末—石炭纪碳酸盐岩裸露期（区域第一次沉积间断期）形成的古老喀斯特系统，羊毛湾水库喀斯特是三叠纪末—新近纪碳酸盐岩裸露期（区域第二次沉积间断期）形成的古喀斯特系统。二者均经历了后期改造作用，喀斯特发育规模一般较大，常形成连通的喀斯特洞穴及管道系统，容易导致严重的水库渗漏问题。

（4）东庄水库和羊毛湾水库、桃曲坡水库在沉积环境、古喀斯特发育条件和渗漏条件

等方面存在明显差异。东庄水库喀斯特发育强度远弱于羊毛湾水库和桃曲坡水库，水库建成后不会产生类似桃曲坡、羊毛湾水库的严重渗漏问题。

（5）通过采取防渗处理措施，在渭北喀斯特地区修建的桃曲坡水库、羊毛湾等水库在蓄水初期产生的严重喀斯特渗漏问题均得到了有效控制，说明只要查明工程的喀斯特水文地质条件并采取适当的工程措施，在渭北喀斯特地区兴建水库具有可行性。

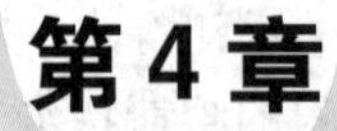

第4章 喀斯特地下水系统研究

根据研究区水文地质条件、研究程度并结合东庄水库建设的需要，对研究区内喀斯特地下水系统进行了深入研究。研究区所在的喀斯特水系统为渭北喀斯特水的一部分，渭北喀斯特水主要赋存于寒武-奥陶系灰岩中，自西向东沿北山及其南侧呈带状分布。

4.1 水文地质结构

研究区喀斯特地下水分布区在构造上处于渭北北山向汾渭地堑过渡带，北部山区老龙山断层以北分布的砂页岩构成喀斯特地下水滞流性隔水边界。南部碳酸盐岩呈阶梯状向汾渭地堑内陷落，在乾县-富平断裂以南，碳酸盐岩深陷地表以下1500m，构成喀斯特水向渭河盆地的弱潜流边界。碳酸盐岩主要呈“岛状”出露在汾渭地堑北部山区一带，如五峰山、钻天岭等，在稷王山、袁家坡、嵯峨山一带也有分布。碳酸盐岩在汾渭地堑内则被松散层覆盖，仅在碳酸盐岩基底的地垒区，由于河流下切局部出露。受构造影响，碳酸盐岩呈阶梯状向汾渭地堑内陷落（见图4.1-1）。研究区内喀斯特地下水未形成统一大流场，不同断块地下水水位自西向东、自北向南呈现阶梯状下降的特征。

在渭河盆地地堑逐级陷落的形成过程中，各期山前断裂带（早期山前断裂现已埋藏于松散层之下）均具张性特征，为喀斯特地下水富集提供了储水空间，并成为喀斯特地下水富集地带。当下游沟谷地区没有良好的喀斯特地下水排泄途径时，喀斯特水在山前断裂带一定部位排泄，如周公庙泉、龙岩寺泉、筛珠洞泉等，这些排泄点也是喀斯特地下水断裂带富集区中的富集点。

根据研究区地层岩性分布特征，可将区域基岩含水地层划分为碳酸盐岩含水岩组和非碳酸盐岩含水岩组。

1. 碳酸盐岩含水岩组

碳酸盐岩含水岩组主要由寒武系中、上统（$\in_2 z$、$\in_3 g$）和奥陶系下统冶里-亮甲山组（$O_1 y-l$）以及奥陶系中统马家沟群（$O_2 m$）等岩组构成。岩性主要为灰岩、白云质灰岩、灰质白云岩、白云岩等，局部夹薄层泥质岩或与泥质岩韵律互层。

寒武系中统张夏组（$\in_2 z$）、上统崮山组（$\in_3 g$）呈条带状分布于岐山—乾县一带低山丘陵区，在泾河峡谷出山口处亦有少量分布，在扶风黄堆—乾县县城一带隐伏于第四系松散层之下，厚度变化较大，一般在70～600m；该含水层碳酸盐岩分布厚度大，构造及

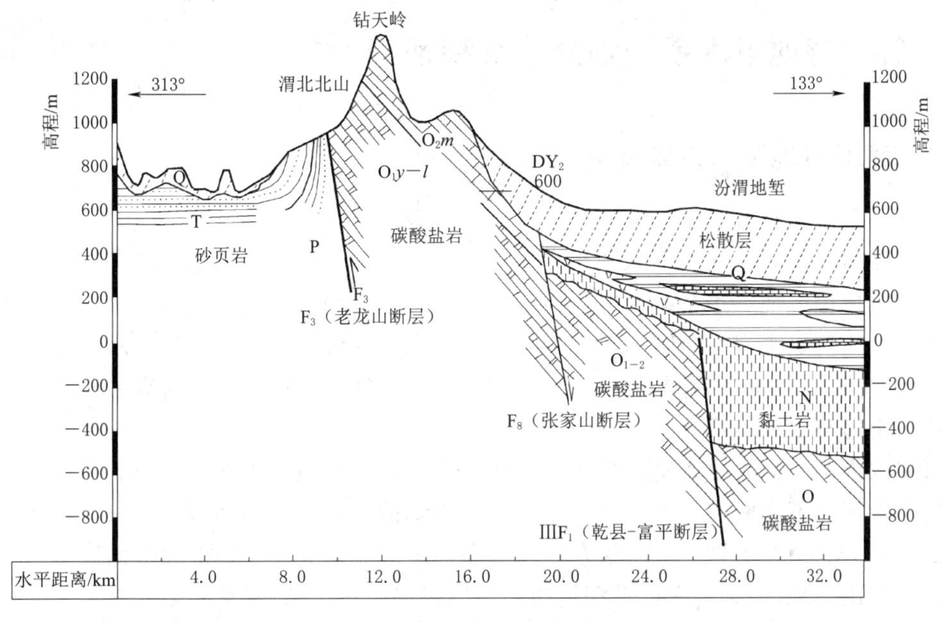

图 4.1-1 渭北山前地区地质横剖面图

溶蚀裂隙较发育，延伸性强，往往形成喀斯特地下水的重要赋存和运移通道，在扶风、乾县、岐山等地成为重要的喀斯特地下水开采基地。

奥陶系中统马家沟组（O_2m）和下统冶里-亮甲山组（$O_1y—l$）从西部的岐山至泾阳呈条带状分布，被唐王陵向斜分隔成南、北两个亚区，两亚区相距 5～10km。北亚区分布于五峰山、钻天岭、泾河峡谷一带，一般厚 412～707m，最厚在泾河、钻天岭一带可达 2500m 左右；南亚区分布于唐王陵向斜以南、乾县-富平断裂以北。该含水岩组岩性主要为灰岩、白云岩，局部地段为白云岩与泥质岩韵律互层，根据地表调查及勘探揭露，灰岩裂隙较发育，白云岩裂隙发育程度较低，喀斯特发育差异性明显。由于裂隙、构造发育的差异，各地富水程度也有较大差异，在口镇-关山断裂、张家山断裂、乾县-富平断裂等构造带附近裂隙喀斯特发育，地下水较为富集，是地下水赋存和运移的主要通道，在白王、鲁桥等地沿断裂带形成了喀斯特地下水开采基地。

2. 非碳酸盐岩含水岩组

非碳酸盐含水岩组主要由寒武系中统徐庄组（$\in_2x$）、奥陶系中统平凉组（O_2p）和上统唐王岭组（O_3t）等岩组构成。徐庄组（$\in_2x$）岩性主要为粉砂质页岩夹薄层泥灰岩、鲕状灰岩。唐王岭组（O_3t）岩性主要为页岩夹砂砾岩、粉砂质页岩夹少量白云质、灰质泥页岩，主要分布于关头—唐王陵一带，厚度为 1000～2500m。奥陶系中统平凉组（O_2p）分布在岐山、礼泉、富平—浦城一带，岩性主要为灰黑、深灰、灰绿色页岩，局部夹泥灰岩，厚度一般为 200～900m，最大厚度为 1162m；沿沙坡断层北侧呈带状分布，厚度为 100～200m，局部最薄约 50m，最厚可达 500m，岩性以页岩为主。非碳酸盐岩岩组喀斯特不发育，透水性差，地下水类型主要为基岩裂隙水，具有良好的隔水性能。

4.2　喀斯特地下水系统划分及其特征

4.2.1　喀斯特地下水系统划分

地下水系统是具有水量、水质和能量输入、运移和输出的地下水基本单元及其组合，是在时空分布上具有共同地下水循环规律的一个独立单位，它可以包括若干次一级的亚系统或更低的单位。地下水系统可以分为地下水含水系统和地下水流动系统，含水系统是指由隔水或者相对隔水岩层封闭的，具有统一水力联系的含水岩系，而地下水流动系统是指由源到汇的流面群构成的，具有统一时空演变过程的地下水体，本次研究中所涉及的地下水系统均指地下水流动系统。

研究区内碳酸盐岩分布呈阶梯状向渭河盆地陷落，碳酸盐岩含水岩组总体上呈现“断阶结构”特征，不同断块地下水位呈现阶梯状下降的趋势。根据埋藏条件，研究区所在的渭北山区可分为两个大区：一是沿东西向展布的碳酸盐岩断续出露的北部山区（一些文献中称为“北山”地区）；二是山前深埋喀斯特区。二者以乾县-富平断裂为界。

在北部山区，受走向为NW、NE、EW的3组彼此相交形成的“多”字形构造和当地河流排泄基准的控制，研究区自西向东分布着3个泉域，分别是周公庙泉域（主泉高程为788.00m）、龙岩寺泉域（主泉高程为545.00m，已干涸）和筛珠洞泉域（主泉实测高程为452.00m）。区内喀斯特地下水位未形成统一大流场，各泉域内喀斯特水形成各自的水文地质系统，具有相对独立的补排关系，地下水流向都与河流地表水系相吻合，总体自西北向东南径流。

研究区喀斯特地下水分为北部山区喀斯特水和南部山前深埋喀斯特水，北部山区喀斯特水大致以口镇为界，可划分为东、西两个喀斯特水系统（见图4.2-1），即西部的岐山-泾阳喀斯特地下水系统和东部的铜川-韩城喀斯特地下水系统。

西部岐山-泾阳喀斯特地下水系统（Ⅰ）（也称“乾礼区”），位于岐山县、乾县和泾阳县北部山区一带，喀斯特地下水位一般为450.00～850.00m，以渭河或泾河峡谷为排泄基准面，以唐王陵向斜1000～2500m厚的含砾页岩为相对隔水边界。岐山-泾阳喀斯特地下水系统（Ⅰ）进一步划分为两个子系统，即筛珠洞泉域子系统（$Ⅰ_1$）和周公庙-龙岩寺泉域子系统（$Ⅰ_2$）。

东部铜川-韩城喀斯特地下水系统（Ⅱ），位于口镇以东的韩城、铜川一带，也称“铜韩区”。本系统喀斯特地下水位在380.00m高程左右，全区水位差仅10余m，故人们常以“380”喀斯特水作为渭北东部喀斯特水的代称。

筛珠洞泉子系统（$Ⅰ_1$）以沙坡断层及其北侧条带状连续分布页岩为界，分为北部的$Ⅰ_1^1$区与南部的$Ⅰ_1^2$区。东庄水库坝址处于沙坡断层以北水文地质单元内（$Ⅰ_1^1$）。桃曲坡水库位于铜川-韩城喀斯特地下水系统（Ⅱ）内，羊毛湾水库位于龙岩寺-周公庙子系统（$Ⅰ_2$）内。

4.2.2　各喀斯特地下水系统特征

1. 岐山-泾阳喀斯特地下水系统（Ⅰ）

岐山-泾阳喀斯特地下水系统（Ⅰ）指凤翔—岐山—泾阳一带的中低山区、黄土丘陵和

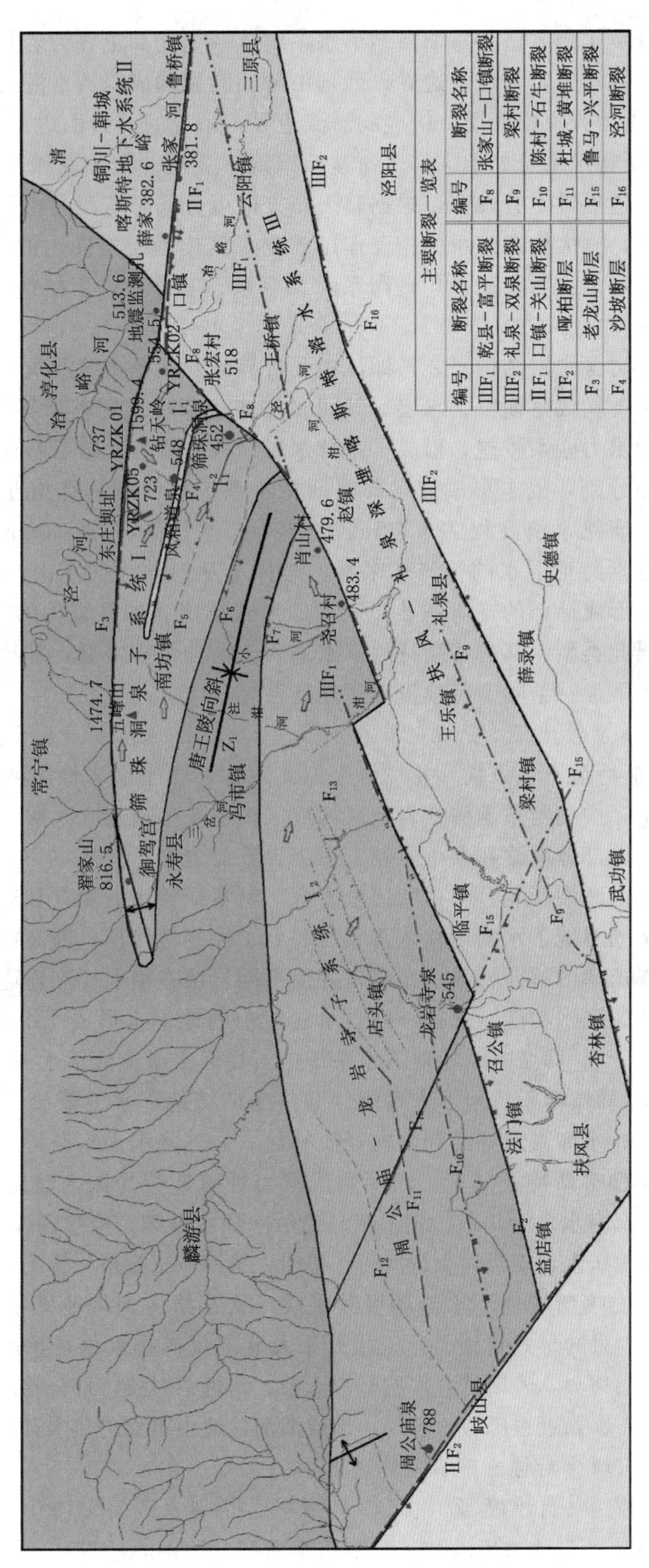

图 4.2-1 研究区喀斯特地下水系统划分示意图

山前洪积扇及部分黄土台塬区的喀斯特地下水系统。系统北部边界为老龙山断层构成的碳酸盐岩与砂页岩的接触带，为隔水边界；西部由哑柏断裂构成弱透水潜流边界，西南是乾县-富平断裂、东南为张家山断层，构成弱潜流边界，系统的总面积约 1512km²。

岐山-泾阳喀斯特水系统处于鄂尔多斯盆地南缘，受渭北北山断皱带和渭河地堑断裂构造影响，区内构造形迹十分发育，根据其展布方向可分属于东西向构造带、北东向构造带和北西向构造带，三大构造体系的相互作用控制了区内地层空间上的分布和地貌轮廓。地层由老到新分布，依次为寒武系、奥陶系、二叠系、三叠系，岩层产状总体倾向北西，倾角为 35°～50°。

该系统碳酸盐岩含水层结构复杂，即从中元古界到寒武系中统及奥陶系中下统碳酸盐岩，均在一定条件下构成喀斯特含水层，其间多被非喀斯特或弱喀斯特相对隔水层分隔，致使各含水层之间水力联系较差，形成了多含水层结构的特点。喀斯特地下水位受构造及非可溶岩隔水层的分割，也未形成像东部喀斯特水系统那样的具有相近水位的流场，例如，由西往东周公庙泉水位高程 788.00m、龙岩寺泉水位高程 545.00m、筛珠泉水位高程 452.00m。从喀斯特地下水的径流场来看，总体上从西北流向东南，在深切河谷与山前断裂交会部位，形成局部的排泄基准面以泉的形式排泄，如系统内的筛珠泉、龙岩寺、周公庙泉等，均属此类型。部分喀斯特地下水进入山前冲洪积平原，补给第四系松散层孔隙潜水，并进一步下渗补给喀斯特地下水深循环系统。

2. 铜川-韩城喀斯特地下水系统（Ⅱ）

铜川-韩城喀斯特地下水系统（Ⅱ）位于渭北东部，含水层岩性主要为寒武系和奥陶系碳酸盐岩，其中，中奥陶系碳酸盐岩地层构成区内主要喀斯特含水层。该区寒武系、奥陶系碳酸盐岩地层大部分埋藏在新生界及上古生界碎屑岩之下，基本为隐伏喀斯特区。区内构造复杂，受区内断裂影响，喀斯特比较发育，给喀斯特水的赋存和运移提供了良好的空间。这种构造格局对地下水的运移、富集均起到了控制性作用，断裂构造在喀斯特作用下形成了具极强渗透率的喀斯特含水介质，并使不同岩层在横向相互连通，破坏了一些相对弱喀斯特化岩层的隔水功能，使得不同含水岩组中的地下水形成了统一的地下水流场。桃曲坡水库即位于铜川-韩城喀斯特地下水系统内石川河上游支流沮水河上。

渭北东部铜川-韩城喀斯特地下水系统（Ⅱ）喀斯特地下水主要接受大气降水入渗补给、河流渗漏补给、水库渗漏补给和侧向径流补给，大气降水占喀斯特水总补给量的一半以上。西北部裸露型喀斯特及其东、南两侧浅覆盖性喀斯特为区内喀斯特水的主要补给区，喀斯特水由西部潜水，沿北东、北东东、北西向导水断裂，经过深浅不一的路径向东、南径流，并过渡为承压水，于洛河和黄河河谷排泄，黄河东王泉群一带为区内喀斯特水最低排泄基准面。系统内喀斯特地下水流场极其平缓，从补给区到排泄区平均水力坡度约为 0.03‰。地下水除以泉的形式排泄外，人工开采及北部煤矿排水也是重要的排泄途径。此外，系统南部为断层边界，喀斯特含水层与古近系、新近系对接，部分喀斯特地下水越过断裂构造，向南补给古、新近系砾岩含水层，构成渭河盆地内重要的热水补给水源。

3. 扶风-礼泉深埋喀斯特地下水系统（Ⅲ）

该系统北部以乾县-富平断裂（ⅢF_1）、张家山断裂（F_8）、口镇-关山断裂（ⅡF_1）为界，向南受一系列断裂构造影响，逐级陷落至渭河盆地中心地带。

渭河断陷（地堑）盆地北缘断裂构造比较发育，控制了区内黄土塬及洪积扇的地貌轮廓及碳酸盐岩的埋深。例如，漆水河以西的礼泉-双泉断裂（ⅢF_1）、乾县-富平断裂（ⅢF_2）等断裂，形成阶梯状陷落，致使碳酸盐岩由裸露到埋藏，自北而南埋深依次增大，埋藏区上覆古近系、新近系、第四系沉积层厚度亦自北而南明显变厚。

根据区域物探重力勘探，分布于ⅢF_1、ⅢF_2、ⅡF_1、ⅡF_2断裂所围成的扶风-礼泉-三原间的广大黄土塬区，碳酸盐岩埋深大于2000m；分布于泾河以东，由ⅢF_1、ⅡF_1、F_8断裂所围成的兴隆黄土塬区，碳酸盐岩埋深1000～2000m；分布于漆水河以西，益店-天度黄土塬区，碳酸盐岩埋深500～1000m。

该系统喀斯特含水层由中新元古界、寒武系及奥陶系碳酸盐岩组成，喀斯特地下水多深埋于1000～2500m，并上覆有巨厚的古、新近系黏土盖层，喀斯特地下水具有承压性。系统内喀斯特水主要接受北部中低山黄土丘陵浅循环系统山前补给，总体上向南径流，到达南边界礼泉-双泉断裂后使北侧碳酸盐岩含水层与新近系含水层直接接触，部分喀斯特水进入古、新近系含水层，其余部分喀斯特水在水头压力作用下受迫向深部运移，最终通过渭河大断裂进入断陷盆地的中心，补给了古近系热储，成为咸阳—兴平一带古、新近系地热的重要补给源。

系统内ⅢF_1、ⅢF_2、ⅡF_2等一系列北东及北西向的断裂十分发育，这些断裂因渭河地堑持续沉降，新生代以来仍表现出较强烈的继承性活动，对喀斯特含水层造成强烈的切割，促使喀斯特地下水在系统内向深部循环，吸收深部岩体中的热量，使喀斯特水不断增温，加之上覆巨厚的古、新近系黏土类沉积层又成为良好的热储盖层，使得系统内深循环的喀斯特地下水系统具备了中低温喀斯特热水系统的条件。

4.3 水文地球化学特征

按含水介质的不同，研究区地下水可划分为松散岩类孔隙水、碎屑岩类裂隙水以及碳酸盐岩类喀斯特水3种类型。喀斯特地下水为本书研究的重点。

为分析研究区不同子系统地下水的化学特征及其内在联系，2011年委托中国地质大学（武汉）对区内重要的水文地质点进行了水样采集与测试分析（见图4.3-1）。2013年委托长安大学和河南省地质环境监测院实验测试中心对区内不同类型的水文点进行了水样采集与测试分析（见图4.3-2），水样涵盖研究区内河水、第四系—新近系松散岩类孔隙水、三叠系—二叠系基岩裂隙水、奥陶系上统唐王陵组—奥陶系中统平凉组（O_3t—O_2p）基岩裂隙水以及碳酸盐岩类喀斯特水等不同水体。

4.3.1 泾河水水化学特征

受到渭北地区气候条件及人类活动影响，泾河水经历着强烈的蒸发作用，根据水化学分析（见表4.3-1），泾河水的七大常规离子浓度与溶解性总固体（以下简称“TDS”）明显高于评价区内其他水体，并且不同季节所取水样，11月的TDS较1月有所降低。所取泾河水水样的pH都大于8.0，呈弱碱性，地下水化学成分中阴离子以SO_4^{2-}含量最高，阳离子以Na^+为主，水化学类型主要为$HCO_3 \cdot SO_4 \cdot Cl-Na \cdot Mg$型。

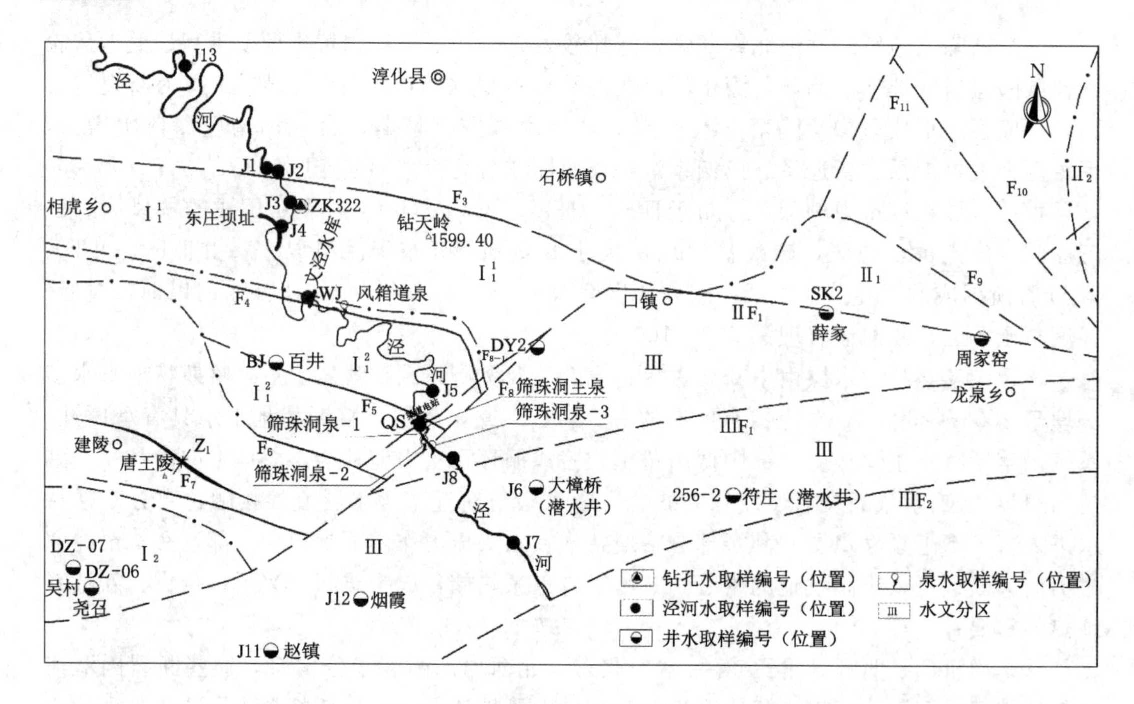

图 4.3-1　采样点位置图（2011 年）

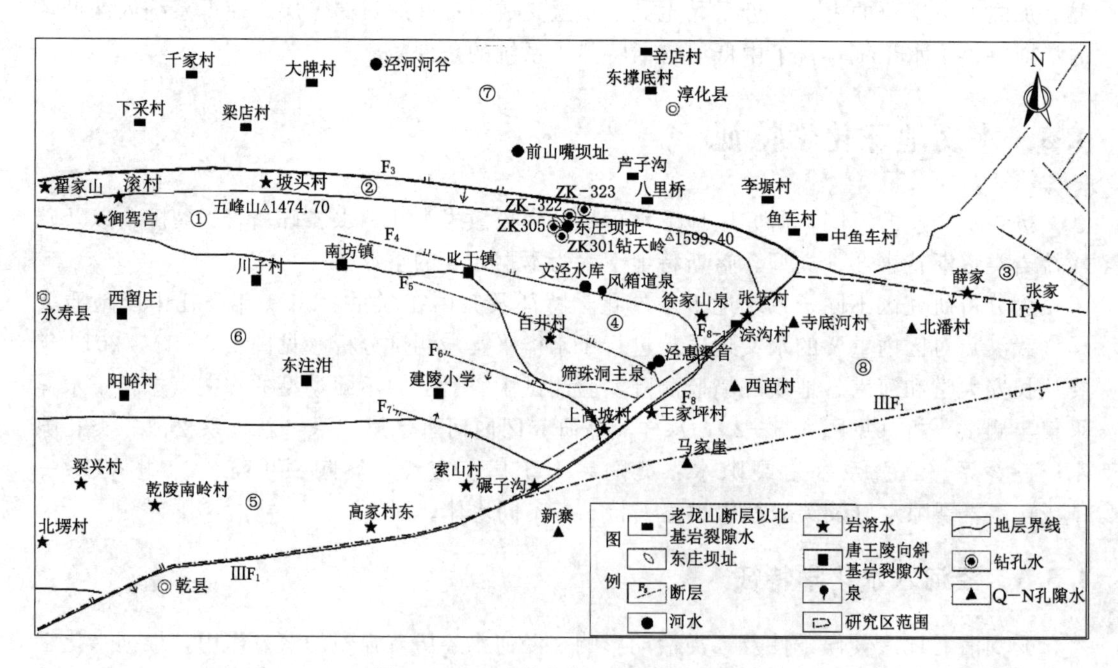

图 4.3-2　采样点位置图（2013 年）

①—筛珠洞泉域喀斯特水（西北部滚村一带）；②—筛珠洞泉域喀斯特水（坝址裸露喀斯特区）；③—东部（铜韩区）喀斯特水；④—筛珠洞泉域喀斯特水（筛珠洞主泉区）；⑤—龙岩寺泉域喀斯特水；⑥—唐王陵向斜 $O_3t—O_2p$ 基岩裂隙水；⑦—老龙山断裂以北 T—P 基岩裂隙水；⑧—山前 Q—N 松散岩类孔隙水

表 4.3-1　　泾河水化学特征表

取样位置	编号	取样时间/(年-月)	pH	TDS	HCO_3^-	Cl^-	SO_4^{2-}	Ca^{2+}	K^+	Mg^{2+}	Na^+
				mg/L							
坝址区上游非碳酸盐岩区泾河水	YRSW-317	2013-01	8.1	1483.3	281.3	260.91	581.16	62.52	9.45	72.78	326.8
	JH-01	2013-01	8.1	1353.7	396.63	214.47	458.69	85.57	7.78	70.23	282.3
	YRP-JH-01	2013-11	8.1	928.2	286.18	151.73	294.9	67.74	6.47	54.8	177.8
东庄坝址区泾河水	JH-02	2013-01	8.3	1273.1	396.63	203.48	428.43	85.57	6.38	68.77	246.1
	YRP-JH-02	2013-11	8.1	952.2	280.69	173.7	294.9	67.74	7.29	56.38	179.3
坝址下游文泾水库及泾惠渠泾河水	WJ	2013-01	8.3	1275.8	387.48	207.03	422.66	85.57	4.98	67.19	259.8
	YRP-WJ	2013-11	8.1	498.6	255.06	60.26	126.32	55.31	3.01	30.5	79.39
	QS	2013-01	8.1	1109.5	345.98	175.48	353.5	79.76	5.93	57.59	232.1
	YRP-QS	2013-11	8.1	845.8	283.74	137.19	252.64	60.32	5.67	51.76	164.5

由图 4.3-3 和图 4.3-4 可以看出，自泾河上游至下游，TDS 呈逐渐降低的趋势，除 Ca^{2+} 和 HCO_3^- 外，SO_4^{2-}、Cl^-、Na^+、K^+、Mg^{2+} 的离子含量也都逐渐降低。东庄坝址区碳酸盐岩段泾河水（JH-01）的 HCO_3^- 比坝址上游非碳酸盐岩段泾河水（YRSW-317）的 HCO_3^- 高，而后至下游（QS）又呈现逐步减小的趋势，这说明上游碎屑岩河段泾河水与坝址区碳酸盐岩段泾河水存在差异，即碳酸盐岩地层对泾河水化学成分有一定影响。

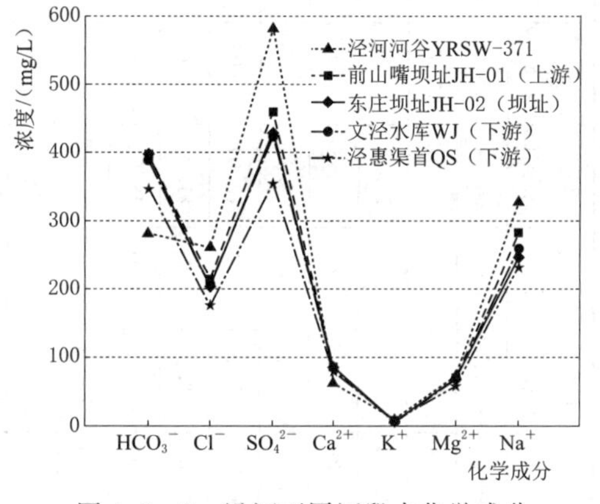

图 4.3-3　泾河不同河段水化学成分对比（2013 年 1 月）

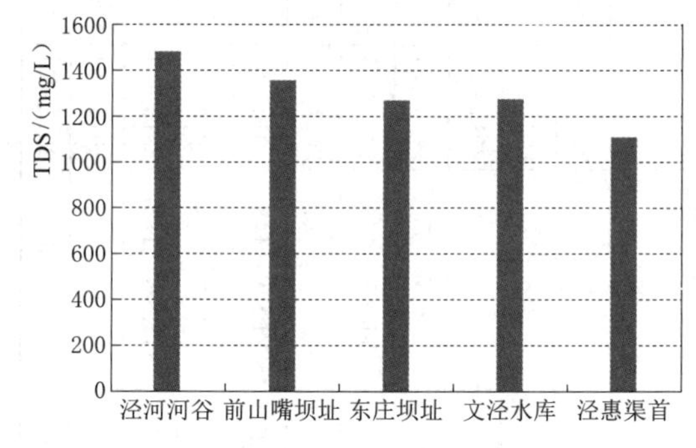

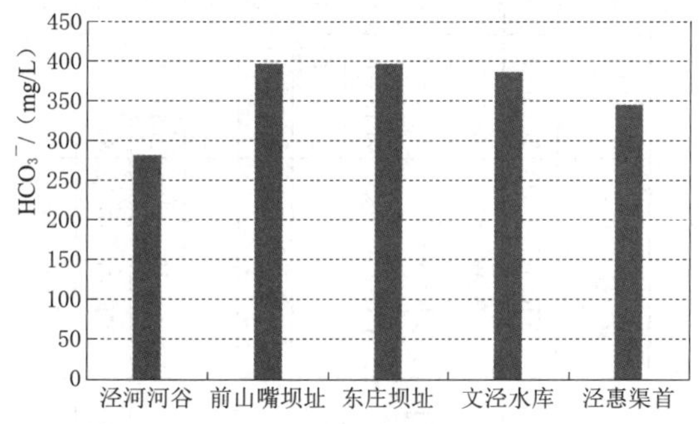

图 4.3-4　泾河不同河段 TDS 值和 HCO_3^- 含量变化图（2013 年 1 月）

4.3.2　地下水水化学特征

根据研究区内不同赋存介质类型的地下水水化学分析（见表 4.3-2、表 4.3-3 和图 4.3-5）可知，不同水体的水化学特征存在一定的差异，具有各自的水文地球化学特征。松散岩类孔隙水与碎屑岩类裂隙水以及碳酸盐岩类喀斯特水的水化学成分明显不同。

表 4.3-2　　不同类型地下水化学成分对比表

地下水类型	取样位置	编号	取样时间/(年-月)	pH	TDS/(mg/L)	HCO_3^-/(mg/L)	Cl^-/(mg/L)	SO_4^{2-}/(mg/L)	Ca^{2+}/(mg/L)	K^+/(mg/L)	Mg^{2+}/(mg/L)	Na^+/(mg/L)	水化学类型
老龙山断层以北T—P基岩裂隙水	芦子沟	YRSW-40	2013-01	7.3	469.31	428.97	5.67	60.04	125.05	0.21	21.26	12.64	HCO_3-Ca
	李塬村	YRSW-65	2013-01	7.7	353.38	355.14	5.67	24.02	55.51	6.21	27.46	32.79	HCO_3-Ca·Mg
	中鱼车村	YRSW-66	2013-01	7.7	322.94	328.29	7.44	12.01	40.28	1.11	24.42	49.74	HCO_3-Na·Ca·Mg
唐王陵向斜 O_3t—O_2p 基岩裂隙水	川子村	YRSW-185	2013-01	7.9	434.89	387.48	9.22	41.79	35.07	1.77	28.80	93.22	HCO_3-Na·Mg
	吔干镇	CGJ	2011-01	8.1	294.00	301.46	7.08	22.14	15.55	5.35	27.00	63.36	HCO_3-Na·Mg
	吔干镇	CG	2013-01	8.1	358.94	355.14	9.22	12.01	20.04	1.14	24.30	83.97	HCO_3-Na·Mg
	南岭头	NLTJ	2011-01	8.4	362.00	262.14	18.84	11.32	23.76	4.79	27.57	51.34	HCO_3-Na·Mg
	魏北	J9	2011-01	8.1	315.00	321.12	10.91	36.65	53.86	5.02	25.12	25.05	HCO_3-Ca·Mg
Q—N松散岩类孔隙水	西苗村	YRSW-07	2013-01	7.9	845.63	479.01	59.56	185.88	35.07	1.82	42.40	209.80	HCO_3·SO_4-Na
	马家崖	YRSW-23	2013-01	7.9	1589.72	286.79	466.52	416.42	65.53	7.28	88.57	374.40	SO_4·Cl-Na·Mg
	新寨村	YRSW-69	2013-01	7.9	1483.35	869.54	128.68	191.64	27.45	1.75	71.20	393.30	HCO_3-Na
	赵镇	J11	2011-01	7.9	1204.00	583.27	199.27	663.44	32.34	4.17	81.39	250.28	HCO_3·SO_4-Na·Mg
	烟霞	J12	2011-01	8.1	704.00	491.52	94.52	94.5	36.6	4.03	76.59	85.22	HCO_3-Na·Mg
	西茹	258-2	2011-03	7.8	570.00	450.56	51.44	136.69	47.46	1.13	51.22	215.3	HCO_3-Na·Mg
	白王	251	2011-03	8.3	577.00	458.75	54.11	83.41	42.39	0.91	48.09	222.5	HCO_3-Na·Mg
龙岩寺泉域喀斯特水	索山村	YRSW-77	2013-01	7.7	434.70	331.34	39.35	60.04	55.11	2.51	27.34	61.51	HCO_3-Na·Ca·Mg
	南岭村	YRSW-104	2013-01	7.8	351.40	352.09	16.66	6.24	42.89	1.59	24.42	61.33	HCO_3-Na·Ca·Mg
	尧召	YZ	2011-01	7.6	379.00	327.68	40.52	53.28	51.54	4.33	26.61	42.17	HCO_3-Na·Ca·Mg
筛珠洞泉域喀斯特水（西北部滚村一带）	翟家山	YRSW-148	2013-01	7.7	249.34	263.00	5.67	6.24	47.90	0.59	18.35	19.21	HCO_3-Ca·Mg
	滚村	YRSW-134（1）	2013-01	7.9	310.50	310.59	11.34	12.01	30.26	0.82	19.80	60.80	HCO_3-Na·Ca·Mg
	御驾宫	YRSW-136	2013-01	7.9	281.54	289.84	5.67	6.24	27.66	1.13	24.42	44.57	HCO_3-Na·Ca·Mg
筛珠洞泉域喀斯特水（坝址区）	ZK301	ZK301	2013-01	7.5	732.09	325.24	74.80	215.65	140.08	5.04	27.34	65.06	HCO_3·SO_4-Ca
	ZK305	ZK305	2013-01	7.3	667.89	369.78	56.01	173.87	159.92	2.49	15.19	46.17	HCO_3·SO_4-Ca

续表

地下水类型	取样位置	编号	取样时间/(年-月)	pH	TDS/(mg/L)	HCO_3^-/(mg/L)	Cl^-/(mg/L)	SO_4^{2-}/(mg/L)	Ca^{2+}/(mg/L)	K^+/(mg/L)	Mg^{2+}/(mg/L)	Na^+/(mg/L)	水化学类型
筛珠洞泉域喀斯特水（主泉区）	百井村	BJ	2011-01	8.3	400.00	330.95	17.03	24.53	17.85	4.51	28.17	66.46	HCO_3-Na·Mg
	百井村	BJ	2013-01	7.7	357.61	316.69	11.34	41.79	57.51	1.63	24.30	41.34	HCO_3-Na·Ca·Mg
	筛珠洞主泉	SZD	2013-01	7.7	455.28	334.39	39.35	77.81	57.51	3.17	31.83	55.60	HCO_3-Na·Ca·Mg
	张宏村	DY2	2011-03	8.0	419.00	311.29	35.61	86.66	93.59	1.44	25.09	102.10	HCO_3-Na·Ca
	张宏村	YRSW-09	2013-01	7.7	474.19	325.24	35.45	101.82	74.95	1.44	24.30	60.35	HCO_3·SO_4-Na·Ca
	上高坡村	YRSW-17	2013-01	7.7	444.41	337.44	41.12	60.04	50.10	2.74	30.38	69.55	HCO_3-Na·Ca·Mg
东部铜韩区喀斯特水	周家窑	ZJY	2011-03	7.5	634.00	303.1	145.61	134.88	78.39	7.00	35.46	209.50	HCO_3·Cl-Na
	薛家	SK2	2011-03	7.6	515.00	286.72	90.99	125.4	101.80	3.44	40.76	116.60	HCO_3·SO_4·Cl-Na·Ca
	薛家	YRSW-44	2013-01	7.7	596.76	310.59	98.91	120.56	80.56	2.43	45.81	62.21	HCO_3·Cl-Na·Ca·Mg
	张家	YRSW-45	2013-01	7.3	764.09	340.49	171.58	137.85	74.95	7.05	40.95	134.40	HCO_3·Cl-Na·Ca·Mg

表 4.3-3　　不同类型地下水化学成分均值对比表

地下水类型	pH	TDS/(mg/L)	HCO_3^-/(mg/L)	Cl^-/(mg/L)	SO_4^{2-}/(mg/L)	Ca^{2+}/(mg/L)	K^+/(mg/L)	Mg^{2+}/(mg/L)	Na^+/(mg/L)
老龙山断层以北 T—P 基岩裂隙水	7.6	381.88	370.80	6.26	32.02	73.61	2.51	24.38	31.72
唐王陵向斜 O_3t—O_2p 基岩裂隙水	8.1	352.97	325.47	11.05	24.78	29.66	3.61	26.56	63.39
Q—N 松散岩类孔隙水	8.0	996.24	517.06	150.59	253.14	40.98	3.01	65.64	250.11
龙岩寺泉域喀斯特水	7.7	388.37	337.04	32.18	39.85	49.85	2.81	26.12	55.00
筛珠洞泉域喀斯特水（西北部滚村一带）	7.8	280.46	287.81	7.56	8.16	35.27	0.85	20.86	41.53
筛珠洞泉域喀斯特水（坝址区）	7.4	699.99	347.51	65.41	194.76	150.00	3.77	21.27	55.62
筛珠洞泉域喀斯特水（主泉区）	7.9	404.30	327.34	22.57	48.04	44.29	3.10	28.10	54.47
东部铜韩区喀斯特水	7.5	627.46	310.23	126.77	129.67	83.93	4.98	40.75	130.68

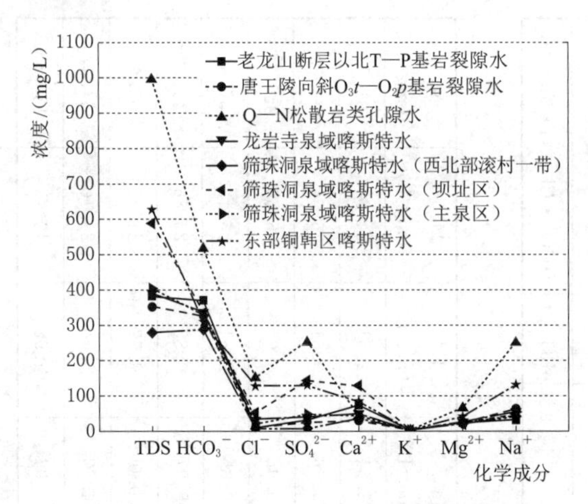

图 4.3-5　不同类型地下水化学成分对比

1. 松散岩类孔隙水

松散岩类孔隙水主要分布于山前冲洪积平原，具有高 TDS 特征，地下水中的 HCO_3^-、SO_4^{2-}、Cl^-、Na^+ 含量明显高于其他类型地下水，水化学类型较为复杂，主要为 HCO_3－Na·Mg 型或 HCO_3·SO_4－Na·Mg 型、SO_4·Cl－Na·Mg 型水，水化学特征的明显差异可以从一定程度上反映松散层地下水与基岩水补给来源的不同。松散层地下水的 TDS 自北向南呈逐渐增大的趋势，距离泾河最近的马家崖村井水的 TDS 最大，反映了区内松散层地下水总的径流方向为自北向南向泾河汇集排泄。

2. 碎屑岩类裂隙水

研究区碎屑岩裂隙水主要包括唐王陵向斜内 O_3t—O_2p 基岩裂隙水和老龙山断层以北的 T—P 基岩裂隙水两类。O_3t—O_2p 基岩裂隙水具有高 Na^+ 特征，水化学类型单一，为 HCO_3－Na·Mg 型。T—P 基岩裂隙水具有高 Ca^{2+} 特征，水质类型为 HCO_3－Ca 型或 HCO_3－Na·Ca·Mg 型。O_3t—O_2p 基岩裂隙水和 T—P 基岩裂隙水的阴离子都以 HCO_3^- 为主，SO_4^{2-}、Cl^- 含量较低，这与河水水化学特征存在明显的差异，表明碎屑岩裂隙水与泾河河水之间无明显水力联系。

3. 碳酸盐岩类喀斯特水

区内喀斯特地下水水化学特征不具有统一性，水化学类型相对复杂，局部具有相对独立的特征，未形成统一的水化学场。根据阴离子含量的差异可将研究区水化学类型划分为 HCO_3 型（Ⅰ区）、HCO_3－Cl 型（Ⅱ区）、HCO_3－SO_4 型或 SO_4－HCO_3 型（Ⅲ区）三类（图 4.3-6）。西北部滚村一带、龙岩寺泉域喀斯特区及筛珠洞主泉喀斯特区的地下水

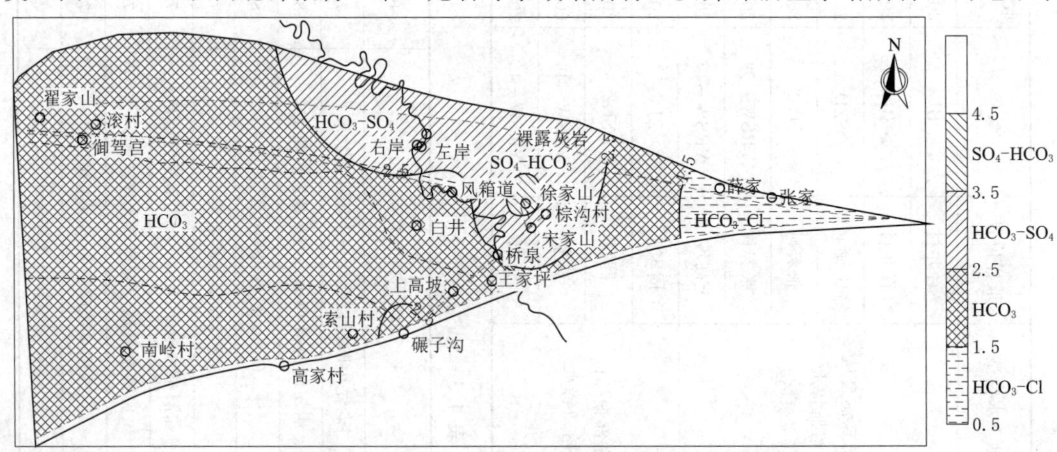

图 4.3-6　研究区喀斯特水水化学类型分区图

以 HCO_3 型水为主，TDS 普遍较低，具有典型的补给区特征；坝址附近泾河沿线的裸露碳酸盐岩地区，喀斯特地下水中 SO_4^{2-} 浓度明显增大，水质类型演化为 HCO_3-SO_4 型水，可能为水岩作用影响的结果；自坝址区向东至口镇-关山断裂带逐渐演变为 HCO_3-Cl 型水，TDS 较前两种水增大。研究区的筛珠洞泉域内自西北部滚村一带至坝址裸露喀斯特区以及筛珠洞泉方向，水化学类型具有由简单至复杂的演化趋势，TDS 由小逐渐增大，这在一定程度上揭示了地下水径流的方向。

根据 4.2 节划分的区域喀斯特地下水系统，对比不同喀斯特地下水系统井水、泉水和钻孔水的化学成分表明（见表 4.3-4 和图 4.3-7、图 4.3-8），由西部至东部，水化学类型由简单到复杂，TDS 由小到大。自筛珠洞泉域喀斯特水系统西北部滚村一带至东部喀斯特地下水系统（铜川-韩城喀斯特地下水系统）的薛家一带，TDS 变化范围为 249.34～764.09mg/L，水化学类型由 HCO_3 型逐渐演化为 $HCO_3 \cdot SO_4$ 型。筛珠洞泉域喀斯特水系统除坝址区钻孔水样中 TDS 和 SO_4^{2-} 含量较高外（SO_4^{2-} 偏高主要原因是钻孔钻进过程中混入泾河水造成的），其他水样的 TDS 和 SO_4^{2-}、Cl^-、Mg^{2+} 含量都低于东部“铜韩区”喀斯特水系统，水化学特征的差异指示西部喀斯特水与口镇以东裸露区喀斯特水来自不同的补给源。

表 4.3-4　不同喀斯特水系统地下水化学成分对比

喀斯特水系统	取样位置	pH	TDS /(mg/L)	HCO_3^- /(mg/L)	Cl^- /(mg/L)	SO_4^{2-} /(mg/L)	Ca^{2+} /(mg/L)	K^+ /(mg/L)	Mg^{2+} /(mg/L)	Na^+ /(mg/L)
筛珠洞泉域喀斯特水子系统（西北部）	滚村	7.9	310.50	310.59	11.34	12.01	30.26	0.82	19.80	60.80
	翟家山	7.7	249.34	263.00	5.67	6.24	47.90	0.59	18.35	19.21
筛珠洞泉域喀斯特水子系统（坝址区）	ZK305	7.3	667.89	369.78	56.01	173.87	159.92	2.49	15.19	46.17
	ZK301	7.45	732.09	325.24	74.80	215.65	140.08	5.04	27.34	65.06
筛珠洞泉域喀斯特水子系统（主泉区）	筛珠洞主泉	7.7	455.28	334.39	39.35	77.81	57.51	3.17	31.83	55.60
	张宏村	7.7	474.19	325.24	35.45	101.82	74.95	1.44	24.30	60.35
龙岩寺泉域喀斯特水子系统	索山村	7.7	434.70	331.34	39.35	60.04	55.11	2.51	27.34	61.51
	南岭村	7.7	351.40	352.09	16.66	6.24	42.89	1.59	24.42	61.33
东部铜川—韩城喀斯特水系统	薛家	7.7	596.76	310.59	98.91	120.56	80.56	2.43	45.81	62.21
	张家	7.3	764.09	340.49	171.58	137.85	74.95	7.05	40.95	134.4

筛珠洞泉子系统中西北部滚村一带喀斯特水样点各离子浓度普遍偏低，TDS 小于 350mg/L，水质类型为 HCO_3 型，具有明显的补给区特征；筛珠洞主泉区与龙岩寺泉子系统喀斯特水样点分布集中，水化学特征相似，TDS 一般为 300～500mg/L，水质类型为 HCO_3 型，指示筛珠洞泉域与龙岩寺泉域沿张家山断裂西段与乾县-富平断裂带存在较好的水力联系，结合水文地质调查结果，推测为南部埋藏区喀斯特水补给筛珠洞主泉区喀斯特水。筛珠洞泉与张宏村供水井水化学成分具有一定的相似性，且二者均处于张家山断裂

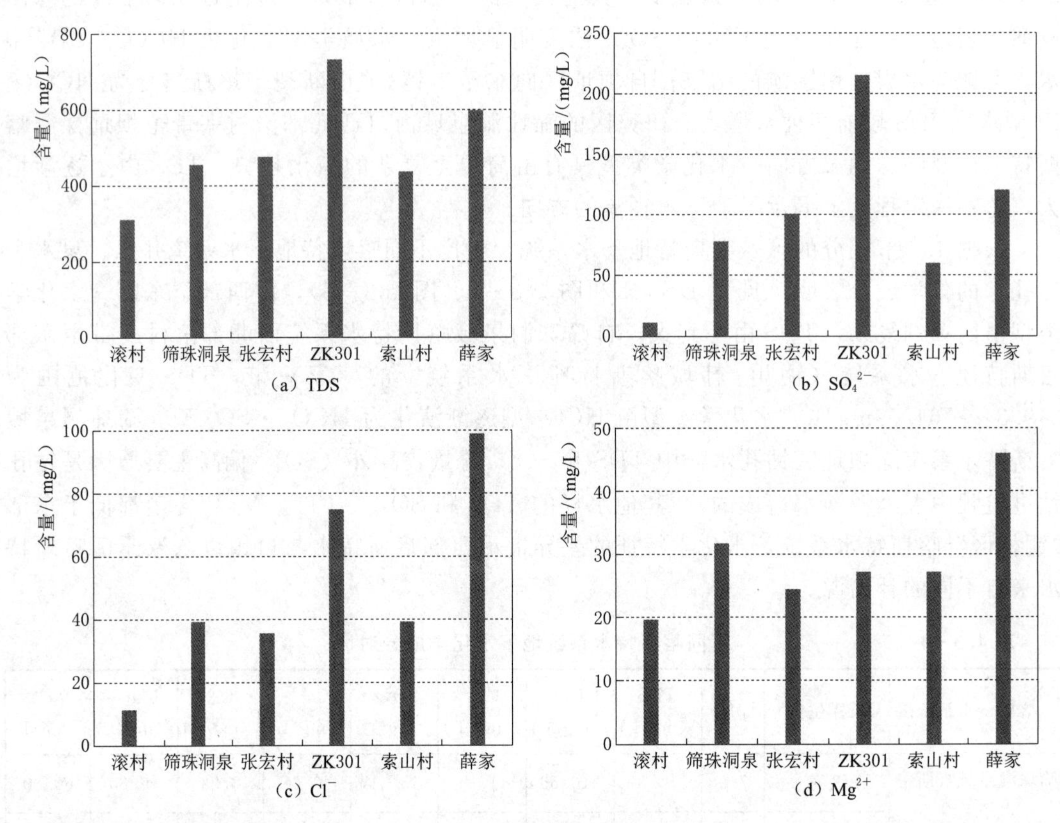

图4.3-7 不同喀斯特水系统主要水样点地下水TDS、SO_4^{2-}、Cl^-、Mg^{2+}含量变化图

带，说明二者存在水力联系，区域喀斯特地下水整体自西向东径流，局部受地下水分水岭的影响向河谷方向汇流，在山前张家山断裂带富集，并沿断裂带形成地下水赋存、运移通道，主要以泉的形式排泄。

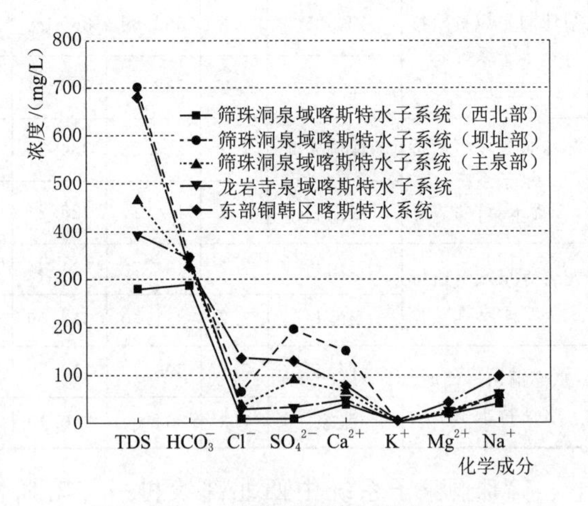

图4.3-8 不同喀斯特水系统地下水化学成分均值对比图

4.3.3 泾河水与喀斯特地下水的水力联系

根据水化学分析成果（见表4.3-5、表4.3-6和图4.3-9），泾河水与筛珠洞泉群水化学成分相比差异显著，泾河水质较差，TDS大于1000mg/L，而筛珠洞泉的TDS小于500mg/L，泾河水的Cl^-、SO_4^{2-}、Na^+等离子含量也都远高于筛珠洞泉水，根据地下水化学的补排规律，说明二者的水力联系不大，筛珠洞泉群接受泾河水直接补给的量很小。

表 4.3-5　　泾河水与不同区域地下水化学成分对比表

区域	位置	时间/(年-月)	pH	TDS/(mg/L)	HCO_3^-/(mg/L)	Cl^-/(mg/L)	SO_4^{2-}/(mg/L)	Ca^{2+}/(mg/L)	K^+/(mg/L)	Mg^{2+}/(mg/L)	Na^+/(mg/L)
筛珠洞泉域喀斯特水子系统	筛珠洞主泉	2013-01	7.7	455.28	334.39	39.35	77.81	57.51	3.17	31.83	55.6
		2013-07	7.6	468.12	335.61	36.51	84.05	57.72	2.41	127.46	66.25
		2013-11	7.6	446.60	332.56	36.51	66.28	70.34	2.58	21.26	58.57
	张宏村	2013-01	7.7	474.19	325.24	35.45	101.82	74.95	1.44	24.30	60.35
		2013-07	7.9	491.85	329.51	102.30	102.30	72.95	1.36	25.88	64.64
		2013-11	7.7	491.50	326.46	38.29	96.54	72.95	1.43	27.46	60.65
	百井村民井	2013-01	7.7	357.61	316.69	11.34	41.79	57.51	1.63	24.30	41.34
		2013-07	7.7	344.88	323.41	14.53	24.02	57.72	1.35	24.42	38.18
		2013-11	7.9	347.71	314.86	12.76	30.26	55.31	1.59	25.88	33.14
龙岩寺泉域喀斯特水子系统	索山村	2013-01	7.7	434.70	331.34	39.35	60.04	55.11	2.51	27.34	61.51
		2013-07	8.1	420.81	329.51	38.29	54.27	50.30	2.73	27.46	62.39
		2013-11	7.2	693.86	335.00	40.06	36.02	50.30	3.09	28.92	62.36
东部铜韩区喀斯特水系统	薛家	2013-01	7.7	596.76	310.59	98.91	120.56	80.56	2.43	45.81	62.21
		2013-07	7.9	657.14	299.61	102.45	156.58	77.96	3.74	44.23	90.12
唐王陵向斜核部 O_3t—O_2p 基岩覆盖区	川子村井水	2013-01	7.9	434.89	387.48	9.22	41.79	35.07	1.77	28.80	93.22
		2013-07	8.1	396.62	389.31	9.22	12.01	22.65	1.16	24.42	100.60
		2013-11	8.1	457.39	395.41	10.99	54.27	25.05	1.35	28.92	102.30
泾河水	东庄坝址区	2013-01	8.3	1273.12	396.63	203.48	20.98	428.43	85.57	6.38	68.77
		2013-11	8.1	952.16	280.69	173.7	23.76	294.9	67.74	7.29	56.38

表 4.3-6　　泾河水与不同区域地下水化学成分均值对比表

地　点	pH	TDS/(mg/L)	HCO_3^-/(mg/L)	Cl^-/(mg/L)	SO_4^{2-}/(mg/L)	Ca^{2+}/(mg/L)	K^+/(mg/L)	Mg^{2+}/(mg/L)	Na^+/(mg/L)
筛珠洞泉域喀斯特水	7.7	430.86	326.53	36.34	69.43	64.11	1.88	36.98	53.19
龙岩寺泉域喀斯特水	7.7	516.46	331.95	39.23	50.11	51.90	2.78	27.91	62.09
唐王陵向斜碎屑岩地下水	8.0	429.63	305.10	100.68	36.02	27.59	1.43	27.38	98.71
东部铜韩区喀斯特水	7.8	626.95	390.73	9.81	138.57	79.26	3.09	45.02	76.17
东庄坝址区泾河水	8.2	1112.64	338.66	188.59	361.67	76.66	6.84	62.58	212.70

从 TDS 和各项常规离子的浓度变化看，筛珠洞泉与区域喀斯特水和唐王陵向斜碎屑岩地下水的化学成分较为相似，表明筛珠洞泉群与区域喀斯特地下水联系密切，同时也可能接受唐王陵向斜碎屑岩区地下水的侧向补给。筛珠洞泉作为研究区最大的喀斯特泉，其补给源主要为区域喀斯特地下水，而泾河水下渗补给量有限。

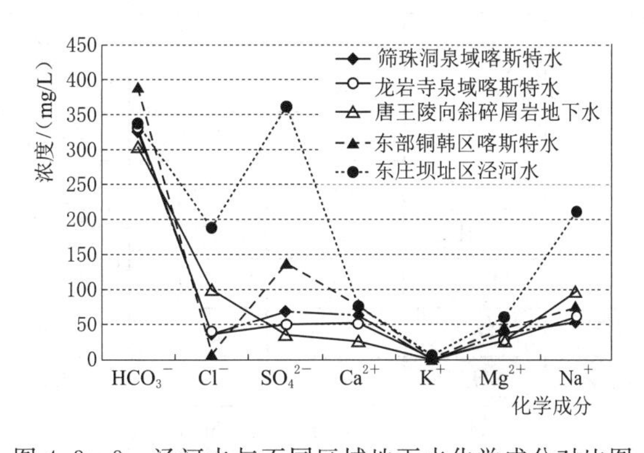

图 4.3-9　泾河水与不同区域地下水化学成分对比图

总体来看，泾河水表现出高 TDS,

弱碱性，SO_4^{2-}、Na^+浓度含量高的特点，泾河水的化学成分既不同于区内喀斯特水的水化学成分，也不同于区内碎屑岩水的化学成分，说明泾河水渗漏补给地下水较弱。泾河水与筛珠洞泉域喀斯特水、龙岩寺泉域喀斯特水的化学成分差异明显，说明泾河水与区域喀斯特地下水的水力联系不大。

4.3.4 喀斯特地下水化学动态

根据2002年陕西省地质调查院（以下简称陕西省地调院）对泾河河水与筛珠洞泉水的水化学动态对比分析（表4.3-7，图4.3-10、图4.3-11）可知，筛珠洞泉水化学类型为HCO_3-Ca·Na型，TDS最小为562.4mg/L，最大为613.4mg/L，平均为571.6mg/L；泾河水水化学类型为HCO_3·SO_4·Cl-Na·Mg型，TDS最小为702.3mg/L，最大为1344.4mg/L，平均为999.7mg/L。泾河水各种化学成分年变化幅度较大，平水期和枯水期的各种离子成分含量较高，随雨季到来，降水量增多，TDS及各种离子含量均有所降低；筛珠洞泉TDS及各种离子成分含量较河水低得多，随着河水化学成分变化，泉水水化学成分变幅很小，水化学动态基本稳定，也说明泾河水沿河谷近距离补给筛珠洞泉水的量有限。

表4.3-7 筛珠洞泉水与泾河水水化学特征对比表（陕西省地调院，2002年）

	时间	$K^+ + Na^+$ /(mg/L)	Ca^{2+} /(mg/L)	Mg^{2+} /(mg/L)	Cl^- /(mg/L)	SO_4^{2-} /(mg/L)	HCO_3^- /(mg/L)	TDS /(mg/L)
筛珠洞泉水	3月	65.4	50.1	31.6	37.2	57.6	330.7	579.4
	4月	58.0	52.1	30.4	37.2	49.0	338.6	565.3
	5月	84.0	37.1	21.3	37.2	28.8	341.7	550.1
	6月	60.5	54.1	37.1	38.3	81.7	341.7	613.4
	7月	57.5	27.3	53.1	39.0	33.6	341.7	576.8
	10月	58.4	55.1	28.6	35.8	47.1	344.8	562.4
	最小值	57.5	27.3	21.3	35.8	28.8	330.7	562.4
	最大值	84.0	55.1	53.1	39.0	81.7	344.8	613.4
	平均值	65.6	48.3	32.3	37.4	54.8	340.7	571.6
泾河河水	3月	219.2	72.1	83.2	269.4	336.2	280.7	1344.4
	4月	148.1	54.1	48.0	163.1	244.5	207.5	865.3
	5月	149.5	25.0	66.8	154.2	216.1	268.5	880.1
	6月	231.6	74.1	66.8	266.6	381.8	231.9	1252.8
	7月	98.9	51.1	31.0	92.2	156.1	216.6	702.3
	10月	168.8	66.1	52.3	160.6	281.5	265.4	1036.7
	最小值	98.9	25.0	31.0	92.2	156.1	207.5	702.3
	最大值	231.6	74.1	83.2	269.4	381.8	280.7	1344.4
	平均值	170.8	56.7	53.8	177.4	272.3	237.2	999.7

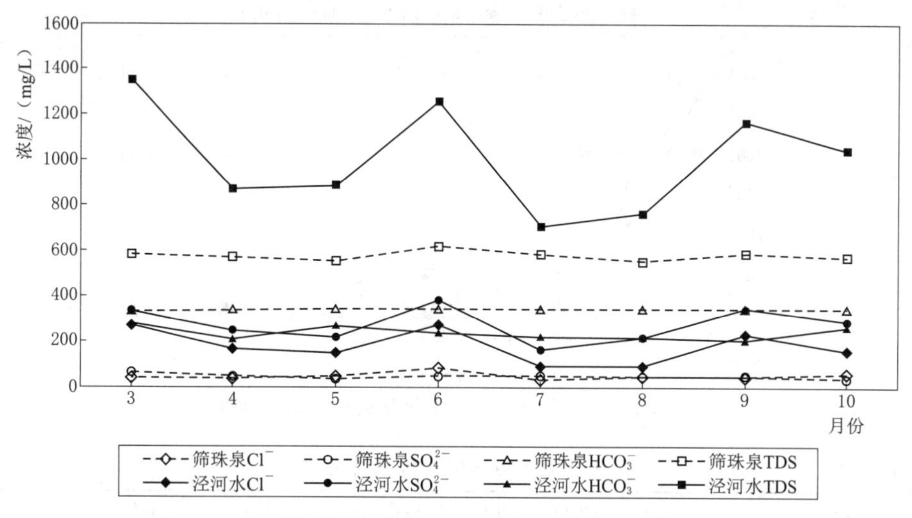

图 4.3-10 筛珠洞泉水与泾河水阴离子及 TDS 关系曲线图

(据陕西省地调院，2002 年)

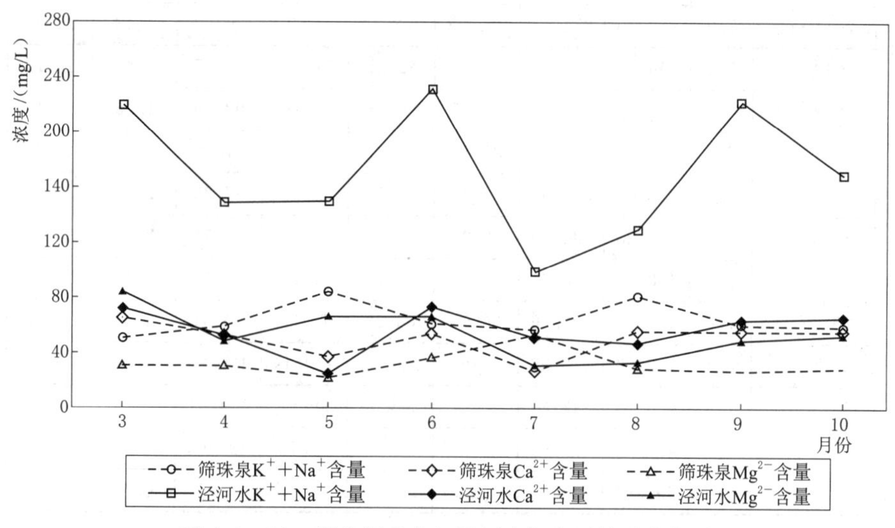

图 4.3-11 筛珠洞泉水与泾河水阳离子关系曲线图

(据陕西省地调院，2002 年)

对比筛珠洞泉群、风箱道泉和徐家山泉的主要水化学成分及其动态变化特征发现（见图 4.3-12 和表 4.3-8），风箱道泉地下水水化学类型不同于任何类型的地下水。风箱道泉 7 月的 TDS 较 3 月有所升高，不同季节的 TDS 有明显变化，而筛珠洞泉群的 TDS 没有明显变化，说明风箱道泉与筛珠洞泉泉水来源存在差异。

徐家山泉的 Ca^{2+}、SO_4^{2-}、NO_3^- 具有高浓度的特点，既不同于泾河水 SO_4^{2-}、Cl^-、Na^+ 浓度高的特点，也不同于区域喀斯特水的特点。除天然来源外，地下水中氮的来源主要是人类活动，氮污染主要来自地表污染，徐家山泉高浓度的 NO_3^- 表明徐家山泉水来源主要为浅层水；从水温来看，徐家山泉受气温影响明显，2011 年 1 月测得水温为 10.3℃，泉水温度接近气温，综合判断徐家山泉属于浅地表出露点。

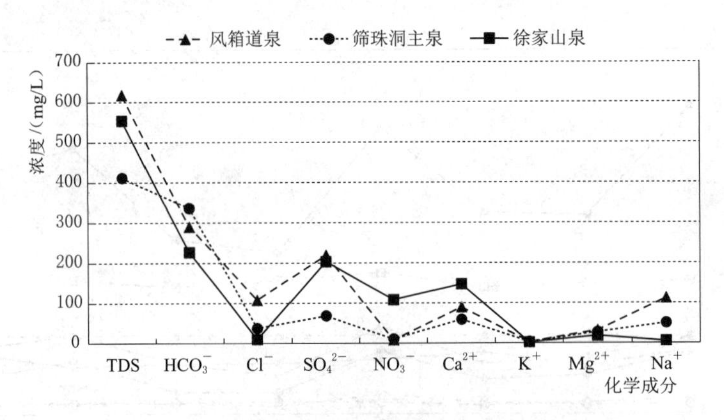

图 4.3-12　主要泉水点水化学成分均值对比图

表 4.3-8　主要泉水点水化学特征对比表

取样位置	取样时间 /(年-月)	pH	TDS /(mg/L)	HCO_3^- /(mg/L)	Cl^- /(mg/L)	SO_4^{2-} /(mg/L)	NO_3^- /(mg/L)	Ca^{2+} /(mg/L)	K^+ /(mg/L)	Mg^{2+} /(mg/L)	Na^+ /(mg/L)
风箱道泉	2011-03	8.0	747.00	294.91	132.04	279.99	16.30	100.50	4.04	43.95	249.40
	2011-07	7.9	967.00	254.48	252.48	488.49	3.05	79.92	4.18	52.28	139.60
	2013-01	7.9	366.52	307.54	22.33	42.27	5.73	85.57	1.41	16.77	30.46
	2013-11	7.5	391.63	303.88	23.75	66.28	5.54	92.99	1.46	12.15	29.22
筛珠洞主泉	2011-01	7.6	346.00	317.85	37.21	69.32	17.44	51.56	4.22	27.60	39.17
	2011-07	7.8	344.00	361.64	37.42	43.74	2.75	57.28	2.58	28.22	30.32
	2013-01	7.7	455.28	334.39	39.35	77.81	11.28	57.51	3.17	31.83	55.60
	2013-07	7.6	468.12	335.61	36.51	84.05	10.22	57.72	2.41	27.46	66.25
	2013-11	7.6	446.60	332.56	36.51	66.28	10.30	70.34	2.58	21.26	58.57
徐家山泉	2011-01	8.4	400.00	229.37	9.99	235.68	110.49	130.80	4.30	14.81	4.51
	2013-01	7.9	625.08	248.35	9.22	203.65	99.65	154.91	0.43	21.26	4.60
	2013-07	7.7	499.62	194.62	9.22	156.58	83.13	125.65	0.41	15.19	4.78
	2013-11	7.7	691.89	234.93	9.22	216.62	139.28	175.75	0.63	21.26	5.34

4.4 地下水同位素特征

为研究本区喀斯特地下水同位素特征，运用了 δD、$\delta^{18}O$、$^{87}Sr/^{86}Sr$ 等多种同位素技术，对进一步认识地下水的补给、径流、排泄规律具有一定指示作用。

4.4.1 δD 和 $\delta^{18}O$ 同位素特征

研究区内各类水体呈现出不同的 δD、$\delta^{18}O$ 同位素特征，图 4.4-1 为研究区不同水体 δD 与 $\delta^{18}O$ 同位素关系图，从图中可以得到以下水文地质信息：

(1) 研究区内不同水体样点均分布于全球大气降水线与当地降水线（据陕西省地调院 2002 年成果，陕西渭北中部地区的大气降水线方程为：$\delta D = 8.103\delta^{18}O + 10.16$）附近，

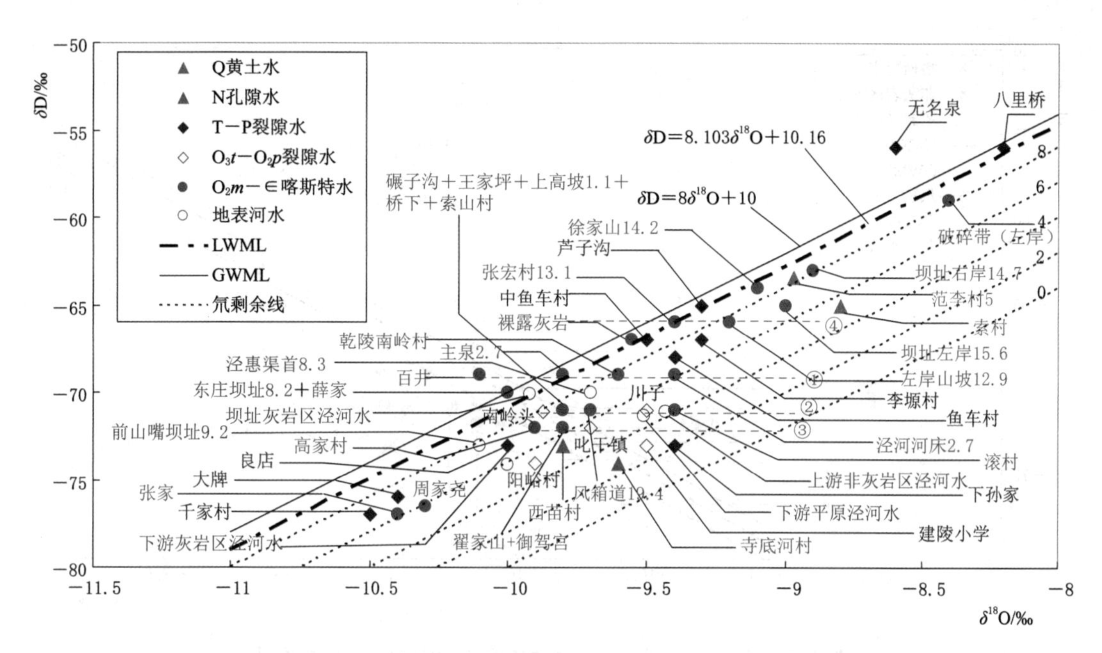

图 4.4-1 研究区不同水体 δD 与 δ^{18}O 同位素关系图

（数字代表对应样点的 TU 值，虚线代表等 δD 线）

氚剩余 d 值均大于 0，表明研究区内不同水体主要补给源为大气降水；同时，不同水体因赋存介质的不同，δD 和 δ^{18}O 同位素特征也存在明显的差异。

（2）泾河河水样点明显受蒸发浓缩作用影响而偏离大气降水线，表现为非灰岩区河水样点集中分布于斜率小于大气降水线的蒸发线上（见图 4.4-2），δD 介于－74.1‰～－70.0‰之间（均值为－71.4‰），δ^{18}O 介于－10.1‰～－9.4‰之间（均值为－9.8‰），氚值集中在 8～10TU 之间，氚剩余 d 值均大于 4‰，表明其与现代大气降水关系密切。

（3）浅层黄土水样点靠近并位于大气降水线的右上方，具有高 δD、δ^{18}O 的特征，δD 介于－65.0‰～－63.4‰之间，平均值为－64.2‰，δ^{18}O 介于－9.0‰～－8.8‰之间，平均值为－8.9‰，氚值集中在 5TU 左右，氚剩余 d 值介于 4‰～8‰之间，表明其接受大气降水入渗补给后相对滞留，水循环条件不佳，与其他水体之间水力联系微弱。

（4）新近系孔隙水样点偏离大气降水线，氚剩余 d 值介于 2‰～4‰之间，δD 介于－74.0‰～－73.0‰之间，平均值为－73.5‰，δ^{18}O 介于－9.8‰～－9.6‰之间，平均值为－9.7‰，氚值小于 1TU，并与河水样点、O_3t—O_2p 基岩裂隙水样点及部分喀斯特水样点接近，表明该水样点因上覆渗透性差的第四系黄土层水循环条件差，现代大气降水的入渗补给较弱。

（5）T—P 基岩裂隙水样点大致可划分为两类：一类为老龙山断裂以北的东部基岩裂隙水，多以泉的形式存在，其样点靠近并位于大气降水线右上方且接近坝址区喀斯特水样点，具有相对高的 δD、δ^{18}O 值，δD 介于－68.0‰～－56.0‰之间，平均值为－63.0‰，δ^{18}O 介于－9.5‰～－8.2‰之间，平均值为－9.1‰，表明其主要接受现代大气降水入渗补给；二类为老龙山断裂以北的西部基岩裂隙水，其样点位于大气降水线左下方，且偏离

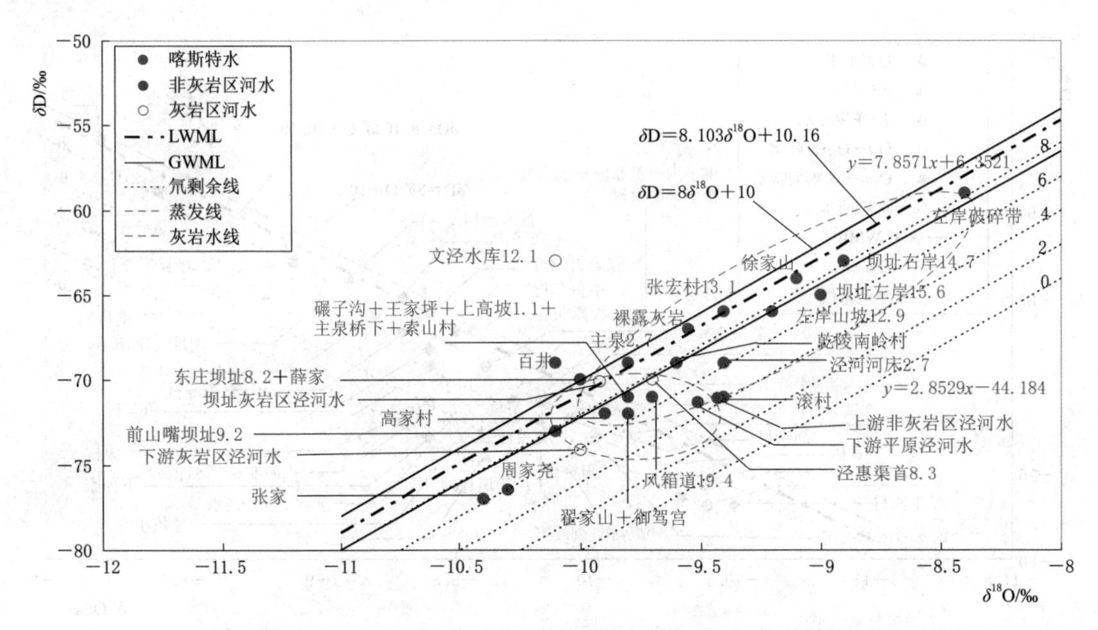

图 4.4-2 泾河河水与喀斯特水 δD 与 δ^{18}O 同位素关系图

（数字代表对应样点的 TU 值，虚线圈代表样点分布区域）

其他水体，具有低 δD、δ^{18}O 特征，δD 介于－77.0‰～－73.0‰之间，平均值为－74.8‰，δ^{18}O 介于－10.5‰～－9.4‰之间，平均值为－10.1‰，d 值介于 6‰～8‰之间，表明其主要接受来自西北部海拔更高的山区大气降水入渗补给，水循环条件较差，与其他水体无明显联系。

（6）O_3t—O_2p 基岩裂隙水样点分布相对集中且远离大气降水线，与筛珠洞主泉（桥下）、风箱道、翟家山、御驾宫及南部喀斯特水样点接近，具有中等 δD、δ^{18}O 特征，δD 介于－74.0‰～－71.0‰之间，平均值为－72.0‰，δ^{18}O 介于－9.9‰～－9.5‰之间，平均值为－9.7‰，氚值均小于 1TU，d 值介于 3‰～8‰之间，指示其接受大气降水入渗补给且相对滞留时间较长。

（7）该区碳酸盐岩喀斯特水样点分布分散，基本可划分为两类：第一类为坝址区裸露喀斯特水，其样点靠近并位于大气降水线右上方，具有高 δD、δ^{18}O 特征，δD 介于－67.0‰～－65.0‰，平均值为－66.0‰，δ^{18}O 介于－9.7‰～－9.5‰之间，平均值为－9.6‰，氚值多在 10～15TU 之间，d 值介于 6‰～10‰之间，表明其与现代大气降水联系密切，水循环条件较好。第二类为西北部滚村一带覆盖型及南部龙岩寺泉域埋藏型喀斯特水，其样点偏离大气降水线，具有中等 δD、δ^{18}O 特征，δD 介于－72.0‰～－69.0‰之间，平均值为－71.0‰，δ^{18}O 介于－10.4‰～－9.4‰之间，平均值为－9.7‰，氚值（除主泉为 2.7TU 外）均小于 1TU，d 值多介于 6‰～8‰之间，表明其与现代大气降水联系相对较差，滞留时间较长。

（8）口镇以东裸露喀斯特区的张家水样点与东庄坝址喀斯特水样点 δD、δ^{18}O 值差异显著，张家样点主要以高海拔大气降水为主要补给来源，指示东庄坝址区喀斯特水与口镇以东裸露区喀斯特水来自不同的补给源，筛珠洞泉域内喀斯特地下水与口镇以东的铜川-

韩城喀斯特地下水子系统的水力联系较弱。

总体上，区域喀斯特水由西北及西南向东南 δD、$\delta^{18}O$ 值具有由大变小的趋势，反映出区域喀斯特水的基本径流方向，并且表明在筛珠洞泉群存在一个集中排泄带。另外，由高家村东到筛珠洞泉的山前断裂带一线，同位素测试结果非常接近，指示筛珠洞泉域与龙岩寺泉域沿张家山断裂西段与乾县-富平断裂带两段存在较好的水力联系。

研究区不同类型水体 δD、$\delta^{18}O$ 测试成果见表 4.4-1。

表 4.4-1 研究区不同类型水体 δD、$\delta^{18}O$ 测试成果表（取样时间 2012 年 12 月—2013 年 1 月）

水样类型	水样编号	取样位置	δD/‰	$\delta^{18}O$/‰	备注
河水	JH-01	前山嘴坝址	−73	−10.1	河水
	JH-02	东庄坝址	−70	−10.0	河水
	QS	泾惠渠首	−70	−9.7	河水
	WJ	文泾水库	−63	−10.1	河水
东部铜韩区喀斯特水	YRSW-44	薛家	−70	−10.0	井水
	YRSW-45	张家	−77	−10.4	井水
	YRSW46	周家尧	−78	−11.4	井水
龙岩寺泉域（覆盖层水）	YRSW-104	乾陵南岭村	−69	−9.6	井水
龙岩寺泉域喀斯特水	YRSW-77	索山村	−71	−9.8	井水
老龙山断裂以北 T—P 基岩裂隙水	YRSW-198	大牌	−76	−10.4	井水
	YRSW-199	良店	−73	−10.0	井水
	YRSW-203	千家村	−77	−10.5	井水
	YRSW-38	八里桥	−56	−8.2	泉水
	YRSW-40	芦子沟	−65	−9.3	泉水
	YRSW-59	无名泉点	−56	−8.6	泉水
	YRSW-64	鱼车村	−68	−9.4	井水
	YRSW-65	李塬村	−67	−9.3	井水
	YRSW-66	中鱼车村	−67	−9.5	泉水
唐王陵向斜 O_3t—O_2p 基岩裂隙水	CG	叱干镇	−72	−9.7	井水
	YRSW-110	阳峪村	−74	−9.9	井水
	YRSW-141	下孙家	−73	−9.4	井水
	YRSW-185	川子	−71	−9.5	井水
	YRSW-204	建陵小学	−73	−9.5	井水
筛珠洞泉域喀斯特水（坝址区）	FXD	风箱道	−71	−9.7	泉水
	ZK419	坝址左岸破碎带	−59	−8.4	钻孔水
	ZK301	坝址左岸	−65	−9.0	钻孔水
	ZK305	坝址右岸	−63	−8.9	钻孔水
	ZK322	泾河河床	−69	−9.4	钻孔水
	ZK323	左岸	−66	−9.2	钻孔水

续表

水样类型	水样编号	取样位置	δD/‰	$\delta^{18}O$/‰	备注
筛珠洞泉域喀斯特水（西北部）	YRSW-134	滚村	−71	−9.4	井水
	YRSW-136	御驾宫公社	−72	−9.8	井水
	YRSW-148	翟家山	−72	−9.8	井水
筛珠洞泉域喀斯特水（主泉区）	BJ	百井	−69	−10.1	井水
	SZD	筛珠洞主泉	−69	−9.8	泉水
	SZD-1	筛珠洞泉 1	−71	−9.8	泉水
	SZD-2	筛珠洞泉 2	−73	−10.7	泉水
筛珠洞泉域喀斯特水（主泉区上层水）	SJS-1	徐家山泉	−64	−9.7	泉水
	SJS-2	徐家山泉	−64	−9.1	泉水
山前断裂带	YRSW-09	张宏村	−66	−9.4	井水
	YRSW-17	上高坡	−71	−9.8	井水
	YRSW-21	王家坪村	−71	−9.8	井水
	YRSW-71	碾子沟	−71	−9.8	井水
	YRSW-86	高家村东	−72	−9.9	井水
山前 Q—N 松散岩类孔隙水	YRSW-07	西苗村	−73	−9.8	井水
	YRSW-11	寺底河村	−74	−9.6	井水
	YRSW-23	马家崖	−82	−10.7	井水
	YRSW-74	索村	−65	−8.8	井水

根据 δD 同位素计算补给高程结果（见表 4.4-2）可知，筛珠洞主泉（桥下）补给高程为 708.00m，高于坝址区喀斯特水水位 550.00～580.00m，结合区域喀斯特地下水等水位线分析，其补给来源可能来自西北部五峰山一带、东北部张家山断裂带、南部龙岩寺泉域，且筛珠洞主泉样点氚值仅为 2.7TU，揭示其与现代大气降水无明显联系，主要接受来自西北部及南部深层喀斯特水的补给。风箱道泉补给高程为 829.00m，明显高于坝址喀斯特水水位，故其补给来源主要来自西北部五峰山一带及东北部钻天岭一带，同时，风箱道泉氚值为 19.4TU，指示其与现代大气降水存在一定联系，且补给源较近，分析来自钻天岭一带的可能性更大。

表 4.4-2　　利用 δD 值计算的研究区地下水样点补给高程成果表

样　点	高程/m	水位埋深/m	δD/‰	按渭北东部降水点计算的高程/m
风箱道	559.00	0.0	−71	829.00
筛珠洞主泉	441.00	0.0	−69	686.00
筛珠洞主泉（桥下）	438.00	0.0	−71	708.00
张宏村	660.00	107.0	−66	760.00
御驾宫公社	981.00	140.0	−72	1124.00

续表

样　点	高程/m	水位埋深/m	δD/‰	按渭北东部降水点计算的高程/m
王家坪村	607.00	143.8	−71	734.00
薛家	642.60	260.0	−70	640.00
张家	541.20	159.4	−77	729.00
高家村东	687.70	105.0	−72	866.00
坝址右岸	756.00	187.0	−63	738.00
坝址左岸	773.00	201.7	−65	765.00
徐家山	840.00	0.0	−64	1021.00

利用δD、$\delta^{18}O$同位素计算筛珠洞主泉来自不同方向喀斯特水的混合比例，分别以坝址喀斯特水C、西北部喀斯特水A和山前断裂带喀斯特水B为端元，根据δD、$\delta^{18}O$同位素三元混合模型计算结果（见表4.4-3）可知，对于筛珠洞主泉桥下样点，C、A、B所占比例分别2.4%、19.7%和77.9%，提示筛珠洞泉水与山前断裂带，尤其是沿乾县-富平断裂带至张家山断裂西段各喀斯特水点联系密切，而坝址喀斯特水仅占2.4%，且两者氚值差异显著，表明两者水力联系微弱；风箱道泉混合模型计算出的结果则显示，其补给主要来自坝址和西北部喀斯特地下水的补给。

表4.4-3　　三元混合比例计算结果表　　%

混合样点	坝址喀斯特水	西北部喀斯特水	山前断裂带喀斯特水
筛珠洞主泉桥下	2.4	19.7	77.9
风箱道	11.9	83.5	4.6

4.4.2　氚放射性同位素特征

研究区内不同类型水体中氚含量差异显著，反映出不同类型水体与现代大气降水联系的密切程度不同。区内大气降水的氚值为27.7TU，泾河水氚值一般介于8.0～10.0TU之间，最大值12.1TU，具有相对较高的氚值，指示其与现代大气降水联系密切；坝址附近喀斯特水中氚值普遍较高，介于12.0～16.0TU之间，反映出其与现代大气降水联系密切，主要接受现代大气降水入渗补给，或者受地表水近源补给（见表4.4-4）。

表4.4-4　研究区不同类型水体氚测试成果表（取样时间2012年12月—2013年1月）

水样编号	氚活度/TU	不确定度/TU	取样地点	所　处　单　元
DQ-2	27.7±1.6		大气降水	—
JH-01	9.2	1.0	泾河河水（前山嘴坝址）	河水
JH-02	8.2	1.3	泾河河水（东庄坝址）	
QS	8.3	1.1	泾河河水（渠首电站）	
WJ	12.1	1.3	泾河河水（文泾水库）	

续表

水样编号	氚活度/TU	不确定度/TU	取样地点	所处单元
BJ	<1.0		百井	筛珠洞泉域
SZD	2.7	1.0	筛珠洞泉	
SZD-1	<1.0		筛珠洞泉-1	
YRSW-09	13.1	1.2	张宏村	
FXD	19.4	1.5	风箱道泉	
SJS	14.2±1.1		徐家山泉	
ZK305	14.7±1.2		坝址右岸	库坝区
ZK301	15.6±1.3		坝址左岸	
ZK323	12.9±1.1		坝址左岸	
CG	<1.0		叱干镇	唐王陵向斜 O_3t—O_2p 基岩裂隙水

筛珠洞泉域内部分样点因处于裸露灰岩区，接受来自现代大气降水的补给，也具有高氚特征，例如，风箱道泉（19.4TU）、徐家山泉（14.2TU）、张宏村（13.1TU）；而筛珠洞泉样点氚值仅为2.7TU，提示其受近源大气降水补给作用不明显。同时结合《东庄水利枢纽工程岩溶地下水化学及同位素渗流场分析研究》专题报告成果，通过EPM模型输出曲线及筛珠洞泉水样点氚值（2.7TU）给出的筛珠洞泉喀斯特水的平均滞留时间为62～64年，这一点与前文对筛珠洞泉补给来源的分析是一致的。

总体上看，坝址区附近喀斯特水中氚值相对较高，反映出该地段喀斯特水与现代大气降水联系密切，或者受近源补给，分析认为该地带可能接受来自钻天岭裸露灰岩山区的现代大气降水入渗补给以及河水的补给，具有浅部现代循环水特征。

4.4.3 Sr稳定同位素特征

Sr稳定同位素在自然作用过程中不发生分馏，对水岩作用反应灵敏，因此，它是评价地下水混合和追踪水的起源及水-岩相互作用的可靠工具。同时，由于许多矿物相可以影响水中的$^{87}Sr/^{86}Sr$（锶同位素的比值），不同矿物释放Sr的速率不同，从而导致$^{87}Sr/^{86}Sr$存在差异，据此，也可以利用锶同位素来确定水中盐度的来源，刻画地下水系统中的优先流途径。

图4.4-3反映了区内不同水体Sr含量与$^{87}Sr/^{86}Sr$的关系：研究区内大气降水样点$^{87}Sr/^{86}Sr$介于0.709985～0.710870之间，高于降雨$^{87}Sr/^{86}Sr$比值（0.7092），反映其具干旱半干旱地区的大气降水锶同位素特征；泾河河水样点$^{87}Sr/^{86}Sr$介于0.710751～0.710908之间，接近于河水$^{87}Sr/^{86}Sr$比值（0.7110），显示其明显的蒸发浓缩作用结果；白云岩岩样$^{87}Sr/^{86}Sr$介于0.709492～0.712157之间、灰岩岩样$^{87}Sr/^{86}Sr$介于0.708232～0.708583之间，均与标准白云岩及灰岩$^{87}Sr/^{86}Sr$比值范围相符；喀斯特水样点$^{87}Sr/^{86}Sr$比值相对较高，介于0.709992～0.716200之间，多表现为隐伏喀斯特水特征。

坝址区喀斯特水显示出补给区特征，具有低Sr含量与低$^{87}Sr/^{86}Sr$比值，与δD、$\delta^{18}O$结果吻合；西北部喀斯特水样点表现为补给过渡区或径流区特征，具有中等Sr含量与

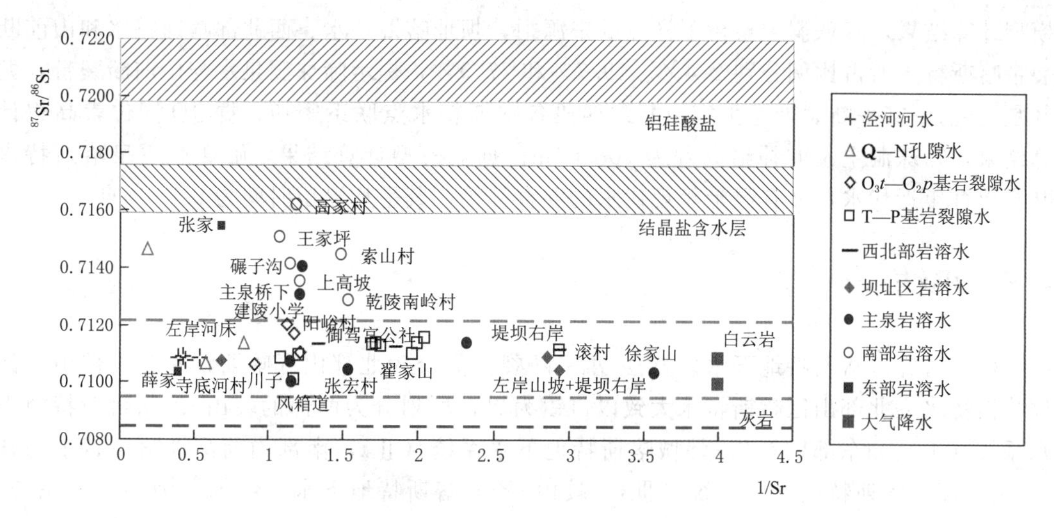

图 4.4-3　1/Sr 与 $^{87}Sr/^{86}Sr$ 关系图

低 $^{87}Sr/^{86}Sr$ 比值；南部喀斯特水则表现为排泄特征，具有高 Sr 含量与高 $^{87}Sr/^{86}Sr$ 比值，且 $^{87}Sr/^{86}Sr$ 比值偏离碳酸盐岩 $^{87}Sr/^{86}Sr$ 比值范围而靠近铝硅酸盐一侧，反映其多为二者的混合结果。筛珠洞主泉样点明显地包含在南部喀斯特水样点的分布区域，与南部样点 Sr 含量与 $^{87}Sr/^{86}Sr$ 比值接近，提示其与南部喀斯特区之间水力联系十分密切，尤其是沿乾县-富平断裂及张家山断裂西段，地下水流畅通，因此，筛珠洞泉群并不是传统意义上的筛珠洞泉域的集中排泄点，应还有来自西南方向龙岩寺泉域地下水的补给。

4.4.4　地下水补排关系的同位素场指示

（1）研究区筛珠洞泉域喀斯特水、西北部滚村一带覆盖型喀斯特水、坝址区裸露型喀斯特水、南部龙岩寺泉域喀斯特水为相对统一的喀斯特水系统，较渭北东部而言，此系统内喀斯特地下水多呈脉状流，主要沿断裂带附近富集。

（2）受地形地貌及构造影响，区域喀斯特水的径流方向总体呈西北向东南径流特征，局部受主要断裂控制明显，具体为以下 3 个主要径流路径：

1）翟家山→坝址区→筛珠洞主泉（从西北向东南的径流路径），即以沙坡断层为界，断层以北至老龙山断层，喀斯特地下水大致由西北向东南径流，遇沙坡断层阻水溢出成泉（风箱道泉），部分沿沙坡断层下渗进入深层呈潜流向筛珠洞主泉方向运移；受地层产状及张家山断裂构造影响，部分喀斯特地下水向东南沿张家山断裂带经张宏村向筛珠洞主泉运移，亦有部分顺断层带向深部运移，补给山前深埋喀斯特水系统。

2）御驾宫→百井→筛珠洞主泉（从西北向东南的径流路径），即在沙坡断层以南，喀斯特地下水由西北向东南径流至筛珠洞主泉集中排泄。

3）高家村东→索山村→碾子沟→上高坡→王家坪→筛珠洞主泉一线（从西南向东北的径流路径），即沿乾县-富平断裂与张家山断裂西段的断裂带影响范围内可能存在喀斯特地下水的流动通道。

（3）筛珠洞主泉喀斯特水具有多元多期补给的特征，根据 δD、$\delta^{18}O$ 同位素三元混合模型计算结果，筛珠洞主泉桥下样点的来源中，坝址喀斯特水、西北部喀斯特水和山前断裂带喀斯特水所占比例分别2.4%、19.7%和77.9%，提示筛珠洞泉水与山前断裂带，尤其是沿乾县-富平断裂带至张家山断裂西段各喀斯特水点联系密切；据δD同位素高程计算结果，筛珠洞主泉的补给高程为708.00m；据氚模型计算结果，筛珠洞主泉喀斯特水既有数百年近代水，又有数十年现代水的混合补给，其平均滞留时间为62～64年。

4.5 小结

（1）研究区喀斯特地下水以乾县-富平断裂为界分为北部山区喀斯特水和南部山前深埋喀斯特水。北部山区喀斯特水大致以口镇为界，可划分为西部的岐山-泾阳喀斯特地下水系统（Ⅰ）和东部的铜川-韩城喀斯特地下水系统（Ⅱ），南部山前深埋喀斯特水为扶风-礼泉深埋喀斯特地下水系统（Ⅲ）。岐山-泾阳喀斯特地下水系统划分为两个子系统，自西向东分别为筛珠洞泉域子系统（$Ⅰ_1$）和周公庙-龙岩寺泉域子系统（$Ⅰ_2$）。

（2）筛珠洞泉域与龙岩寺泉域喀斯特地下水沿张家山断裂西段与乾县-富平断裂带两段存在较好的水力联系，区域喀斯特地下水自西向东径流，在山前张家山断裂带形成富集，并沿张家山断裂带形成赋存、运移；筛珠洞泉域与口镇以东的铜川-韩城喀斯特地下水系统水力联系弱，喀斯特地下水来自不同的补给源。泾河水与区域“380”喀斯特水的水力联系不大，筛珠洞泉的补给源主要为区域喀斯特地下水，而泾河水的下渗补给量有限。

（3）区域喀斯特水的径流方向总体呈西北向东南径流特征，局部受主要断裂控制明显。筛珠洞主泉喀斯特水具有多元多期补给的特征，其补给大部分来自山前断裂带，主泉喀斯特水既有数百年近代水，又有数十年现代水的混合补给，其平均滞留时间为62～64年。风箱道泉补给源较近，主要来自钻天岭一带大气降雨的补给。

第5章 筛珠洞泉域喀斯特地下水子系统特征

5.1 筛珠洞泉群概况

根据前文中对于区域喀斯特地下水系统的划分，东庄水库坝址处于岐山-泾阳喀斯特地下水系统（Ⅰ）中的筛珠洞泉域子系统（$Ⅰ_1$）内，该子系统以筛珠洞泉群而得名。

筛珠洞泉群位于陕西省泾阳县西北约30km泾河出山口，泉群分布地带断层和裂隙比较发育，泉水出露点密集（见图5.1-1）。据陕西省水利电力勘测设计研究院2000年对泉群的现场调查资料，张家山渠首枢纽电站至泾惠渠管理站之间共出露79个可见泉点，泉水主要沿泾惠渠两侧分布。根据现场调查情况，筛珠洞泉群主要出露于泾河的左岸，河床部位也有泉水出露（河水位较低时，可以看到河水面有泉水上涌现象）。筛珠洞泉为典型的断层泉，泉水从角砾岩及灰岩裂隙中涌出，出露高程为452.00m，泉水温度为22℃，水化学类型为HCO_3-Ca·Na型，TDS为0.4～0.5g/L。

根据筛珠洞泉域喀斯特水排泄的特点，泉群下游河道最枯的清水流量（上游有泾惠渠首电站拦蓄），可以近似认为全部由泉水组成，泾河张家山水文站1956—2000年实测的筛珠洞泉下游最枯清水流量见表5.1-1，不同程度的保证流量计算结果见表5.1-2。筛珠洞泉流量年际变化趋势见图5.1-2。经计算，筛珠洞泉连续45年枯水期平均流量为1.48m^3/s。

表5.1-1　　筛珠洞泉流量观测数据表

年份	流量/(m^3/s)	年份	流量/(m^3/s)	年份	流量/(m^3/s)	年份	流量/(m^3/s)
1956	1.01	1968	2.24	1980	1.69	1992	1.77
1957	1.28	1969	1.49	1981	1.56	1993	1.46
1958	1.29	1970	1.36	1982	1.48	1994	0.69
1959	1.50	1971	1.41	1983	1.34	1995	0.86
1960	1.44	1972	1.51	1984	1.63	1996	1.29
1961	1.71	1973	1.40	1985	1.64	1997	1.05
1962	1.38	1974	1.42	1986	1.73	1998	1.43
1963	1.50	1975	1.61	1987	1.50	1999	1.22
1964	1.51	1976	1.60	1988	1.47	2000	1.16
1965	1.54	1977	1.94	1989	1.80		
1966	1.42	1978	1.70	1990	1.26		
1967	1.91	1979	1.64	1991	1.53		

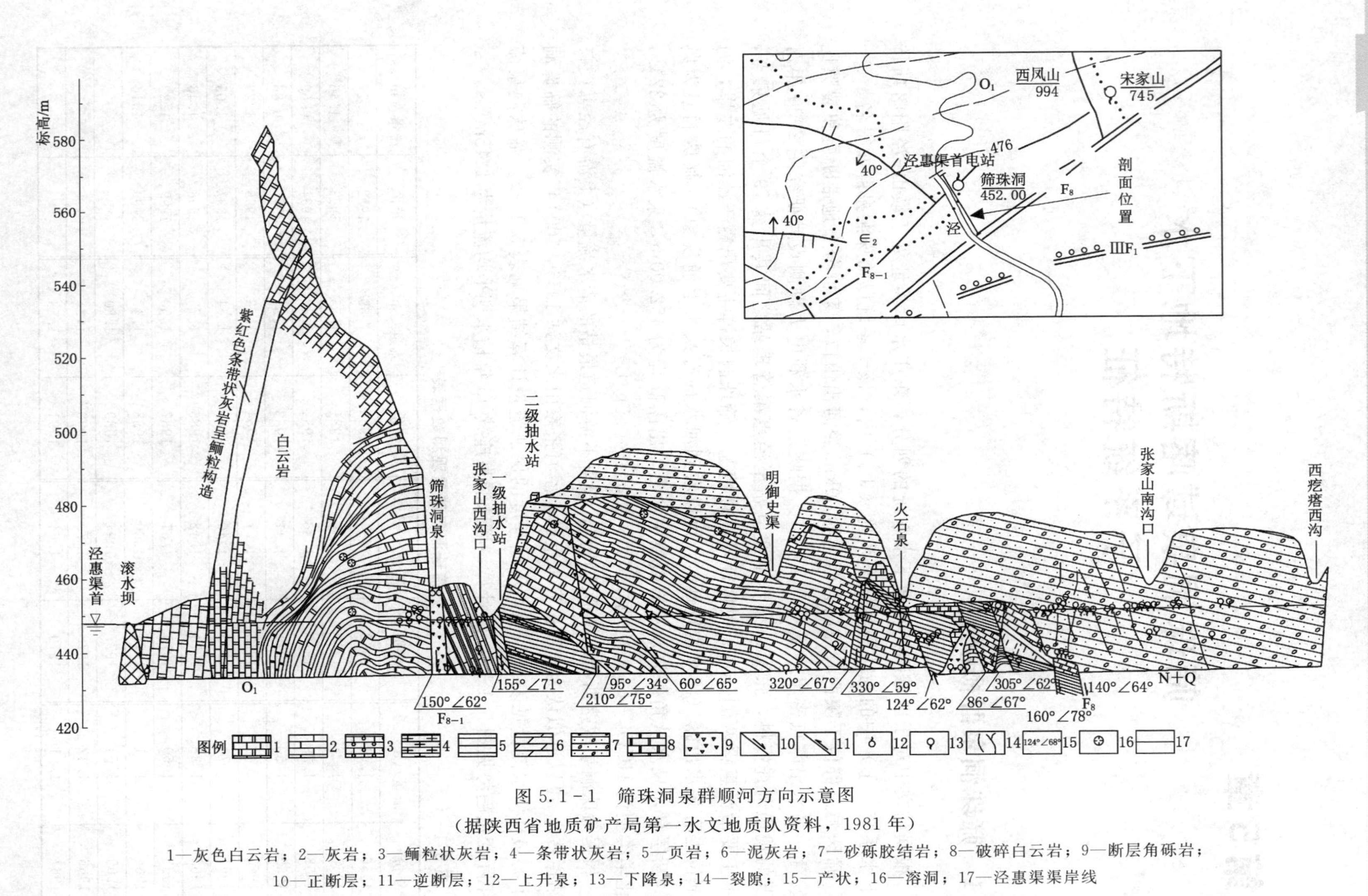

图 5.1-1 筛珠洞泉群顺河方向示意图

（据陕西省地质矿产局第一水文地质队资料，1981 年）

1—灰色白云岩；2—灰岩；3—鲕粒状灰岩；4—条带状灰岩；5—页岩；6—泥灰岩；7—砂砾胶结岩；8—破碎白云岩；9—断层角砾岩；10—正断层；11—逆断层；12—上升泉；13—下降泉；14—裂隙；15—产状；16—溶洞；17—泾惠渠渠岸线

表 5.1-2 筛珠洞泉流量理论超越频率计算成果表

频率/%	1	5	10	25	50	60
$Q/(m^3/s)$	2.86	1.95	1.83	1.65	1.46	1.39
频率/%	70	80	90	95	97	99
$Q/(m^3/s)$	1.33	1.24	1.14	1.06	1.02	0.78

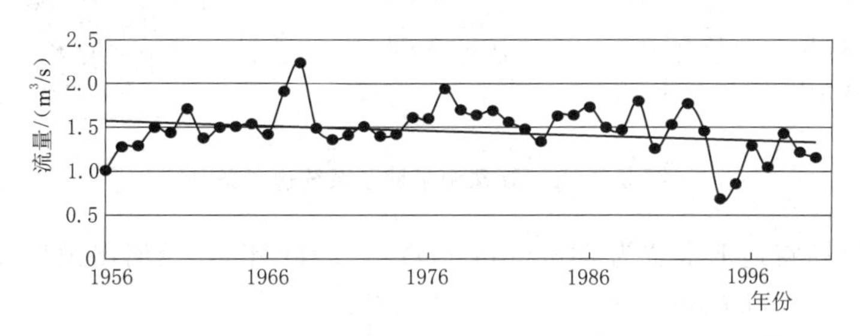

图 5.1-2 筛珠洞泉流量年际变化趋势图

陕西省水利电力勘测设计研究院分别于 1998 年、2000 年及 2009 年对筛珠洞泉群所有的可见泉进行了测流工作。流量小的泉水采用容积法或堰测法，流量大的泉水采用断面法。每次测流工作至少观测 1 个月，每 10d 至少观测一次，阴雨天气加密观测。各次泉水测流结果见表 5.1-3。

表 5.1-3 泉水流量观测成果表

观测日期/(年-月)	1998-01	2000-11	2009-04
$Q/(m^3/s)$	1.37	1.31	1.34

需要指出的是，三次测流工作都是仅对可见泉点进行的流量观测，不包含暗流泉或面状渗流。三次测流结果平均值为 1.34m^3/s。若考虑 10%～20%的未测得的暗流和面状渗流，泉水流量为 1.47～1.61m^3/s，和前述采用泾河最枯清水流量的平均值 1.48m^3/s 较为接近。

综合分析认为，筛珠洞泉群的流量较为稳定，平均在 1.4～1.6m^3/s 之间，可采用 1956—2000 年多年平均最枯清水流量作为泉群的平均流量，即 1.48m^3/s。

5.2 泉域边界条件

筛珠洞泉域子系统（$Ⅰ_1$）呈西窄东宽的楔形展布（见图 5.2-1），北部以老龙山断层（F_3）及断层北侧的砂页岩为隔水边界；西南部以唐王陵向斜核部砂泥质碎屑岩为相对隔水边界；东南边界以北东走向的张家山断裂（F_8）为潜流渗水排泄边界，部分地下水在此处跨越断层带向山前深部喀斯特水系统潜流排泄。

系统内地下水总体上由西向东、东南径流，西部滚村地下水位为 816.00～818.00m（C04，2002 年；滚村民井，2011 年）；中部在泾河两岸，近岸区东庄坝段地下水位在 550.00～560.00m 之间（坝段钻孔，2011—2013 年）；向东在张家山断裂带附近，

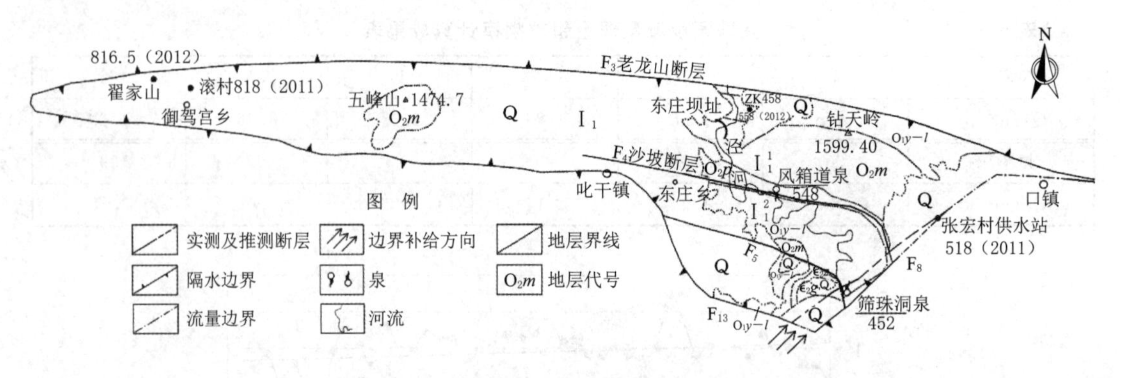

图 5.2-1 筛珠洞泉域子系统边界条件

张宏村供水站喀斯特地下水位为518.00m（DY2，2011年），泾河出山口筛珠洞泉群的出露高程为452.00～430.00m。

泉域内以沙坡断层（F_4）及沿其北侧分布的奥陶系中统平凉组页岩为隔水边界，将筛珠洞泉域子系统分为南、北两个水文地质单元 I_1^1 和 I_1^2。但在上游五峰山以西，由于沙坡断层的构造形迹不断减弱，南北两侧地下水逐渐相互沟通。而在钻天岭以东地区，南北两侧地下水在张家山断层带汇集后，顺张家山断层带在筛珠洞泉集中排泄。

为了解沙坡断层两盘地下水位，验证沙坡断层及其北侧页岩的隔水性，2015年在风箱道泉群附近的沙坡断层南北两侧布设了两个钻孔，分别是YRZK07和YRZK06（见图5.2-2）。位于沙坡断层上盘（南侧）的YRZK07钻孔，终孔孔深为151.4m（孔口高程为595.20m）；下盘（北侧）布置YRZK06钻孔，终孔孔深为303.0m（孔口高程为822.20m）。

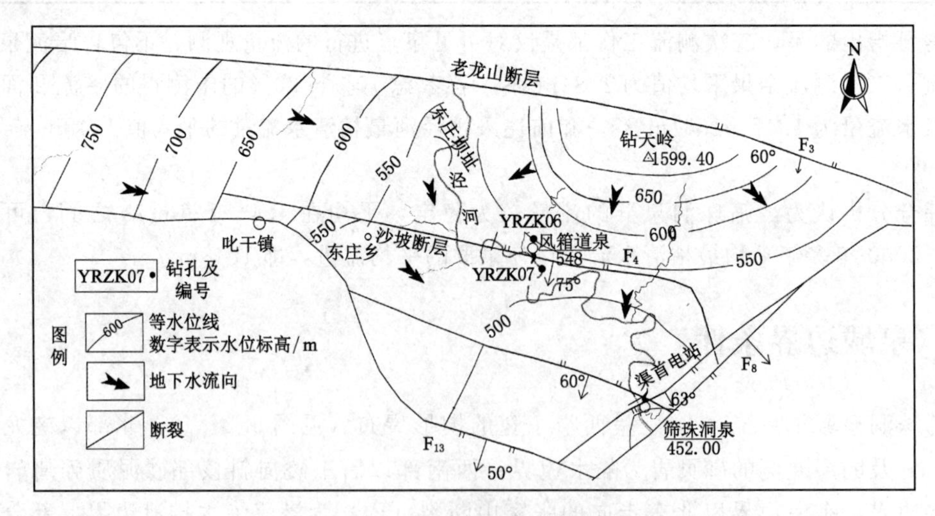

图 5.2-2 沙坡断层两盘钻孔布置图

钻孔水位动态观测表明（见图5.2-3）：沙坡断层北侧YRZK06钻孔水位为545.00～553.00m，实测风箱道泉群出露高程为535.00～540.00m，均高于河水位（530.00～535.00m），说明在风箱道河谷附近地下水位已高于河水位，进一步佐证了沙坡断层的阻水性。沙坡断层南侧 YRZK07 钻孔距河岸约 30m，地下水位在 533.00～540.00m 之间，略高于河水位。

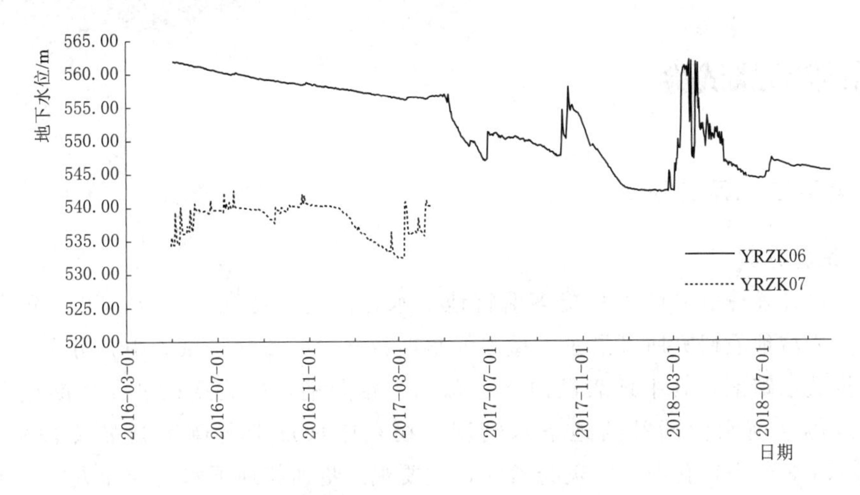

图 5.2-3　YRZK06、YRZK07 钻孔水位动态图

根据沙坡断层和地层产状推算，在泾河河谷 150～200m 以下，断层切穿了奥陶系平凉组页岩，使断层北侧马家沟组含水层与南侧冶里亮甲山组含水层对接，部分地下水通过地下一定深度越过断层向下游筛珠洞泉排泄（见图 5.2-4），但由于向深部岩体透水性减弱，地下水呈缓慢的滞流状态向下游径流，水量较小。

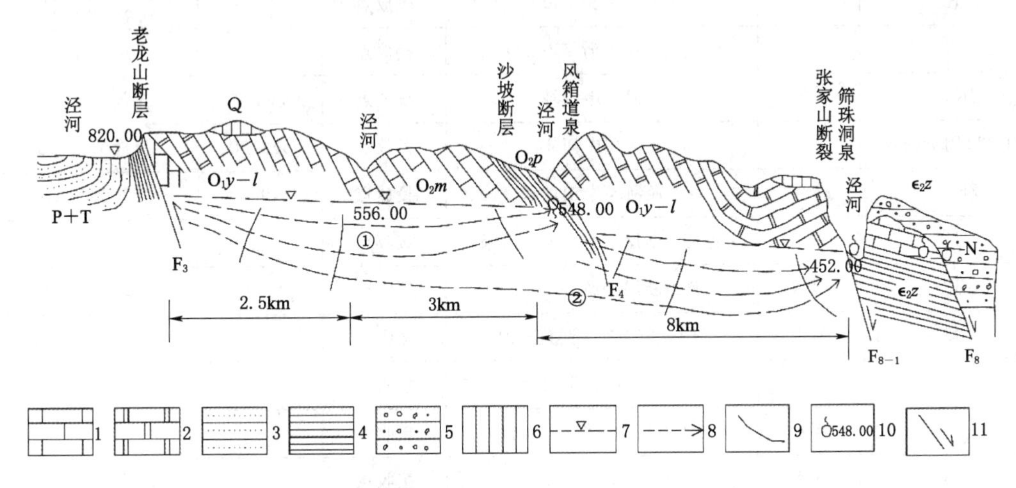

图 5.2-4　筛珠洞泉域水文地质剖面示意图

1—灰岩；2—白云岩；3—砂岩；4—页岩；5—砂砾岩；6—黄土；7—地下水位；8—流线；9—等势线；10—泉水及出露高程；11—断裂；①—浅部循环；②—中部循环

筛珠洞泉域西南边界的东南段，唐王陵向斜的东南端轴部中、下奥陶统地层分布高程较高，受张家山断层影响，使龙岩寺泉域和筛珠洞泉域在此处产生一定的水力联系。根据水文地质调查，龙岩寺泉域东南端地下水位为 480.00～490.00m，高于筛珠洞泉群出露高程为 30.00～50.00m，从而造成龙岩寺泉域地下水向东北部径流补给筛珠洞泉域，地

下水 δD、$\delta^{18}O$ 及 Sr 同位素研究也证实沿张家山断裂影响带存在喀斯特地下水由西南向东北的径流通道。

5.3　泉域示踪试验

5.3.1　大型二元示踪试验

5.3.1.1　试验方案

为充分论证筛珠洞泉域子系统喀斯特地下水径流场的特征，2011—2013 年委托中国地质科学院岩溶地质研究所开展了大型二元喀斯特水示踪试验。试验中，分别在泾河河水和钻孔中投放示踪剂，其中地表泾河水示踪剂为钼酸钠，投放点在老龙山断层上游泾河边，主要观测泾河水渗漏补给地下水情况；在东庄坝址上游碳酸盐岩库段的 ZK321、ZK322、ZK323 三个钻孔中投放荧光素钠，主要观测喀斯特地下水的径流方向。示踪剂接收点共 19 个，其中泾河河水点 7 个，泉水点 5 个，孔（井）水点 7 个。各接收点的位置见表 5.3-1 和图 5.3-1。

表 5.3-1　二元示踪试验接收点位置一览表

编　号	类型	位　置	性质	水位/m	备　注
T1		老龙山断层上游 850m 河床	投放点		投放钼酸钠
T2		老龙山断层上游 750m 河床	投放点		投放钼酸钠
ZK321		泾河左岸山坡	投放点	556.00	投放荧光素钠
ZK322 附近河床		泾河左岸河床	投放点	552.50	投放荧光素钠
ZK323		泾河左岸山坡	投放点	549.00	投放荧光素钠
J1	河水	老龙山断层上游 700m 河床	接收点		
J2	河水	老龙山断层上游 300m 河床	接收点		
J3	河水	泾河左岸 ZK322 钻孔边河床	接收点		
J4	河水	东庄坝址右岸河床	接收点		
J5	河水	文泾电站发电洞尾水出口	接收点		
J6	井水	大樟桥村民井	接收点		覆盖层潜水
WJ	河水	文泾水库坝前	接收点		
QS	河水	泾惠渠首电站发电洞尾水出口	接收点		
J8 风箱道泉	泉水	风箱道泉水点	接收点	540.00	
J9 筛珠洞主泉	泉水	筛珠洞主泉出水池	接收点	452.00	
J10 筛珠洞泉-1	泉水	筛珠洞泉下游 50m 泉点	接收点		
J11 筛珠洞泉-2	泉水	筛珠洞泉下游 300m 泉点	接收点		

续表

编 号	类型	位 置	性质	水位/m	备 注
J12 筛珠洞泉-3	泉水	筛珠洞泉下游 500m 泉点	接收点		
ZK322	钻孔水	泾河左岸河谷 ZK322 钻孔	接收点	552.50	
DY2	井水	张宏村	接收点	518.00	
SK2	井水	薛家村	接收点	382.60	
ZJY	井水	周家窑村	接收点	371.80	
256-2	井水	符家庄	接收点	约 450.00	覆盖层潜水
BJ	井水	百井村	接收点	458.00	

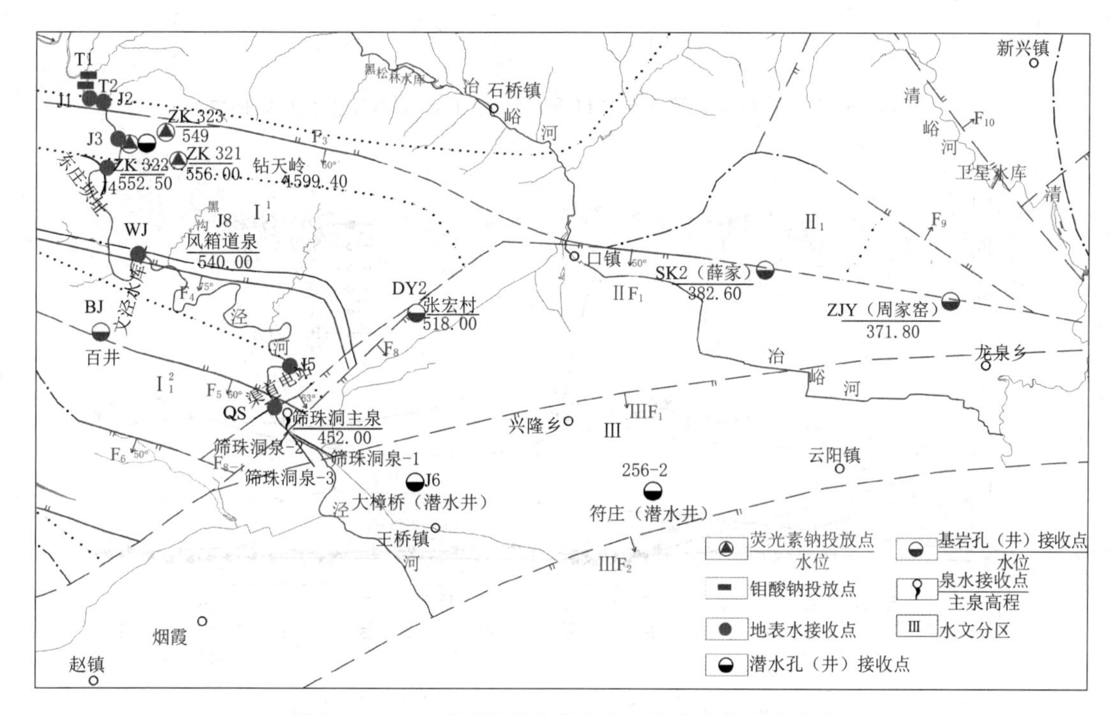

图 5.3-1 二元示踪试验投放点、接收点位置示意图

5.3.1.2 试验成果

二元示踪试验自 2011 年 4 月 22 日开始，地表水钼酸钠示踪试验历时半年，钻孔内地下水荧光素钠示踪试验历时 24 个月，取得成果如下。

1. 地表泾河水示踪试验成果

老龙山断层上游地表泾河水投放钼酸钠示踪剂后，风箱道泉接收点及筛珠洞泉群 4 个接收点的 Mo^{6+} 浓度变化历时曲线见图 5.3-2，主要钻孔及供水井等接收点地下水 Mo^{6+} 浓度变化历时曲线见图 5.3-3。

2011 年 5 月 12 日投放钼酸钠示踪剂，1d 后到达文泾水库，自 2020 年 5 月 13—20 日库水持续保持高浓度 Mo^{6+}。投放后 6d 在风箱道泉出现了 Mo^{6+} 异常，比文泾水库坝前水

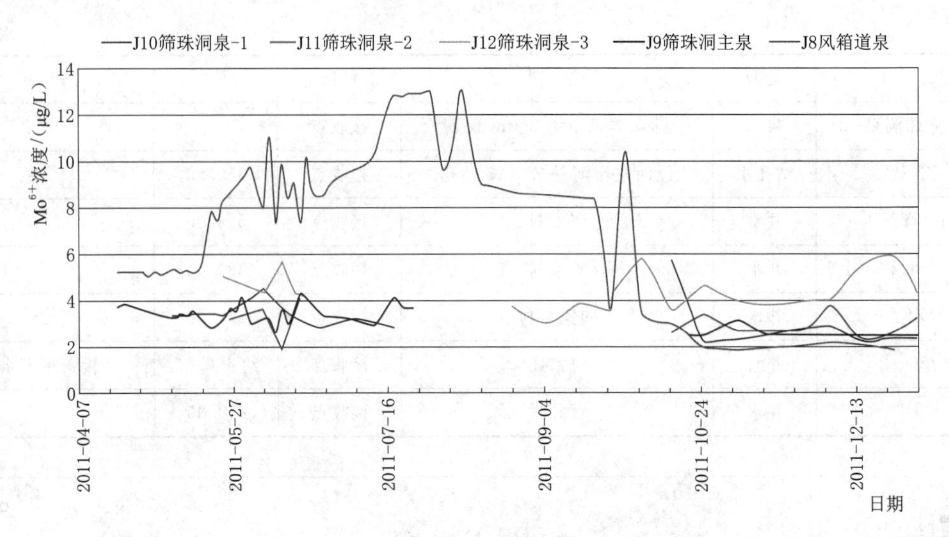

图5.3-2 风箱道泉、筛珠洞泉群等接收点的 Mo^{6+} 浓度变化历时曲线

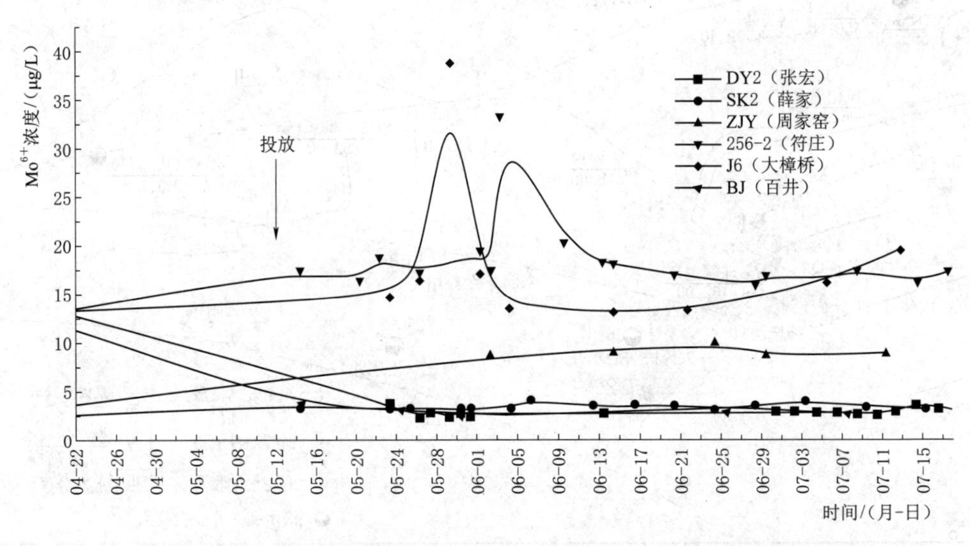

图5.3-3 钻孔及供水井地下水 Mo^{6+} 浓度变化历时曲线

样 Mo^{6+} 异常迟到5d，反映出风箱道泉上游约500m的文泾水库蓄水抬高了泾河水位，文泾水库水渗漏补给风箱道泉。由此初步分析，文泾水库到风箱道泉间存在优势渗漏通道（近岸坡风化卸荷带内溶蚀裂隙）。投放示踪剂20d后，风箱道泉水 Mo^{6+} 浓度达到峰值，峰值浓度持续80d，说明文泾水库库水渗漏补给风箱道泉水的形式除沿优势溶隙通道外，还存在沿一般网络状溶蚀裂隙的渗漏补给。

据河水钼酸钠示踪剂在风箱道泉检测的 Mo^{6+} 浓度变化及持续时间，计算泾河河谷近岸区岩体的渗透性如下：

(1) 沿优势通道渗透系数计算。

文泾水库水位与风箱道泉水头差：$H=30$m

文泾水库大坝与风箱道泉水平距离：$S=500$m

Mo^{6+}浓度初现异常时间：$t=5d$

渗透速度：$u=S/t=500/5=100(m/d)$

取孔隙率：$n=2\%$

水力坡降：$I=H/S=30/500=0.06$

则优势通道渗透系数

$$K_{优}=(u\times n)/I=100\times 2\%\div 0.06=33.3(m/d)=3.86\times 10^{-2}(cm/s)$$

属强透水。

(2) 近似平均渗透系数计算。按测试时间段内，风箱道泉检测的Mo^{6+}浓度到达峰值特征时长持续80d。

平均流速：$u=500/(40+5)=11.1(m/d)$

则平均渗透系数

$$K_{均}=(u\times n)/I=11.1\times 2\%\div 0.06=3.70(m/d)=4.3\times 10^{-3}(cm/s)$$

属中等透水。

泾河出山口冲积平原的J6（大樟桥）、256-2（符家庄）2个第四系覆盖层潜水井分别在示踪试验12d和21d出现Mo^{6+}异常，在18d和24d Mo^{6+}浓度达到峰值，反映出泾河水出峡谷后，经泾惠渠下渗补给冲积平原第四系覆盖层孔隙潜水，估算地下水流速为50～70m/d。

经过两年的持续观测分析，筛珠洞泉群未接收到Mo^{6+}示踪异常反映，说明筛珠洞泉受河水补给作用较小，以地下水补给为主。

2. 钻孔地下水示踪试验成果

ZK321钻孔完成后，投放示踪剂，灌水20～30m^3；ZK322钻孔完成后，投放示踪剂，因初始扩散较慢，先后灌水15d，直至浓度稀释。ZK323钻孔投放示踪剂，随后接着钻进，利用钻孔注水，进行冲水稀释，时间超过15d。

下游主要接收点荧光素钠浓度变化见图5.3-4和图5.3-5，图中文泾水库和泾惠渠首取样点荧光素钠浓度异常，主要为试验初期部分荧光素试剂溅到孔口附近，后被雨水冲刷进入泾河污染所致，而白王张宏村供水井荧光素钠浓度异常，主要是夏季水池藻类污染所致，无示踪意义。

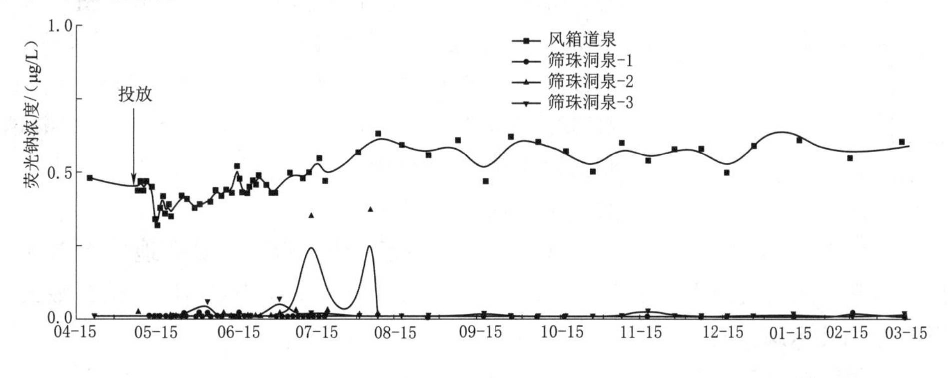

图5.3-4 主要泉点地下水荧光素钠浓度变化历时曲线

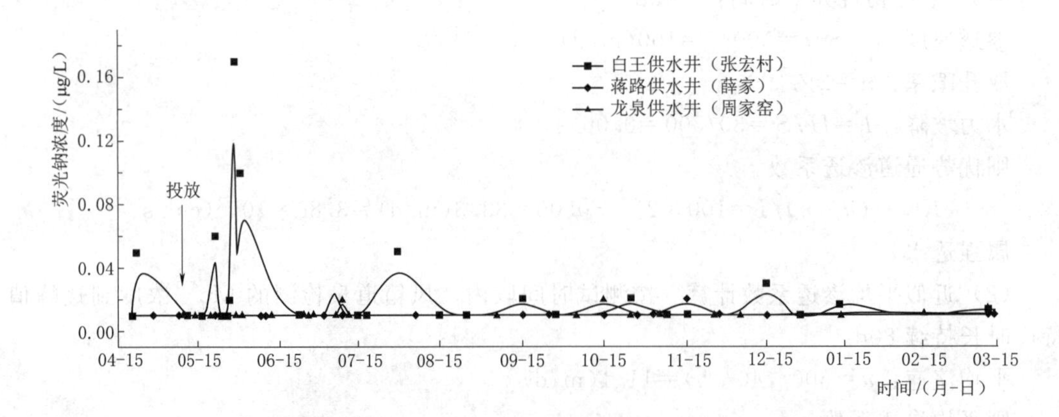

图 5.3-5 钻孔及供水井地下水荧光素钠浓度变化历时曲线

经过近24个月的连续观测，钻孔投放荧光素钠示踪剂在泾河水（坝址、文泾水库、泾惠渠）、主要水井、钻孔、泉水等接收点均未接收到荧光素示踪剂明确异常，表明投放区到接收区之间的喀斯特介质不存在集中渗漏通道。风箱道泉、筛珠泉、下游喀斯特区基岩井水等接收点均未出现异常，反映出投放区喀斯特地下水径流缓慢，没有管道流存在。

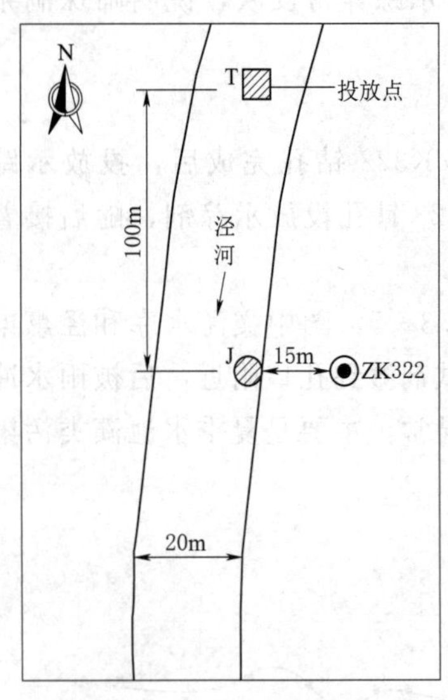

图 5.3-6 ZK322 钻孔示踪试验布置图

2013年7月，即钻孔投放示踪剂结束后27个月，对位于河床部位的ZK322钻孔和左岸防渗线附近的ZK323钻孔分别进行了地下水取样，所取水样呈明显的黄绿色，仍含有浓度极高的荧光素钠，表明试验点附近河水对地下水的补给作用较弱，且地下水径流缓慢，示踪剂的稀释和扩散速度均很慢。

3. ZK322钻孔单孔示踪试验成果

为进一步分析坝址以上碳酸盐岩河段河水渗漏补给地下水特征，针对坝址上游1.5km、距泾河水边线15m的ZK322钻孔实施了小型示踪试验（见图5.3-6）。ZK322钻孔地下水位高程为553.72m，河水位高程为599.27m，河水位比钻孔水位高45.55m。投放点在ZK322钻孔上游100m的泾河，示踪剂为亚硝酸钠，观测河水下渗补给程度。试验观测ZK322钻孔水中NO_2^-浓度变化曲线见图5.3-7。

亚硝酸钠投放后74h，ZK322钻孔地下水NO_2^-浓度开始出现异常，此后缓慢直线上升，至投放后263h（10.96d），NO_2^-浓度达到最大。

ZK322钻孔示踪试验计算渗透系数如下：

(1) 沿优势通道渗透系数计算。

投放点与接收点的水头差：$H=45.55$m

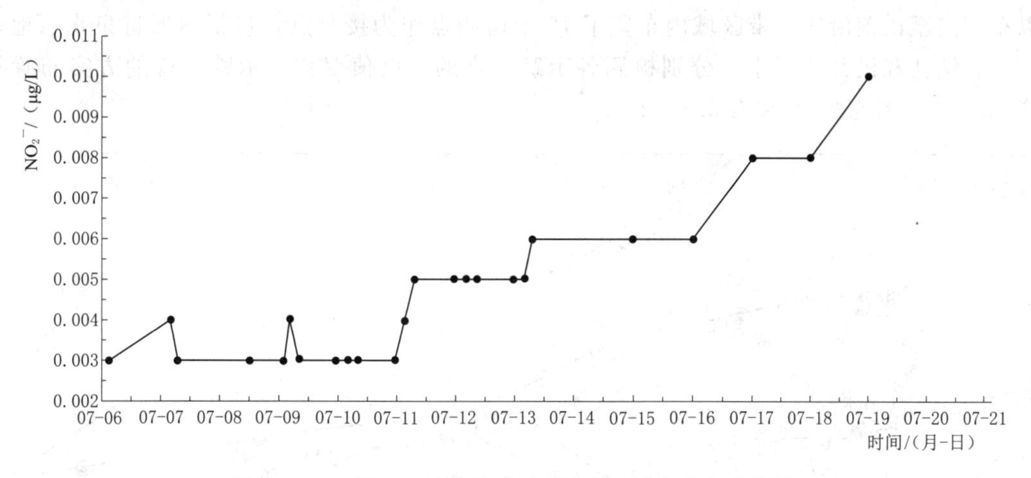

图 5.3-7 ZK322 钻孔示踪试验 NO_2^- 浓度动态变化图

投放点至接收点的水平距离:$S=47.96$m

投放至接收到 NO_2^- 浓度出现异常时间：$t=74$h

优势渗透速度：$u=S/t=47.96/74=0.648(m/h)=15.55(m/d)$

水力坡度：$I=H/S=45.55/47.96\approx1$

取孔隙率：$n=2\%$

则优势渗透系数

$$K_{优}=(u\times n)/I=15.55\times2\%\div1=0.311(m/d)$$

属中等透水岩体。

(2) 近似渗透系数。以钻孔检测到的 NO^{2-} 浓度取到达峰值时间 $t=263$h 计算。

$$u=S/t=47.9/263=0.182(m/h)=4.37(m/d)$$

平均渗透系数

$$K_{均}=(u\times n)/I=4.37\times2\%\div1=0.087(m/d)$$

属弱透水。

分析计算表明，在 ZK322 钻孔地段，河床岩体透水性较弱，悬托的泾河水下渗补给地下水较弱，主要以裂隙型渗漏为主，也反映出其附近岩体透水性较弱。

5.3.2 大型三元示踪试验

5.3.2.1 试验概况

大型三元示踪试验的主要目的是分析老龙山断裂和张家山断裂的喀斯特发育情况、导水性及地下水渗流方向，并为筛珠洞泉水成因分析和水库防渗设计提供依据。

示踪剂投放孔为泾河左岸钻天岭一带水文地质钻孔 YRZK01、YRZK02 深钻孔以及库区左岸初拟防渗线上的 ZK457 钻孔，分别投放罗丹明 B、天来宝（荧光增白剂）和钨酸钠 3 种示踪剂，并在西至泾河河床（风箱道—筛珠洞段）、北至老龙山断层、东至口镇以东、南至山前沿线一带区域内布置了19个监测点作为接收点，包括喀斯特泉水、地表河水、钻孔和民井地下水，分别检测各示踪元素的浓度值变化。示踪试验的方案布置见图5.3-8、图5.3-9和表5.3-2。

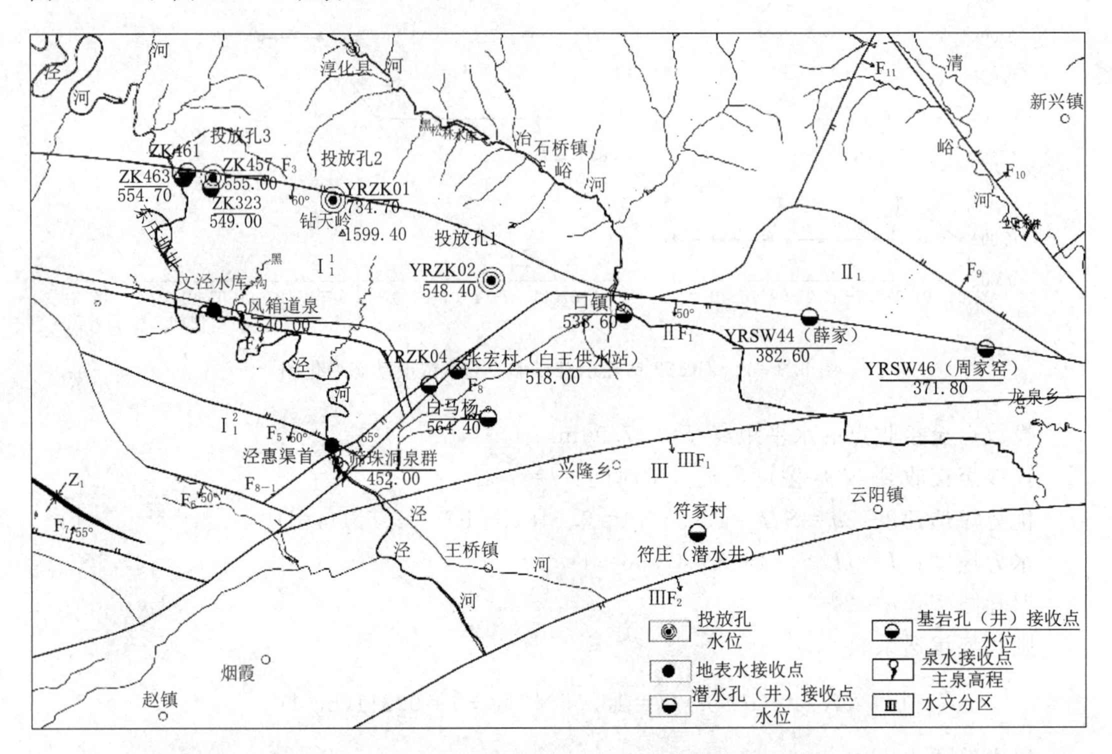

图5.3-8　三元示踪试验投放点、接收点位置示意图

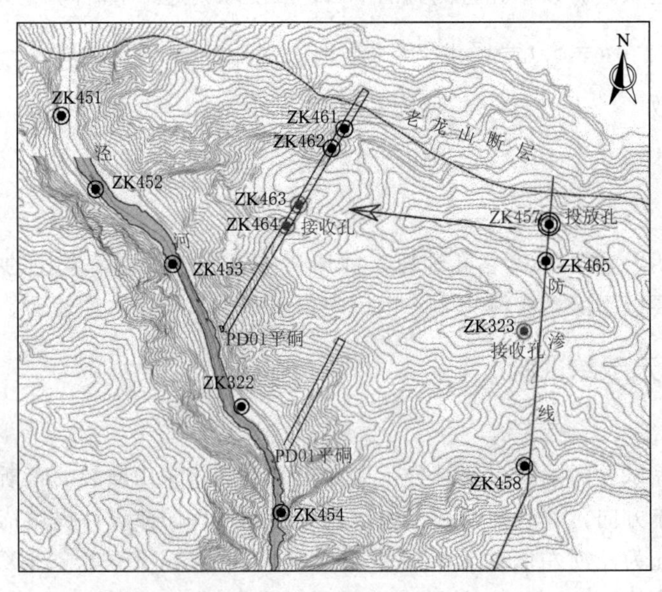

图5.3-9　ZK457投放孔与接收孔平面位置示意图

表 5.3-2 示踪试验投放点和接收点一览表

编号	投放点、接收点位置	性质	地下水水位/m	接收检测项目	说明
T1	ZK457	投放点	555.00	钨酸钠	投放钨酸钠
T2	YRZK01	投放点	735.00	罗丹明 B	投放罗丹明 B
T3	YRZK02	投放点	548.00	天来宝	投放天来宝（荧光增白剂）
J1	YRZK04	接收点		罗丹明 B、天来宝、钨酸钠	
J2	YRSW44（薛家）	接收点	382.60	罗丹明 B、天来宝、钨酸钠	口镇以东基岩井
J3	YRSW46（周家窑）	接收点	371.80	罗丹明 B、天来宝、钨酸钠	口镇以东基岩井
J4	白王抽水站（张宏村）	接收点	518.00	罗丹明 B、天来宝、钨酸钠	基岩井
J5	口镇	接收点	538.60	罗丹明 B、天来宝、钨酸钠	覆盖层
J6	符家村	接收点		罗丹明 B、天来宝、钨酸钠	覆盖层
J7	白马杨	接收点	564.40	罗丹明 B、天来宝、钨酸钠	覆盖层
J8	文泾水库水	接收点		罗丹明 B、天来宝、钨酸钠	库水
J9	风箱道泉	接收点	540.00	罗丹明 B、钨酸钠	喀斯特泉
J10	泾惠渠首库水	接收点		罗丹明 B、钨酸钠	河水
J11	筛珠洞（主泉口）	接收点	452.00	罗丹明 B、钨酸钠、天来宝、	喀斯特泉
J12	筛珠洞河床左岸泉（筛备）	接收点	452.00	罗丹明 B、天来宝、钨酸钠	喀斯特泉
J13	筛珠洞下游泉群（筛管）	接收点	443.00	罗丹明 B、天来宝、钨酸钠	喀斯特泉
J14	筛珠洞下游瀑布泉（筛柱）	接收点	435.00	罗丹明 B、天来宝、钨酸钠	喀斯特泉
J15	ZK323	接收点	549.00	罗丹明 B、钨酸钠	基岩孔
J16～J19	1号平洞钻孔（ZK463 和 ZK464）中的2个	接收点	554.00～555.00	罗丹明 B、钨酸钠	实际取样时因施工限制，不同点取样时间不一样

YRZK02号孔投放于2013年7月21日开始，7月22日结束，共投放300kg天来宝（荧光增白剂）示踪剂。投放方式为溶解后通过导管注入，试剂投放后，继续对钻孔注水，共注水80m^3左右。

YRZK01号孔投放于2013年9月5日开始，9月8日结束，共投放300kg罗丹明B，投放方式为溶解后通过钻机的钻杆压入孔底，随后用导水管引水（流量为3～5L/s）冲洗钻孔，总注水量为200m^3，使示踪剂加快运移并进入地下含水层中。

ZK457号钻孔投放于2013年9月26日开始，当天晚上19时结束，投放钨酸钠（Wo^{6+}）600kg，投放方式为溶解后通过导管注入孔底。试剂投放后，继续对钻孔注水，断续注水累计8d，总注水量为200m^3。

示踪试验投放及接收基本情况见表5.3-3。

表 5.3-3 示踪试验示踪剂投放、接收及监测概况

试验名称		Wo 示踪	罗丹明 B 示踪	荧光增白剂示踪
示踪剂		钨酸钠（Wo^{6+}）	罗丹明 B	天来宝（荧光增白剂）
投放	投放位置	ZK457	YRZK01	YRZK02
	冲洗水量/m^3	200	200	80
	始投时间	2013 年 9 月 26 日	2013 年 9 月 5 日	2013 年 7 月 21 日
	结束时间	2013 年 9 月 26 日 19 时	2013 年 9 月 8 日	2013 年 7 月 22 日 20 时
	投放剂量/kg	600	300	300
接收	接收点数量/个	19	19	12
	检测仪器	ICP MS 等离子体质谱仪	荧光光度计	荧光光度计
	开始日期（含背景值监测）	2013-09-01	2013-07-06	2013-07-06

5.3.2.2 试验成果

1. YRZK01 孔罗丹明 B 示踪试验成果

截至 2014 年 7 月底，PD01 号平洞内的 ZK461 钻孔明确接收到了 YRZK01 钻孔投放的罗丹明 B 示踪剂，其他钻孔、民井和泉水中未接收到示踪剂异常。

ZK461 钻孔罗丹明 B 检测浓度值在 2014 年 6 月 30 日以前均为 0.01μg/L，2014 年 7 月 5 日以后升至 0.14μg/L，此后，持续升高，至 2014 年 7 月 29 日升至 0.45μg/L，仍显示继续升高的趋势（见图 5.3-10）。

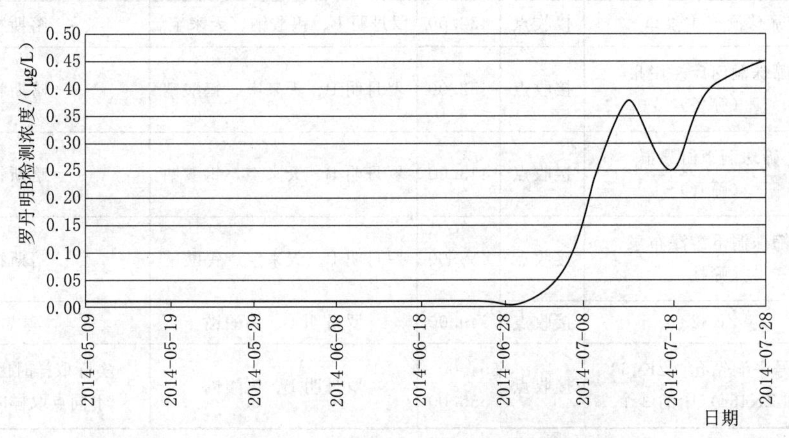

图 5.3-10 平洞 ZK461 钻孔罗丹明 B 浓度历时曲线

YRZK01 钻孔示踪试验沿优势通道渗透系数计算结果如下。

投放点与接收点（ZK461 钻孔）的水头差：$H=182m$

投放点至接收点（ZK461 钻孔）的水平距离：$S=4796m$

投放至接收到罗丹明 B 浓度出现异常时间：$t=303(d)$

优势渗透速度：$u=S/t=4796/303=15.83(m/d)$

水力坡度：$I=H/S=182/4796=0.038$

取孔隙率：$n=2\%\sim5\%$

则优势渗透系数

$$K_{优}=(u\times n)/I=15.83\times(2\%\sim5\%)\div0.038=8.34\sim20.86(m/d)$$

YRZK01 示踪试验的初步成果表明：①天然状态下，地下水由 YRZK01 自东向西向泾河方向径流，钻天岭存在地下水分水岭；②由计算出的优势渗透流速和渗透系数分析，YRZK01 和 ZK461 钻孔之间不存在管道流。

2. ZK457 孔钨酸钠（Wo^{6+}）示踪试验成果

（1）地表水 Wo^{6+} 检出情况。钨酸钠投放于 ZK457 孔之后，经过近两年的观测，在两个地表水检测点均未检出异常。其中，文泾水库水的 Wo^{6+} 本底检测值在 0.2～0.6μg/L 之间变动，而泾惠渠首的 Wo^{6+} 本底检测值变化较大，在 0.7～1.54μg/L 之间变动。两处的泾河河水 Wo^{6+} 本底值均比较高，并有自高逐渐减低的趋势，可能与仪器检测的逐渐稳定有关。示踪试验初步成果表明 ZK457 钻孔和泾河河水之间不存在明显水力联系。

（2）钻孔水 Wo^{6+} 检出情况。ZK464 钻孔 Wo^{6+} 本底值较高，在 10～20μg/L 之间波动。2013 年 9 月 30 日检出异常，Wo^{6+} 离子浓度高达 143μg/L，之后快速上升，至第二日（10 月 1 日）上升至最高峰值 161μg/L。然后呈波动状缓慢下降，10 月 11 日达到第二高峰值 155μg/L，之后再次呈现缓慢下降，至 12 月初，浓度下降到 18.4μg/L 左右，接近本底值浓度。整个 Wo^{6+} 离子浓度历时曲线呈现为典型的双峰非对称钟形波，符合地下水质点运移规律，异常连续，说明该点与投放点 ZK457 孔地下水具有水力联系。

ZK323 钻孔 Wo^{6+} 本底值极高，经过近两年的观测，均未检出异常，说明该孔周边地下水交换极为缓慢，与投放点 ZK457 孔地下水不存在明显的水力联系。

YRZK04 钻孔 Wo^{6+} 本底值在 1.1～1.7μg/L 之间，较为稳定。2013 年 9 月 29 日（钨酸钠投放后的第 3 日）突然升至 6.36μg/L，之后稳定在 4～7μg/L 之间，但 10 月 13 日浓度突然飙升至 58.90μg/L（仅一个检测值），之后于 17 日下降到 12.1μg/L，然后逐渐下降。虽然检测到较低值的连续异常以及高值异常，但明显的高值异常仅 1 个，假设投放点与 YRZK04 钻孔存在连通，根据两者距离与异常初现的时间计算，该处地下水流速应大于 1000m/d，与本地区水文地质条件有较大的差异，因此，分析其连通的可能性小。

（3）泉水及其他接收点 Wo^{6+} 检出情况。其他接收点除白王供水站在 2013 年 10 月 8 日、10 月 10 日出现两次孤立的低值（0.6μg/L）脉冲异常外，均未检出异常，说明这些水点与投放点 ZK457 钻孔地下水无水力联系。

3. YRZK02 号孔天来宝（荧光增白剂）示踪试验成果

（1）地表水荧光增白剂检出情况。两处地表水接收点的荧光增白剂的本底浓度较高，从 3.20～11.68μg/L 不等，并且动态变化大，天来宝（荧光增白剂）投放以后，接收点检测浓度反而有所下降，除了泾惠渠首接收点在 2014 年 1 月出现 3 个浓度较高的孤立波峰以外，均未检出异常，说明地表水与投放点之间无直接水力联系。

（2）泉水荧光增白剂检出情况。风箱道泉本底值在 1.35～2.05μg/L 之间变动，较为稳定。除检出 2013 年 9 月 14 日（4.35μg/L）等个别孤立异常外，未见连续异常。

筛珠洞泉除 2013 年 7 月 6—14 日荧光增白剂浓度较高（0.06～0.26μg/L）外，其余本底值均低于 0.07μg/L。整个示踪期间（至 2014 年 7 月 20 日）仅检测到 2013 年 8 月 13 日（3.25μg/L）、2013 年 11 月 12 日（9.88μg/L）等少数几个孤立异常。筛备、筛管泉水与筛珠洞泉类似，属于典型的脉冲型示踪波，但检测到较多的孤立异常。

筛柱泉与上述各泉点差异较大。投放示踪剂前，该泉荧光增白剂的本底值即较高（平均值

0.44），变动也大，从0.01～1.34μg/L不等，并且浓度总体呈跳跃式下降。至2013年7月29日以后，稳定在0.10～0.20μg/L之间，其间偶有孤立的高浓度值检出（如2013年8月16日的2.75μg/L）。但自2013年12月4日起，示踪剂浓度呈现相对稳定的上升趋势，尤其在2014年1月初，检出超过1.00μg/L的连续较高浓度，2014年1月23日更高达3.92μg/L。之后，浓度缓慢下降，在出现多次的波动后，于2014年3月4日下降至0.19μg/L，之后虽然还检测到几次浓度接近1.0μg/L的较高浓度值，但总体上呈现出脉冲式下降。

从风箱道和筛珠洞泉群几个水点的荧光增白剂异常检出情况可以明显看出，风箱道泉的浓度值高而且变化大，明显受有高荧光增白剂背景浓度的地表水的影响；而筛珠洞泉总体上呈现为低背景浓度值下夹有一个或多个脉冲孤立异常峰的平波波形；但筛柱的情况比较复杂，2013年12月4日后荧光增白剂浓度相对较高并且连续、变动幅度大、示踪曲线似有钟形（或正态）形态，但由于本底值高，并未检出连续异常，推测其浓度偏高应与地表水混合污染有关，这与第一期示踪分析结果是一致的。

（3）钻孔水及其他接收点Wo^{6+}检出情况。除符家庄和大庄两个民井外，其余钻孔或民井均未检出连续的荧光增白剂浓度异常，荧光增白剂浓度历时曲线形态以夹一个或多个的孤峰的平波或脉冲波为主，分析投放点YRZK02钻孔含示踪剂的地下水未达及各检测点。

符家庄民井、大庄民井为第四系孔隙水，距离泾惠渠较近。两个民井荧光增白剂浓度具有相同的的变化趋势，即浓度历时曲线形态类似，均表现为雨季浓度值低而枯水季节（11月至次年6月）浓度值高的趋势，分析应该与雨季第四系孔隙水水位较高，孔隙水流动较快，具有稀释作用，而枯水季节地下水位低，地下水受泾惠渠渗流水补给有关，因此，属于高荧光增白剂浓度的泾河河水污染所致；当然不排除枯水季节带有漂白粉等生活污水汇入民井所在地地下水（枯季井水频繁取水，造成以民井为中心的低地下水位漏斗）。从大庄井荧光增白剂浓度略高于泾惠渠首分析，后者的可能性大些。

从水文地质条件上看，投放点YRZK02位于张家山断层附近，其地下水向筛珠洞泉群运移的最佳径流途径应该是沿断层带的喀斯特发育带，但位于断层带上、介于YRZK02与筛珠洞之间布置了两个检测孔，即YRZK04和白王供水站，均为检测到异常，因此，分析在筛珠洞尚未检测到来自YRZK02钻孔的含示踪溶液的地下水。2014年7月29日在YRZK02钻孔中采水样检测的荧光增白剂高达1070μg/L，表明钻孔周边地下水交换十分缓慢。

5.4 泉域地下水径流特征

区内地下水总体由西向东、东南方向径流，并向筛珠洞泉群和山前张家山断裂带排泄。坝址区以东约7km为地表分水岭钻天岭，其顶峰高程为1599.00m。根据长观动态资料，位于库区左岸的钻天岭附近两个钻孔（YRZK01和YRZK05）的地下水位为720.00～740.00m，判定在钻天岭附近存在地下水分水岭（见图5.4-1）。该分水岭的存在对工程区水文地质条件和工程防渗具有重要意义。在钻天岭有地下水分水岭的情况下，其西侧地下水天然状态下由钻天岭向河谷方向径流，水库蓄水后分水岭部位地下水位将壅高，壅高后可能高于正常蓄水位（789.00m），若壅高后的地下水位仍低于正常蓄水位，也大大降低了水力坡度，加之水库库水向东渗漏的渗径较长，渗漏量将有限，对库区防渗十分有利。钻天岭东侧喀斯特地下水天然状态下向东南沿张家山断裂带经张宏村向筛珠洞主泉运移，亦有部分顺断层带向深部运移，补给山前深埋喀斯特地下水系统。

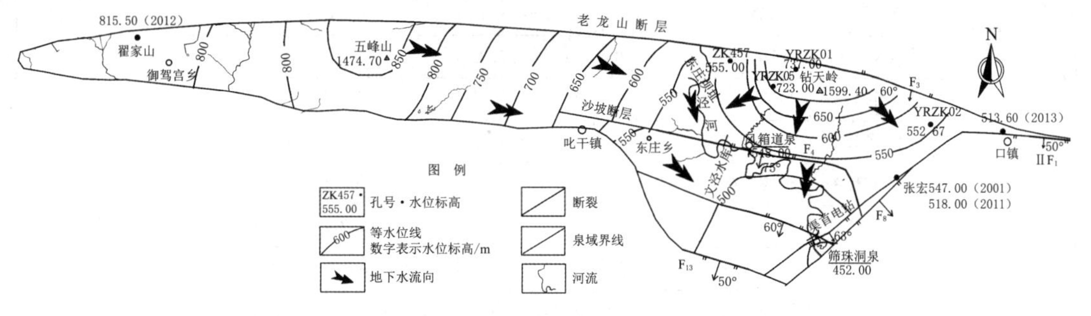

图 5.4-1 筛珠洞泉域地下水等水位线图

根据现有资料，筛珠洞泉域西部御驾宫、滚村一带地下水位为 810.00～830.00m，因此推断右岸距离坝址约 18km 的五峰山一带，也存在地下水分水岭，从而使喀斯特地下水在西部五峰山一带向东径流。

由于泾河两岸均存在地下水分水岭，天然状态下，两岸地下水则均向泾河河谷方向径流，然后再向下游径流，到距离坝址约 4.5km 的泾河峡谷和沙坡断层交会处，部分水流受沙坡断层下盘奥陶系平凉组页岩阻隔和河谷切割控制，在风箱道以泉的形式补给泾河；另一部分水通过地下一定深度越过沙坡断层，向下游排泄。

5.5 泉域地下水温度场特征

泉域内喀斯特地下水温总体上具有由补给区→径流区→排泄区温度逐渐升高的特征。局部沿河地段受地表水体影响，温度有所降低（见图 5.5-1，表 5.5-1）。

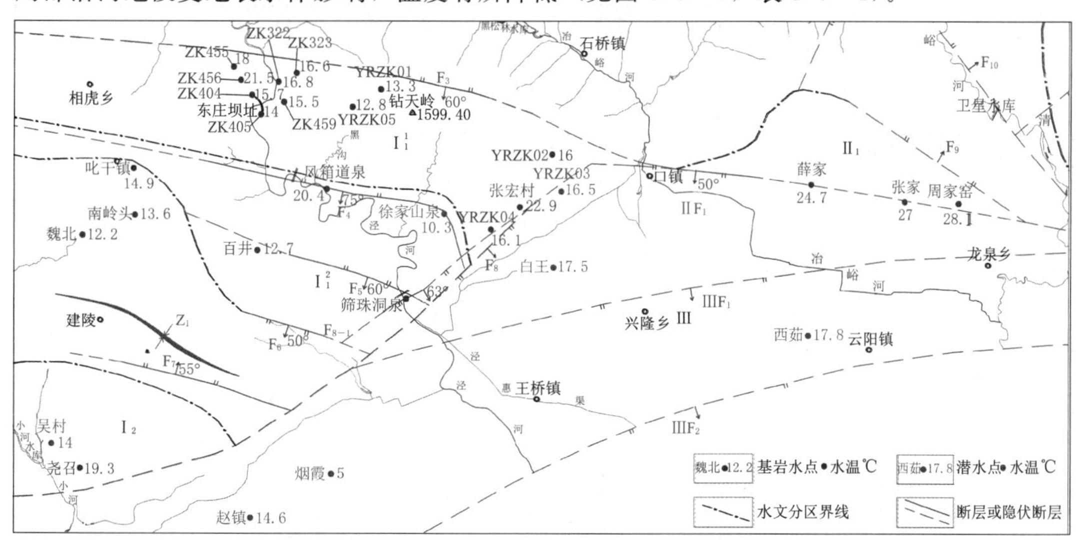

图 5.5-1 工程区及周边泉水、钻孔和民井地下水温度分布图

表 5.5-1　　　　工程区及周边主要钻孔、民井和泉域水温一览表

区域		井孔编号	时间/(年-月)	水温/℃	地下水埋深/m	地下水类型
钻天岭		YRZK01	2013-12—2014-10	13.3～13.4	400.00～402.20	喀斯特水
		YRZK05	2013-01—2014-10	12.7～12.9	462.00～472.00	
坝址区	左岸	ZK323	2013-01—2014-08	16.6～16.7	376.20～383.60	
		ZK322	2013-01—2014-10	16.6～16.8	46.40～55.20	
		ZK459	2013-04—2014-10	15.4～15.6	283.40～288.80	
		ZK419	2013-07—2014-10	14.1～14.1	32.60～49.70（破碎体，近河床）	
		ZK458	2013-01—2014-10	16.2～16.4	290.80～299.30	
		ZK463	2013-12—2014-10	16.7～16.9	73.90～78.20（1号平洞内）	
		ZK465	2013-12—2014-10	17.1～17.2	380.90～382.90	
	右岸	ZK455	2013-01—2014-08	17.3～18.1	310.30～318.70	
		ZK456	2013-01—2014-02	21.1～21.5	388.80～396.60	
	左右坝肩	ZK301	2013-03—2014-02	13.8～14.0	196.70～211.50	
		ZK405	2013-03—2014-10	13.9～14.1	211.90～222.70	
		ZK306	2013-03—2014-10	14.9～15.0	178.90～199.10	
		ZK404	2013-01—2014-10	15.4～15.7	240.10～256.90	
张家山断裂带沿线	断裂带	筛珠洞泉	2011-01	21.8		泉水
			2011-07	24.1	107.00	喀斯特水
		张宏村	2011-03	22.0		
			2011-07	23.8		
	断裂带以北	YRZK04	2013-01—2014-02	16.03～16.16	71.30～73.40	喀斯特水
		YRZK02	2013-03—2014-10	15.78～16.07	178.90～186.30	
沙坡断层		风箱道泉	2011-03	20.0		泉水
			2011-07	20.8		
		徐家山泉	2011-01	10.3		悬挂泉
龙岩寺泉域		吴村	2011-01	14.0		第四系潜水
		尧召	2011-01	19.3	204.00	喀斯特水
口镇以东断裂带		薛家	2011-03	23.1	260.00	喀斯特水
			2011-07	26.4		
		张家	2013-01	27.0	159.40	
		周家窑	2011-03	25.0	140.00	
			2011-07	31.3		
唐王陵向斜		叱干镇	2011-01	14.9	>100.00	基岩裂隙水
		南岭头	2011-01	13.6	121.10	
		魏北	2011-01	12.2	140.00	

续表

区域	井孔编号	时间/(年-月)	水温/℃	地下水埋深/m	地下水类型
山前平原区	YRZK03	2013-01—2014-02	16.4～16.6	53.60～64.50	第四系潜水
	赵镇	2011-01	14.6	17.60	
	烟霞	2011-01	5.0	51.20	
	白王	2011-03	17.5	45.70	
		2011-07	21.3		
	西茹	2011-03	17.8	40.00～50.00	

1. 钻天岭分水岭处地下水温度

位于钻天岭附近的 YRZK01 钻孔、YRZK05 钻孔地下水温分别为 13.3～13.4℃和 12.7～12.9℃。在筛珠洞泉域内所有地下水温监测点中，温度最低，显示为地下水补给区的特征。

2. 坝址区地下水温度

坝址区左右岸钻孔地下水温具有差异性。左岸钻孔的地下水温小于右岸，左岸 6 个地下水长期监测孔的水温为 15.4～17.2℃，平均为 16.6℃；右岸的地下水温为 17.3～21.5℃，平均为 19.5℃，左岸地下水温低于右岸平均约 2.9℃。

初步分析左右岸水温差异性原因如下：①左岸钻天岭地下水分水岭距离坝址区约 7km，而西部推测的五峰山地下水分水岭距离坝址区约 18km，地下水由分水岭处的补给区向泾河方向径流的过程中，库坝区右岸地下水相对左岸地下水经历了更长距离和更长时间的运移，地下水在运移过程中受岩体增温幅度较左岸大；②根据库坝区岩体透水性分析，右岸岩体透水性相对左岸较弱。根据右岸 ZK455 钻孔 62 段压水试验成果，透水率最大值为 7.1Lu，最小值为 0.7Lu，平均值为 2.0Lu，透水性微透水—弱透水；右岸 ZK456 钻孔压水试验结果显示岩体透水性为弱透水—微透水，仅高程 770.00～765.00m 为局部无压漏水段，岩体透水性总体较差，岩体中地下水径流缓慢。左岸钻孔压水试验显示在 560.00m 高程以上，存在较多的无压漏水段，透水性相对右岸强，地下水径流活动和接受垂向补给作用也相对右岸通畅，这也是两岸地下水温差异的另一原因。

坝址区左右坝肩的 4 个地下水监测孔（ZK404、ZK405、ZK455、ZK456），水温为 13.8～15.7℃，相对两岸钻孔地下水温较低，主要是因为这 4 个钻孔不同程度地受到河水补给的影响（河水和地下水动态监测曲线显示，二者具有一定的同步性），由于河水温度相对较低，一定程度上降低了地下水温。

3. 泉水温度

风箱道泉水温度的两次监测结果分别为 20.0℃和 20.8℃，高于钻天岭地下水温（12.7～13.4℃），略高于库坝区地下水温，但低于筛珠洞泉水水温（平均 22～23℃）。佐证了风箱道泉水是工程区地下水的第一级排泄基准。

筛珠洞泉水温度在 20.7～21.4℃之间，水温较为稳定，和张家山断层带的张宏村供水井的水温较为接近，均高于其他井泉点的水温。表明该处的地下水经过了相对较深或较远距离的运移，显示出排泄区的特征，这与前述水文地质条件的描述也是一致的。

从泉水水温动态变化来看（图5.5-2），筛珠洞泉群与风箱道泉的温度接近。7月水温比3月稍高，基本不变，受气温影响较小。宋家山泉、徐家山泉受气温影响明显，泉水温度接近气温，属于浅地表孔隙水出露。

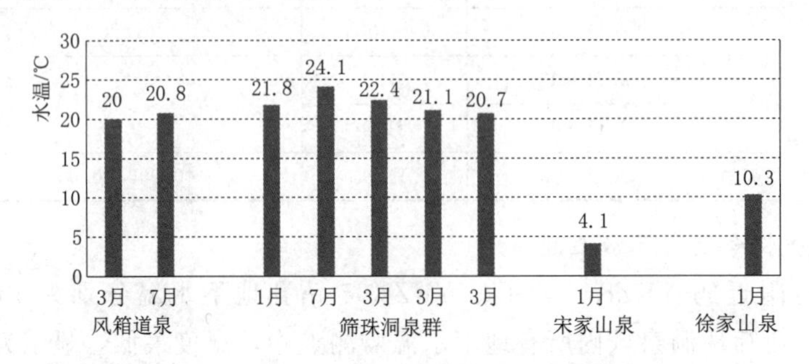

图5.5-2 主要泉水水温对比图

4. 口镇以东断裂带喀斯特地下水水温

在口镇以东口镇-关山断裂带上的3个供水民井，开采对象均为“380”喀斯特水，温度总体相对较高，水温由西向东，薛家（24.7℃）→张家（27.0℃）→周家窑（28.1℃），水温逐渐增高，表明断层带内地下水循环深度相对较深，且地下水总体上由西向东径流。

5. 山前第四系潜水水温

山前第四系潜水的水温一般为14.6～17.8℃，最低值为烟霞镇潜水井，测得的地下水温仅为5℃（2011年1月），受大气和地表温度影响明显。

5.6 小结

（1）筛珠洞泉域喀斯特地下水子系统为一个相对封闭的水文地质单元，北部老龙山断层及砂页岩、西南部唐王陵向斜核部砂泥质碎屑岩为相对隔水边界；东南部张家山断裂为潜流排泄边界。在唐王陵向斜与张家山断裂交会处，筛珠洞泉域与西南部龙岩寺泉地下水子系统之间存在水力联系。筛珠洞泉群接受来自其西南部龙岩寺泉域喀斯特地下水的侧向补给，泾河河水对筛珠洞泉群泉水的补给量有限。

（2）筛珠洞泉域区内地下水总体由西向东、东南方向径流，并向筛珠洞泉群和山前张家山断裂带排泄。泾河西部五峰山和东部钻天岭一带存在高于河水位的地下水分水岭，受地下水分水岭控制，泾河两岸地下水向河谷及下游方向径流排泄。

（3）沙坡断层是筛珠洞泉域的一条内部阻水边界，断层在泾河河谷150～200m以下切穿了奥陶系平凉组页岩，使南北两侧的含水层对接，部分地下水在地下一定深度越过断层向下游排泄，但径流速度缓慢，水量较小。

（4）示踪试验成果表明筛珠洞泉受河水补给作用较小，以地下水补给为主；天然状态下，由于钻天岭一带存在地下水分水岭，水库蓄水后沿老龙山断裂带向东产生渗漏的可能性基本不存在；库坝区喀斯特地下水径流缓慢，没有管道流存在；ZK322钻孔地段河床岩体较完整，透水性较弱，悬托的泾河水下渗补给地下水较弱，主要以裂隙型渗漏为主，岩体透水性较弱。

（5）筛珠洞泉域内喀斯特地下水温总体上具有由补给区→径流区→排泄区温度逐渐升高的特征，局部沿河地段受地表水体影响，温度有所降低。坝址区左岸地下水温小于右岸，说明右岸地下水相对左岸地下水经历了更长距离和更长时间的运移，且左岸透水性、地下水径流活动和接受垂向补给作用也相对右岸通畅。

第6章 库坝区喀斯特水文地质条件

东庄水库为峡谷河道型水库，以老龙山断层为界，上游为砂页岩库段，下游至坝址为碳酸盐岩库坝段。砂页岩库段两岸地下水分水岭高于正常蓄水位，库盆基岩由砂、泥（页）岩相间组成，且泥岩为微透水或不透水地层，岩体透水条件差，不存在向库盆外渗漏问题；碳酸盐岩库坝段地下水位低于现状河水位形成悬托河，地表喀斯特发育，平洞和钻孔揭露喀斯特形迹以溶孔、溶隙为主，蓄水后存在水库渗漏问题。

6.1 基本地质条件

6.1.1 地形地貌

碳酸盐岩库坝段为泾河自老龙山断层向下至东庄坝址 2.7km 长河段，属于深切峡谷地貌，岸坡陡峻，河谷断面呈“V”字形，见图 6.1-1。

图 6.1-1 碳酸盐岩库坝段地貌

河谷底宽一般为 50～100m，谷底高程在 585.00～605.00m 之间，平水期水面宽 12～24m，河水纵比降平均为 5.2‰。两岸岸坡 760.00m 高程以上坡度为 20°～40°，地形相对较缓；760.00m 高程以下为基岩岸坡，地形陡峻，平均坡度为 60°左右，最大坡度为 80°。河谷相对高差 200 余米，760.00m 高程以下基岩裸露。两岸见有三级、四级基座阶地断续分布，其中三级阶地基座高程为 740.00～765.00m，四级阶地基座高程为 830.00～850.00m。一级、二级阶地仅在靠近河床部位零星分布。

6.1.2 地层岩性

碳酸盐岩库坝段出露的地层为奥陶系下统冶里-亮甲山组（$O_1y—l$）、中统马家沟群（O_2m）及第四系松散堆积层（Q）。

1. 奥陶系（O）

奥陶系下统（O_1）主要以白云岩为主，局部夹灰岩，沿河出露长度约1.45km；奥陶系中统（O_2）为厚层灰岩，沿河出露长度约为1.25km。从上游老龙山断层至坝址出露的下奥陶统地层岩性分述如下：

（1）冶里-亮甲山组第2-1段［$O_1(y—l)^{2-1}$］：灰色及灰黑色白云岩，下部为含隧石结核；上部为黑色角砾状白云岩。厚度约为131m。

（2）冶里-亮甲山组第2-2段［$O_1(y—l)^{2-2}$］：上部为浅灰—灰色巨厚层细晶白云岩，夹浅黄褐色泥钙质白云岩及少量燧石结核；中、下部为浅灰色细晶白云岩与褐色硅质白云岩互层，夹薄层泥质白云岩。厚度约为92.3m。

（3）冶里-亮甲山组第2-3段［$O_1(y—l)^{2-3}$］：上部为褐红色钙质白云岩；下部为黄色泥状钙质白云岩，多为互层，节理发育。厚度约为65.6m。

（4）冶里-亮甲山组第2-4段［$O_1(y—l)^{2-4}$］：上部为硅质白云岩；中、下部为含燧石结核白云岩，灰色厚—巨厚层细晶白云岩，夹燧石条带及少量浅黄色薄层白云岩，局部变质为白云质大理岩，燧石含量中部较多。厚度约为69.0m。

（5）冶里-亮甲山组第2-5段［$O_1(y—l)^{2-5}$］：上部为深灰、灰黑色厚层状细晶硅质白云岩，夹浅黄色薄层泥质白云岩互层，层面铁质浸染普遍；中部为深灰色中厚层角砾状白云岩与褐黄色薄层钙泥质白云岩互层；下部为深灰色、灰黑色细晶、隐晶质白云岩与褐黄色、紫红色硅质白云岩互层。厚度约为225.5m。

（6）冶里-亮甲山组第3段［$O_1(y—l)^3$］：上部为灰色、浅灰色厚层状隐晶—微晶质白云岩，夹泥质白云岩，裂隙发育；下部为灰黑色厚层状硅质白云岩与黄褐色、浅褐色薄层状泥质白云岩互层。厚度约为89.2m。

（7）马家沟群第1段（O_2m^1）：上部为浅灰色、灰黑色厚层微晶、细晶白云岩与浅灰色中薄层含生物灰岩互层，夹灰黄色泥质白云岩；下部以灰岩为主，夹角砾状灰岩互层，角砾为白云质灰岩及灰岩。厚度约为35.0m。

（8）马家沟群第2段（O_2m^2）：浅灰色中厚层白云岩与薄层灰岩互层，夹灰褐黄色泥钙质白云岩薄层，底部夹浅灰色薄层状隐晶质灰岩。厚度约为103.0m。

（9）马家沟群第3段（O_2m^3）：上部为厚层状细晶质白云岩，顶部夹紫红色、褐黄色叶片状硅质、钙质、泥灰质白云岩；下部为巨厚层状微—细晶白云岩，夹浅紫红色、黄褐色硅质、泥质白云岩及厚度不等的角砾状白云岩透镜体。厚度约为307.0m。

（10）马家沟群第4-1段（O_2m^{4-1}）：厚层灰岩。上部为浅灰色，灰色块状含生物隐晶质灰岩；中部为浅灰色隐晶质生物灰岩，夹一层0～5m厚的不连续灰质砾岩；下部为深灰色—灰色块状白云质生物灰岩。厚度约为141.8m。

（11）马家沟群第4-2段（O_2m^{4-2}）：巨厚层灰岩。中上部夹白色隐晶质灰岩，夹含生物及白色似鲕状隐晶质灰岩；下部为浅灰色、灰色灰岩，隐晶质结构，风化后出现不连续的层面，局部变质为方解石大理岩。坝段出露厚度约为170.0m。

2. 第四系（Q）

(1) 下更新统冲洪积砂卵砾石层（Qp_1^{1al+pl}）：为泾河Ⅳ级阶地砂卵砾石层，分布高程840.00m左右，一般厚度为4m。

(2) 下更新统坡洪积角砾层（Qp_1^{2dl+pl}）：断续分布于两岸峭壁和缓坡之间的过渡地带，分布高程在800.00m以上，分选性差，厚度变化大。

(3) 中更新统冲积层（Qp_2^{al}）：为三级阶地砂卵砾石层，分布高程750.00m左右，主要岩性为砂卵砾石及壤土。

(4) 中上更新统风洪积层（Qp_{2-3}^{eol+pl}）：下部为黄土状土夹五层以上古土壤，覆盖于基岩、砂卵砾石层、角砾层之上；上部为风积黄土，具大孔隙结构，垂直节理发育，分布高程多大于780.00m。

(5) 全新统冲积层（Qh^{al}），坡积层（Qh^{dl}）、洪积层（Qh^{pl}）等；广泛分布于漫滩，河谷岸坡及冲沟口，厚度不大。

6.1.3 地质构造

库坝段位于老龙山断层（F_3）、张家山断裂（F_8）之间唐王陵向斜核部以北展布的三角状区域地块内。工程区内主要地质构造分述如下。

1. 褶皱

库坝段位于唐王陵（北山）向斜的北翼，地层总体走向NWW，倾向SW，倾角42°～55°，呈单斜产出，其内见有次级小型褶皱，规模较大的为老龙山断层南侧120～200m处有一次生小背斜（图6.1-2），近EW方向展布，跨越泾河两岸，其南北两翼倾角分别为20°～50°及47°～77°，核部地层为$O_1(y—l)^{2-1}$白云岩，轴部纵张裂隙发育。

(a) 左岸　　(b) 右岸

图6.1-2　老龙山断层下游泾河左右岸对称分布的小背斜

2. 断层

库坝段规模最大的断层为老龙山逆断层（F_3），走向近EW，倾向S，与河流方向近正交，倾角为40°～80°。断层上盘为奥陶系碳酸盐岩，下盘为二叠系砂页岩，断层带充填角砾岩，断层泥等。断层挤压现象明显，在老龙山断层影响带伴生发育次级规模的断层，形成宽数百米的影响带。次级规模的断层倾向SW或NW，个别倾向SE，倾角一般在40°～75°，破碎带宽度0.2～1.0m不等，最宽可达4m，充填物为岩块碎屑、角砾岩及少量断层泥等。另有少量走向 NWW，倾向 NE 或 SW 向的中高倾角的正断层［图 6.1-3 (b)］。

(a) 断层砾岩

(b) 断层下盘砂岩

(c) 断层破碎带冲沟

图 6.1-3　老龙山断层带

3. 节理裂隙

库坝段白云岩与泥质白云岩地层相对较薄，层面裂隙和软弱夹层较发育，其他节理裂隙相对不发育。O_2m^4 为厚层、巨厚层灰岩，地层节理裂隙相对发育，主要包括大顺层裂隙及成组的硬性节理裂隙。

(1) 大顺层裂隙与岩层产状近于一致，走向 260°～335°，倾向 SW，倾角 22°～60°。宽度一般为 0.5～30.0cm，局部可达 40～60cm，充填泥质或岩屑。局部以钙质硬性结构面形式存在。

(2) 成组的硬性节理裂隙中，对水库渗漏有影响的主要是中—高倾角裂隙，近顺河向，在库坝段两岸均有分布，局部存在溶蚀夹泥。

4. 软弱夹层

该夹层主要分布在白云岩与泥质白云岩、厚层灰岩地层中，多顺层发育，具有顺层剪切，连续性和延伸性较好，规模较大。软弱夹层与岩层产状近于一致，走向 270°～320°，倾向 SW，倾角 45°～55°。宽度一般数十厘米至几米，充填角砾岩、岩屑、方解石和少量的泥质。

6.2 库坝区喀斯特发育特征

6.2.1 喀斯特发育程度分区

根据地表喀斯特发育特征、地质构造、地层岩性、岩石薄片鉴定和实测地质剖面资料，并结合矿物成分分析成果，依照《水利水电工程水文地质勘察规范》(SL 373—2007)和《岩溶地区工程地质调查规程》(DZ/T 0060—1993)中关于喀斯特发育程度分级方法，将2.7km碳酸盐岩库坝段划分为A(中等发育区)、B(弱发育区)、C(弱发育区)三个区，见图6.2-1及表6.2-1。

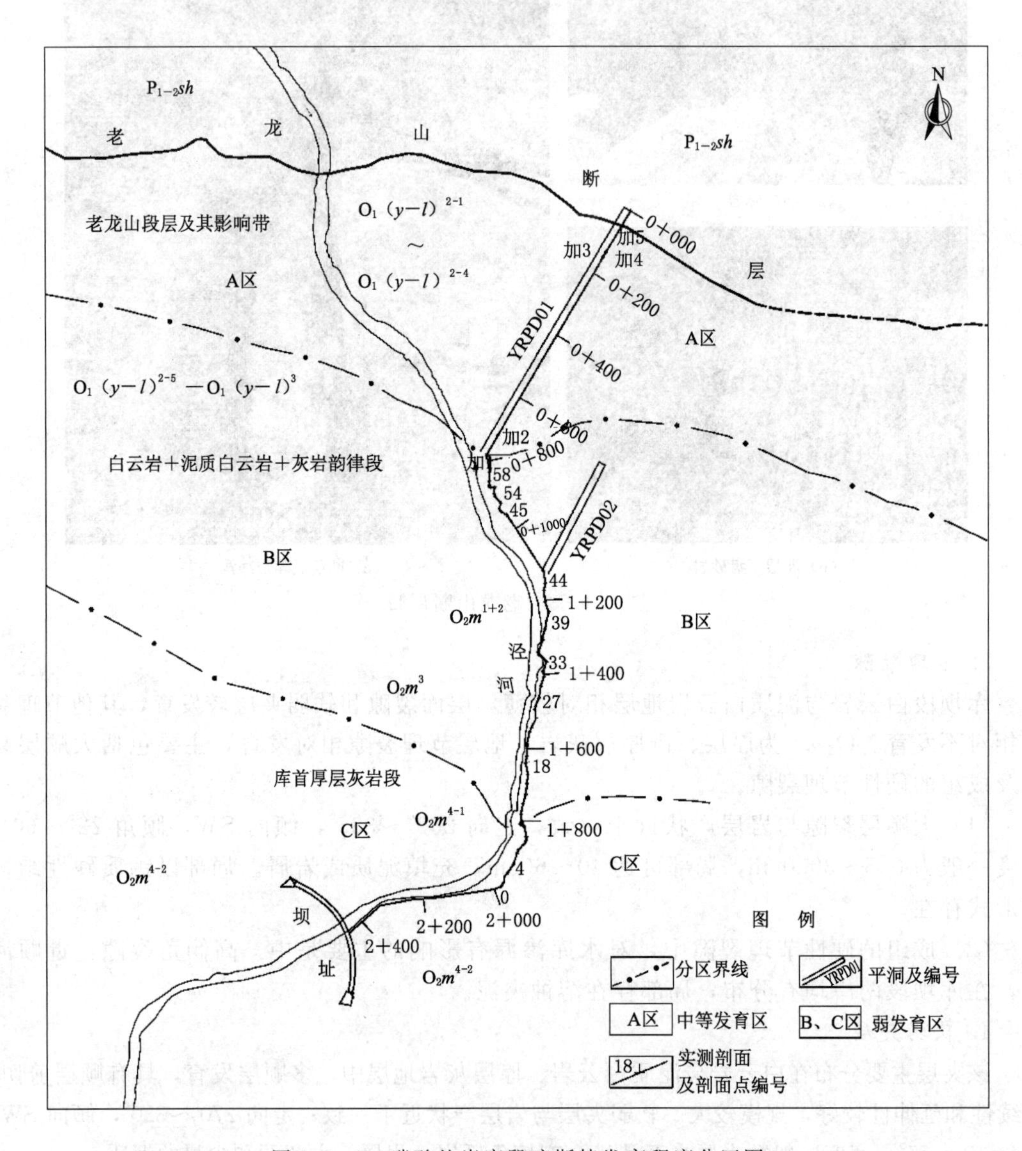

图6.2-1　碳酸盐岩库段喀斯特发育程度分区图

A区为老龙山断层及其影响带，沿河道长度为850m。本区布置有平洞YRPD01，洞口高程为629.00m，走向NE，洞深787m，穿过老龙山断层进入砂页岩地层。根据地表出露与探洞揭露，地层岩性以奥陶系灰色及灰黑色白云岩、细晶白云岩、硅质白云岩为主，夹黄褐色泥钙质白云岩及少量燧石结核，出露总厚度约490m。受老龙山断层多期逆推挤压影响，A区岩体较破碎，地表喀斯特较为发育，可见规模较小的溶洞45个。平洞内沿小断层、裂隙溶蚀现象较普遍，但节理裂隙微张或闭合的微裂隙发育，多闭合，在一定埋深以下，溶蚀现象少见，岩体以微—弱透水为主，透水性较差。总体上本区属于喀斯特中等发育段。

B区为白云岩、泥质白云岩和灰岩的韵律段，沿河道长度为1050m，地层岩性以浅灰色、深灰色灰岩为主、夹灰黑色白云岩与浅黄色泥质白云岩互层，泥晶、微晶—细晶结构，岩层走向84°～147°，产状174°～237°∠42°～55°，总厚度约为627m。其中有白云岩16层，累计厚度约426m；泥质白云岩23层，累计厚度约74m；灰岩共14层，累计厚度约127m（见图6.2-2），其中泥质白云岩单层厚度几十厘米至十几米不等，与白云岩和灰岩呈夹层状韵律分布。平洞和钻孔揭露喀斯特现象微弱，在YRPD02平洞中（洞深350m）仅在229～230m处发育两处溶孔，深度较浅，充填方解石。总体上本区属于喀斯特弱发育段。

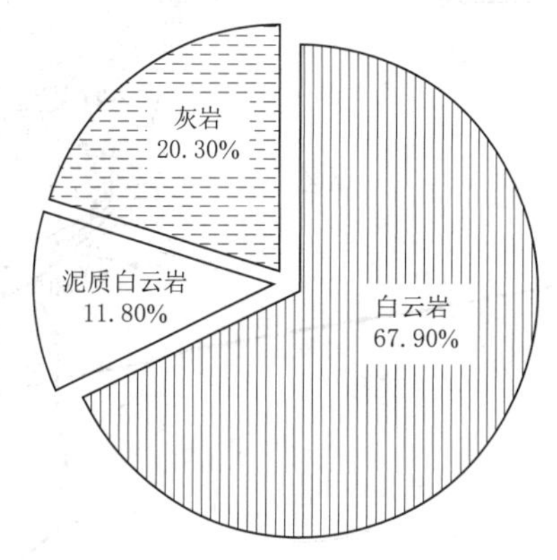

图6.2-2　B区不同岩性地层厚度比例图

B区喀斯特发育程度微弱的主要原因为本区地层岩性以白云岩和泥质白云岩为主，属夹层型和互层型不纯碳酸盐岩，其中泥质白云岩可溶性差，对喀斯特发育起阻碍作用。同时B区喀斯特现象分布不均，在白云岩与灰岩的交界面及灰岩夹层中喀斯特形迹较明显，白云岩及泥质白云岩地层中喀斯特不发育。

C区为库首厚层灰岩段，沿河道长度为800m。地层岩性为厚层、巨厚层灰岩。上部为巨厚层状，质较纯，主要为浅灰色、灰色生物隐晶质灰岩和深灰色—灰色块状白云质生物灰岩，厚约142m。下部为厚层状，多含生物碎屑及内碎屑，局部变质为大理岩，微晶—亮晶结构。库坝段出露厚度为170m；地表裂隙较发育，发育7个溶洞，其中K3和K56规模较大，发育高程约为775.00m。钻孔、平洞揭露喀斯特发育以溶隙为主，总体上属于喀斯特弱发育段。

6.2.2　不同分区喀斯特发育现象

库坝区地下水主要通过基岩构造裂隙、风化裂隙和层面接受大气降水补给或河水入渗补给，喀斯特发育以裸露型喀斯特为主。地表调查表明，区内喀斯特形迹以溶隙、溶孔、溶痕为主，溶洞多沿断层、层面及裂隙分布，为单个小溶洞，未见喀斯特管道系统发育。溶洞洞向与溶洞所处的构造走向基本一致，洞口倾向河床，向深部渐变为溶隙。在河谷地带，两岸地表调查中共发现溶洞63个（包括东庄坝址下游O_2m^{4-2}地层中的7个），发育在老龙山断层破碎带及其影响带（A区）内的数目最多，共计45个，占溶洞总数的71.4%，溶洞发育高程在700.00m以上的有45个，占溶洞总数的71.4%。见图6.2-3和图6.2-4。

6.2.2.1　A区喀斯特发育现象

1. 地表溶洞发育现象

A区自老龙山断层以下，在顺河方向上发现溶洞45个，占库坝区地表出露溶洞总数

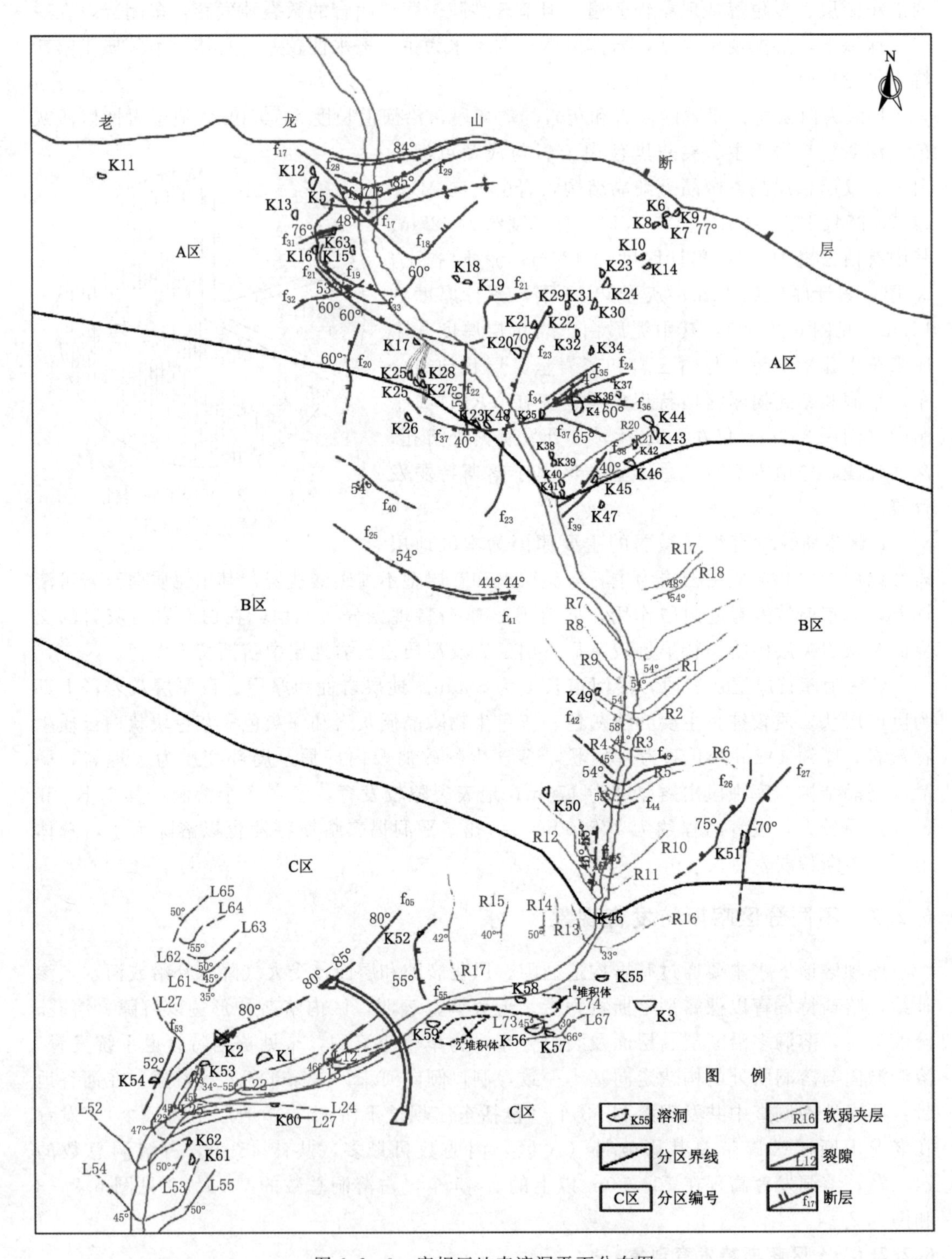

图6.2-3　库坝区地表溶洞平面分布图

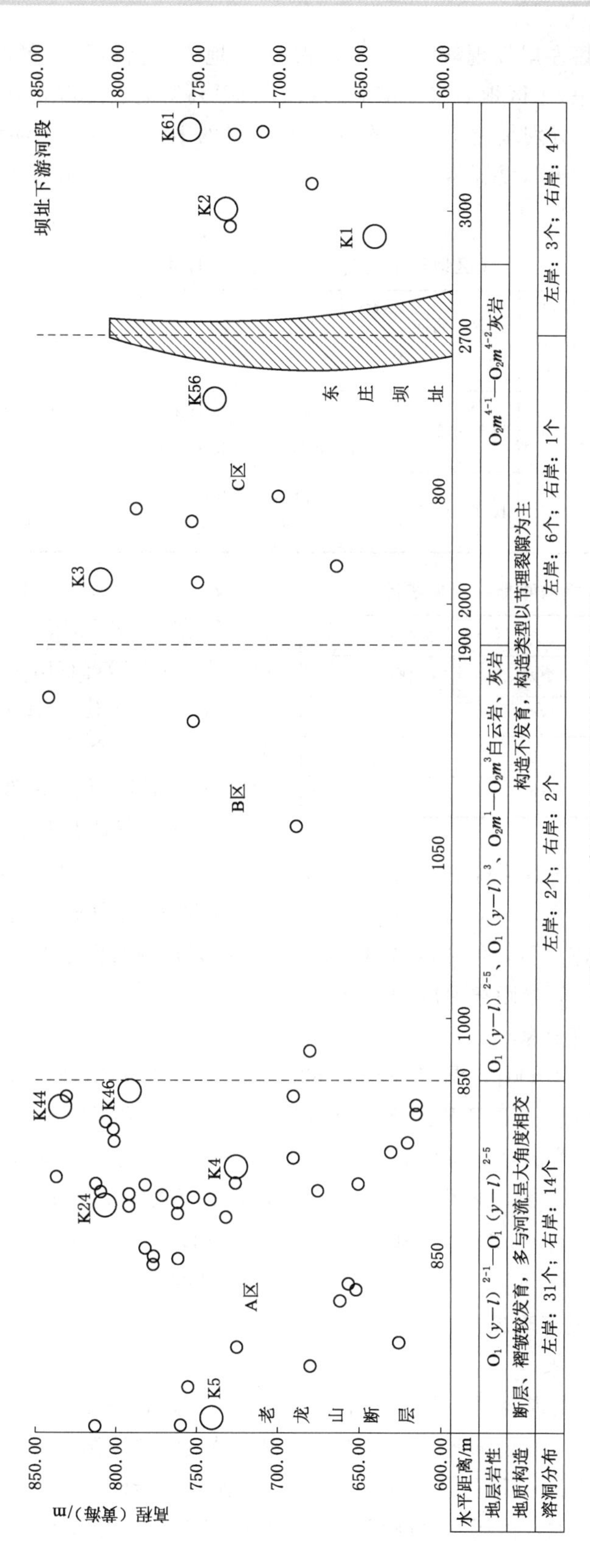

图 6.2-4 库坝区地表溶洞高程分布图

的71.4%。其中，A区左岸发现溶洞31个，占A区地表出露溶洞总数的68.9%；A区右岸发现溶洞14个，占A区地表出露溶洞总数的31.1%。地表出露规模较大的溶洞（洞深大于10m）共2个，分别是位于左岸的K24和右岸的K5，溶洞主要沿宽大裂隙发育，口大里小，向里逐渐尖灭为裂隙，洞底倾向河床，倾角为15°～30°。溶洞发育高程在740.00m以上，见表6.2-1。

表6.2-1　　A区地表主要溶洞发育情况统计表

位置	溶洞编号	地层代号	洞口高程/m	洞深/m	洞向/(°)	洞底坡度/(°)	地质描述
A区	K5	$O_1(y-l)^{2-2}$	741.43	16.1	290	+25	沿NW—NNE组裂隙发育，洞底陡缓相间，洞末端变为溶隙，并有溶蚀小孔，洞底见有白云岩碎块
	K24	$O_1(y-l)^{2-3}$	809.58	10.0	287		沿NNW组张开性裂隙发育，后又坍塌扩大。在5m左右急剧变小成为沿裂隙发育的小溶洞，溶蚀现象明显

表6.2-2　　A区钻孔揭露喀斯特现象统计表

发育特征	A区（6个钻孔）	
	个数	比例/%
溶隙（长条形）	1865	61.4
溶孔（孔径<20cm）	1156	38.1
溶洞（直径≥20cm）	16	0.5

2. 钻孔喀斯特发育现象

根据A区河床3个钻孔（ZK451、ZK452、ZK453），右岸1个钻孔（ZK455）和左岸2个钻孔（ZK457、ZK465）揭露喀斯特现象统计（见表6.2-2），区内喀斯特形迹以溶隙为主，溶孔次之，溶洞最少。在钻孔揭露的深度范围内，正常蓄水位高程以下线性喀斯特率一般为0.15%～6.50%，河床部位的ZK452孔线性溶蚀率较大，最大达到了11.3%，经分析与老龙山影响带的构造裂隙有关。A区线性溶蚀率平均值2.54%。总体上看，河床部位（ZK451～ZK453）的线性喀斯特率在相应高程上普遍大于左岸钻孔ZK465（距离河床约1km）。

3. 平洞喀斯特发育现象

A区布置有平洞YRPD01，洞口高程为629.00m，走向NE，洞深为787m，穿过老龙山断层进入砂页岩地层。平洞揭露喀斯特总体发育较弱，溶洞发育数量和规模相对较小，未发现规模较大的溶洞，喀斯特形迹主要为溶孔和溶隙，溶孔多呈串珠状，沿裂隙发育。线性喀斯特率为0.39%，溶孔孔径一般只有数毫米至数厘米，深度不超过15cm，溶迹面积累计一般为0.002～0.29m^2（每10m为一个统计段），仅在洞深72～86m和635～650m范围内分别发现累计面积为1.8m^{2}和0.63m^{2}沿裂隙发育的溶蚀现象。

6.2.2.2　B区喀斯特发育现象

1. 地表溶洞发育现象

B区在顺河方向上发现溶洞4个，占库坝区地表出露溶洞总数的6.3%。其中，B区左岸发现溶洞2个，右岸发现溶洞2个。地表出露规模较大的溶洞（洞深大于10m）共3个，分别是位于左岸的K51和右岸的K49、K50，溶洞主要沿断裂带和层面发育，口大里小，向里逐渐尖灭为裂隙，溶洞发育高程在723.00m以上，见表6.2-3。

表 6.2-3 **B区地表主要溶洞发育情况统计表**

位置	溶洞编号	地层代号	洞口高程/m	洞深/m	洞向	洞底坡度/(°)	地质描述
B区	K51	$O_1(y-l)^{2-4}$	723.59	18.6	90°	+5～+45	f_{36}断层带发育，洞内岩石破碎，洞壁见有蜂窝状溶蚀小孔，洞内裂隙发育。洞底变为溶隙。地层产状170°∠65°
	K49	$O_1(y-l)^{2-5}$	832.67	11.0	SEE		顺软弱夹层溶蚀而成，向里变为溶隙，可见小溶孔，洞壁附钙质薄膜及水锈
	K50	$O_1(y-l)^{2-5}$	766.79	12.0	NE		顺软弱夹层发育，上宽下窄，洞壁附有石灰华，洞内岩石破碎，洞底见有白云岩碎块。溶洞处地层产状215°∠52°

2. 钻孔喀斯特发育现象

表 6.2-4 **B区钻孔揭露喀斯特现象统计表**

发育特征	B区（4个钻孔）	
	个数	比例/%
溶隙（长条形）	1777	70.6
溶孔（直径小于20cm）	727	28.9
溶洞（直径不小于20cm）	13	0.5

根据B区河床2个钻孔（ZK454、ZK322），右岸1个钻孔（ZK456）和左岸1个钻孔（ZK458）揭露喀斯特现象统计（见表6.2-4），区内喀斯特形迹仍以溶隙为主，溶孔次之，溶洞最少。在钻孔揭露的深度范围内，钻孔线性喀斯特率为0.23%～8.70%，平均值为1.69%。左岸钻孔线性喀斯特率在相应高程上大于右岸钻孔，在高程570.00～650.00m范围内线性喀斯特率（5.88%～8.75%）大于其他高程段（均小于5.0%）。结合钻孔压水试验成果，区内570.00m高程以上有明显的漏水现象，而570.00m高程以下透水率则普遍降至3Lu以下。

3. 平洞喀斯特发育现象

B区布置有平洞YRPD02，洞口高程623.00m，走向NE，洞深344m。平洞内岩体较完整，喀斯特现象微弱。线性喀斯特率为0.1%，仅在229～230m处发育两处溶孔，深度较浅，累计面积约0.05m²，充填物为方解石。区内喀斯特发育程度微弱的主要原因为本区地层岩性以白云岩和泥质白云岩为主，属夹层型和互层型不纯碳酸盐岩，其中，泥质白云岩可溶性差，对喀斯特发育起阻碍作用。

6.2.2.3 C区及坝址下游河段喀斯特发育现象

1. 地表溶洞发育现象

C区及坝址下游河段在顺河方向上发现溶洞14个，占库坝区地表出露溶洞总数的22.2%。其中，C区左岸发现溶洞6个，右岸发现溶洞1个，占C区及坝址下游河段地表出露溶洞总数的50%；坝址下游河段左岸发现溶洞3个，右岸发现溶洞4个，占C区及坝址下游河段地表出露溶洞总数的50%。地表出露规模较大的溶洞（洞深大于10m）共5个，分别是位于C区左岸的K3和右岸的K56，位于坝址下游河段右岸的K1、K2和左岸的K61，溶洞主要沿顺层大裂隙和断裂带发育，向内发育逐渐尖灭为裂隙，洞内充填方解石和石灰华。溶洞发育高程多分布在735.00m以上，见表6.2-5。

2. 钻孔喀斯特发育现象

根据C区及坝址下游河段29个钻孔揭露喀斯特现象统计（见表6.2-6），区内喀斯

表6.2-5 C区及坝址下游河段地表主要溶洞发育情况统计表

位置	溶洞编号	地层代号	洞口高程/m	洞深/m	洞向	洞底坡度/(°)	地质描述
C区	K3	O_2m^{4-2}	810.00	26.0	121°	+20～+25	洞底有大量方解石，末端被方解石充填。洞壁附有石灰华，右壁有5个小溶孔。溶洞处地层产状246°∠56°
	K56	O_2m^{4-2}	788.00	12.5	SSW	-15（倾向岸里）	受三组构造裂隙控制，断面呈三角形，洞壁有溶孔，一般直径1～5cm，钙质土充填
坝址下游	K1	O_2m^{4-2}	642.00	37.8	334°	+28～+32	沿L22大裂隙（产状205°～230°∠35°～50°）发育，溶洞溶蚀明显有石钟乳及钙华沉积，洞内有16个小溶洞充填石灰
	K2	O_2m^{4-2}	735	27.5	240°	+54	沿f_5断裂带（产状315°～330°∠85°～88°）发育，在洞口沿断层带形成落水洞，向内发育变窄，洞内堆积坍塌物
	K61	O_2m^{4-2}	755	10.0	NE	+15	沿NE30°～40°高角度裂隙发育

表6.2-6 C区及坝址下游河段钻孔揭露喀斯特现象统计表

发育特征	C区（29个钻孔）	
	个数	比例/%
溶隙（长条形）	6515	70.7
溶孔（孔径＜20cm）	2624	28.5
溶洞（直径≥20cm）	79	0.9

特形迹仍以溶隙为主，溶孔次之，溶洞较少。在钻孔揭露的深度范围内，左岸钻孔线性喀斯特率一般为0.08%～10.71%，接近地表孔口处喀斯特率较大，最大达到了10.63%，平均高程750.00m以下喀斯特发育程度较弱；右岸钻孔线性喀斯特率为0.08%～4.80%，平均高程730.00m以下喀斯特发育程度较弱；河床钻孔线性喀斯特率为0.13%～7.25%。区内河床钻孔（ZK415、ZK303和ZK414）线性喀斯特率在相应高程上略大于岸坡钻孔（ZK405、ZK305和ZK404）。结合钻孔压水试验成果，河床钻孔（ZK414）在高程445.00～520.00m范围内存在中等—弱透水段（透水率为8.8～27.4Lu），在高程488.00m左右存在无压漏水段。

3. 平洞喀斯特发育现象

C区已完成勘探平洞49条。平洞揭露喀斯特发育程度微弱，以溶隙和溶孔为主，溶隙多沿裂隙发育，常见泥质和钙质充填。右岸线性喀斯特率为0.32%，左岸线性喀斯特率为0.96%，左岸略强于右岸。坝址区勘探平洞揭露喀斯特特征见表6.2-7和表6.2-8。

表6.2-7 C区及坝址下游河段平洞揭露的溶蚀现象统计表

位置	平洞编号	高程/m	洞深/m	揭露喀斯特现象
左岸	PD19	756.30	211.2	PD19-1支洞0～50m喀斯特较发育，以溶隙为主，宽为3～30mm，充填淡黄色泥质或岩屑，50m以后喀斯特现象少见
	PD407	692.40	78	靠近冲沟，在洞顶桩号17.5m、40.8m、50m、57.5m、66m、72.2m、74m、78m处沿裂隙存在溶蚀，形成宽5～250mm的溶隙，局部呈窝状，充填泥质、钙质土、岩屑

续表

位置	平洞编号	高程/m	洞深/m	揭露喀斯特现象
左岸	PD413	749.60	100.0	桩号 42.0～49.5m 发育 3 条溶隙，隙宽 5～200mm，伴窝状泥团，充填淡黄色泥质；桩号 71.0m 揭露一溶洞，洞径约 50cm；桩号 89.0～91.0m 溶蚀裂隙发育，隙宽 10.0～100.0mm
	PD507	603.00	78.0	桩号 57m 发育 f_{55} 断层。f_{55} 断层上盘岩体较新鲜完整，溶蚀不发育；下盘岩体较破碎，常见淋滤的泥质充填和主解石晶体析出，溶蚀相对较发育
	PD509	607.00	62.0	桩号 36.0m 处揭露 L22 裂隙，沿裂隙形成溶蚀，充填泥质，宽度变化较大，0.5～4.0cm，局部呈十余厘米的窝状
	PD301、PD401、PD403、PD405、PD409、PD411、PD415、PD501、PD508、PD510、PD511、PD512 等在洞口段、构造裂隙发育部位存在溶蚀现象，断续溶蚀形成溶隙，其他洞段溶蚀现象少见			
右岸	PD6	744.2	162.0	PD6 和 PD9 从洞口到洞底，沿 L22 大裂隙溶蚀现象发育，为溶隙和溶孔，溶隙宽一般 0.5～25cm，局部达 40cm 以上，充填泥、砂或碎屑，局部呈窝状，伴有半成岩或成岩状结核（砂岩和泥岩）。PD1 支洞未沿 L22 追踪，喀斯特现象少见
	PD13	782.0	121.0	0～15m 沿 270°～290°∠22～32°组裂隙存在溶蚀（0～3m 强卸荷带溶蚀较强烈），形成宽 2～4mm 溶隙，张开或充填泥质、钙膜，基本无胶结。15m 以后溶蚀零星发育，沿裂隙存在溶蚀，附钙华或钙膜
	PD14	655.8	43.0	探洞追踪 L22 大裂隙，沿大裂隙存在喀斯特现象。溶蚀整体较弱，断续发育，向山里逐渐减弱，溶蚀宽一般小于 3cm，充填泥质和岩屑，局部伴有方解石析出
	PD15	705.6	68.0	探洞追踪 L22 大裂隙，沿大裂隙存在喀斯特现象。溶蚀整体较弱，断续发育，向山里逐渐减弱，溶蚀宽一般小于 5cm，充填泥质和岩屑，局部伴有方解石析出
	PD18	757.9	160.0	喀斯特较其他洞发育，溶蚀现象主要发育在洞口及深度 12.0m、65.0m、75.0～78.0m、94.0m、120.0m、127.7m、132.5m、147.3m、155.3m 裂隙溶蚀成溶隙，并伴有小溶孔，隙宽一般不超过 3cm，张开或充填泥质、钙华，无胶结，其他洞段发育较少
	PD303	658.3	170.5	桩号 125m 处发育一孤立溶洞，洞径 40～60cm，充填泥、砂，较纯净，有细微层理，局部有胶结，后经追踪，延伸不足 3m；桩号 34.1m、129.0m、170.5m 发育溶蚀裂隙，隙宽 10～60mm，充填泥、岩屑、方解石
	PD408	689.7	104.0	喀斯特整体不发育，97.0～99.0m 段沿两条 320°∠70°～80°裂隙溶蚀形成溶隙，宽 10.0～100.0mm 不等，伴有窝状泥团，充填淡黄色泥质，基本无胶结，其他洞段发育较少
	PD414	717.1	97.0	喀斯特总体不发育，溶蚀现象主要在 64.0m、90.0m 处沿裂隙形成溶隙，伴有窝状泥团，充填淡黄色泥质，其他洞段喀斯特发育较少
	PD416	752.0	100.0	临近冲沟，溶蚀现象主要在 0～23.0m 和 43.0～58.0m 段，以断续的溶隙为主，局部形成窝状，充填黄色泥团和岩屑，其他洞段溶蚀轻微
	PD418	718.0	303.1	PD418-2 支洞桩号 2.0m、8.0m、63.7m、116.3m 处发育溶蚀裂隙，隙宽 3.0～70.0mm，充填泥、岩屑；桩号 71.2m 溶蚀裂隙宽 5～40mm，充填泥、砂和岩屑，局部窝状，周边有方解石晶粒析出。PD418-1 支洞桩号 0～25m 段，沿构造裂隙溶蚀发育，充填泥和岩屑；桩号 75.5～94.5m、95.0～120.0m 发育多条溶蚀裂隙，宽 5～50mm，充填泥、岩屑。其他洞段溶蚀现象少见
	坝址勘探试验洞	603.0	972.0	桩号 235.0m 处揭露 R15，桩号 288.0m 处揭露 R17，348.0m 处揭露 f_{56}（规模较小）。溶蚀现象主要集中在 R15～f_{56} 构造间，沿构造多形成溶隙，其间岩体完整性较差，多见不规则窝状小溶洞，孤立状，洞径一般数厘米至数十厘米，充填褐黄色泥质，较纯，半成岩或成岩，其余洞段少见喀斯特现象发育
	PD8、PD402、PD404、PD406、PD410、PD412、PD502、PD504、PD513 和 PD515 等喀斯特不发育，喀斯特形迹少见			

表 6.2-8 C区平洞喀斯特发育特征统计表

位置	编号	洞口底部高程/m	洞深/m	节理裂隙条数	溶蚀孔隙条数	节理裂隙密度/(条/m)	线性喀斯特率/%
右岸	PD13	782.00	121.0	129	21	1.07	0.04
	PD18	757.00	188.5	433	39	2.71	0.82
	PD416	752.00	100.0	170	18	1.70	0.29
	PD06	746.00	47.0	65	0	1.38	
	PD01	742.00	48.5	55	0	1.12	
	PD418-2	720.00	122.5	339	9	2.77	0.17
	PD412	718.00	120.0	320	1	2.67	0.01
	PD414	717.00	97.0	242	36	2.49	0.51
	PD15	705.00	8.5	43	8	5.06	2.00
	PD12	696.00	30.7	43	0	1.40	
	PD410	691.00	97.0	324	29	3.34	0.39
	PD08	691.00	48.1	61	0	1.27	
	PD408	690.00	104.0	521	13	5.01	0.10
	PD406	660.00	65.7	415	17	6.32	0.27
	PD303	659.00	195.5	531	12	2.72	0.07
	PD14	656.00	11.0	40	3	3.64	0.11
	PD404	630.00	58.3	263	13	4.51	0.31
	PD402	629.00	69.5	462	49	6.65	0.60
左岸	PD413	750.00	100.0	292	12	2.92	0.26
	PD3	745.00	49.8	—	0	—	
	PD4	745.00	33.4	41	1	1.23	8.23
	PD17	741.00	20.5	—	0	—	0
	PD409	722.00	62.0	94	3	1.52	0.05
	PD411	720.00	100.0	206	8	2.06	0.20
	PD407	692.00	78.0	169	19	2.17	0.72
	PD301支洞	691.00	135.0	372	15	2.76	0.46
	PD405	691.00	96.0	110	11	1.15	0.21
	PD415	690.00	133.0	293	5	2.20	0.14
	PD403	660.00	96.0	197	15	2.05	0.44
	PD401	630.00	75.0	173	25	2.31	1.72
	PD10	618.00	90.0	—	0	—	

注 表中"—"代表无统计值。

综上所述，库坝区喀斯特发育程度较弱，喀斯特分布较零星分散，喀斯特形迹以溶隙为主，溶洞少见，垂直分带规律不显著，由地表向深部有减弱的趋势。区内喀斯特多为近代喀斯特，喀斯特形迹主要沿裂隙、层面、软弱夹层等结构面分布，局部沿构造裂隙发育孤立的浅表型溶洞，地表未发现有连通的喀斯特管道。

6.2.3 库坝区喀斯特发育及分布规律

库坝区喀斯特形迹主要沿构造结构面及其影响带分布。地表调查、物探、钻孔、平洞等勘探结果表明，区内喀斯特形迹以溶隙、溶孔为主，主要沿断层面、构造裂隙、结构面、软弱夹层等发育，未形成洞穴系统。勘探深度范围内，未发现大规模溶洞。地表发现的溶洞主要发育在泾河河谷岸坡老龙山断层破碎带及其影响带内，占溶洞总数的71.4%。总体来看，库坝区喀斯特分布具有以下规律。

1. 近代喀斯特相对发育，古老喀斯特、古喀斯特不发育

工程区在漫长的沉积建造过程中，一直处于喀斯特高地，除局部被第四系地层覆盖外，碳酸盐岩地层未接受其他时期地层的沉积，即使在历史时期发育有古老喀斯特、古喀斯特，也基本上被风化、剥蚀殆尽。第四纪以来，随着渭河地堑的形成，多条河流穿越工程区及其周边地区流入渭河盆地，在河谷近岸地段，水动力作用强，交替循环积极，结合地表调查、钻孔、平洞等勘探成果，区内近代喀斯特沿河沿谷岸坡相对发育，古老喀斯特和古喀斯特不发育。

2. 喀斯特形迹主要沿结构面分布

区内喀斯特形迹主要沿断层、小型断裂和微裂隙构造形成的裂隙、层面、软弱夹层等结构面分布。地表调查、钻孔、平洞等手段揭露的喀斯特形迹几乎都与构造有关。

对库区泾河岸坡59个溶洞的调查显示，区内溶洞主要沿NW280°～320°的一组结构面分布，其数量占溶洞总数的52.5%（见表6.2-9），该组构造与河流多呈大角度相交，构造形态主要为层面、软弱夹层、层间裂隙，少量为断层。溶洞洞向与溶洞所处的构造走向基本一致，向深部均渐变为溶隙。另外，地表溶洞多呈线性分布，主要沿冲沟两侧发育，这与冲沟附近水动力作用强有直接关系。

表6.2-9　　溶洞与构造关系统计表

<table>
<tr><th>序号</th><th>溶洞所处的构造方向</th><th>溶洞个数</th><th colspan="2">占总数百分比/%</th><th>代表性溶洞</th><th>与岩层关系</th></tr>
<tr><td>1</td><td>NW280°～320°</td><td>31</td><td colspan="2">52.5</td><td>K1、K5</td><td>顺层</td></tr>
<tr><td>2</td><td>NE45°～70°</td><td>6</td><td>10.2</td><td rowspan="3">47.5</td><td>K2、K4</td><td>切层</td></tr>
<tr><td>3</td><td>NE10°～40°</td><td>6</td><td>10.2</td><td>K20、K60</td><td>切层</td></tr>
<tr><td>4</td><td>其他</td><td>16</td><td>27.1</td><td>K32、K51</td><td>切层</td></tr>
</table>

钻孔、平洞所揭露的喀斯特形迹特征显示，区内喀斯特形迹多沿结构面呈串珠状发育，主要分布在断层破碎带及其影响带内。

3. 喀斯特发育分布较分散，垂直分带规律不显著

库坝区53个钻孔的岩芯、孔壁光学成像统计结果以及钻孔电磁波跨孔CT测试成果显示，区内喀斯特形迹多为溶隙和溶孔，揭露的溶洞较少。喀斯特发育以溶隙为主，溶孔

次之。

第四纪以来，库区构造运动以急剧抬升为主，间歇性不甚明显，近代喀斯特发育始终处于初级阶段（即裂隙扩溶期）。随着地壳的急剧抬升，河流迅速下切，侵蚀、排泄基准面随之下降，在地下水强烈溶蚀带附近，尚未形成水平方向的喀斯特平衡系统时，地下水位已经下降，强烈溶蚀带也随之下移，导致区内喀斯特作用形成了以溶隙发育为主，分布较分散、程度较微弱的特征，垂直分带规律不显著。

4. 喀斯特发育程度差异性不明显，溶洞多沿河谷、冲沟线性发育

库坝区主要有3种岩性：灰岩、白云岩及少量泥质白云岩。地表调查和勘探成果显示灰岩和白云岩中喀斯特发育程度差异性不是十分明显，而泥质白云岩完整性差，相对较为破碎，多发育为冲沟，影响着地表溶洞的分布与发育。地表调查显示，区内溶洞主要沿河谷、冲沟两侧呈线性发育。

6.3 库坝区地下水位特征

6.3.1 地下水位总体特征

库坝区地下水属于碳酸盐岩喀斯特裂隙水，未见到溶洞等管道型喀斯特水。含水层及透水层均为碳酸盐岩层，无可靠的不透水层或相对隔水层。据钻孔揭露，近河两岸地下水位低于河水位，泾河在此段为悬托型河谷（图6.3-1）。

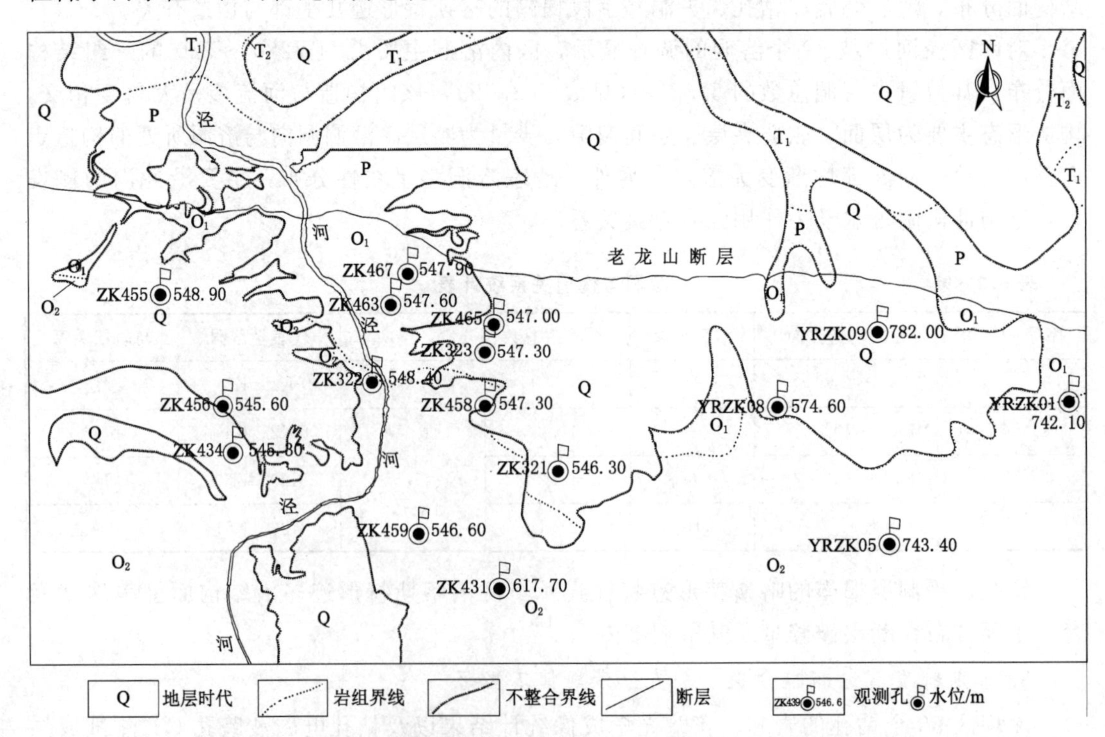

图6.3-1　碳酸盐岩库坝段地下水长期观测孔分布及同期地下水位

根据地下水位观测结果，库坝区地下水总体上具有以下几个特征：

(1) 老龙山断层以上库段碎屑岩地层地下水位高于河水位。

(2) 2.7km 碳酸盐岩库段两岸远端存在地下水分岭，地下水位高于河水位。

(3) 碳酸盐岩库段河谷及近岸岸坡部位地下水位低于河水位，地下水位分布整体比较平缓。

(4) 坝址下游沙坡断层出露的风箱道泉点高程高于河水位，沙坡断层北侧的 YRZK06 钻孔地下水位（535.00～564.00m）高于河水位（530.00～535.00m），沙坡断层南侧的 YRZK07 钻孔地下水位（532.00～540.00m）也略高于河水位（532.00m）。

以上水位特征表明，老龙山断层以上砂页岩库段和沙坡断层以下碳酸盐岩库段，两岸地下水位均高于河水位，地下水向河谷方向汇流后向下游径流；而在老龙山断层至沙坡断层之间的碳酸盐岩库段河谷及近岸岸坡部位，地下水位均不同程度低于河水位，出现河水悬托现象。但左右岸随着远离河道，地下水位逐渐抬升，右岸坝址以西约 20km 的五峰山地下水位高于 850.00m，左岸以东 5～8km 的钻天岭一带存在高于河水位的地下水分水岭（钻孔水位 714.00～782.00m）。因此，悬托河并非分布在整个河段，仅仅出现在老龙山断层至下游沙坡断层的泾河河谷及近岸岸坡地段。

库坝区地下水总体上由两岸向河谷汇流后，转向下游方向径流。但在近坝址的悬托河段，顺层大裂隙发育，具有一定透水性，河水沿裂隙对地下水产生一定的渗漏补给，造成局部地下水位抬高，形成岛状水丘。水丘的形态反映出河水补给地下水的影响范围有限，主要分布在 C 区河床及近河谷两岸 500m 范围内（见图 6.3-2 和图 6.3-3）。

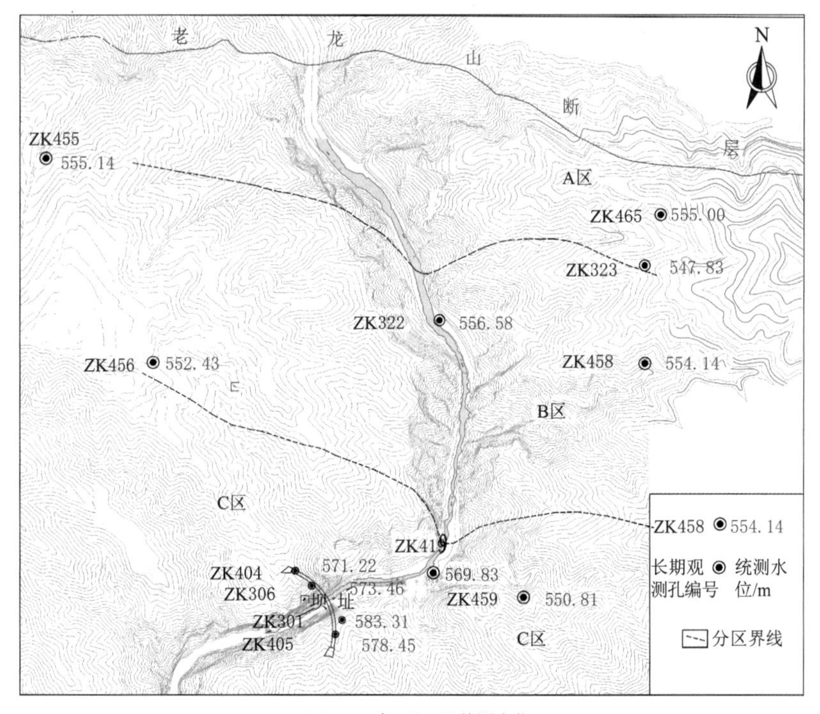

(a) 2013年7月23日统测水位

图 6.3-2（一） 碳酸盐岩库段不同时段统测地下水位

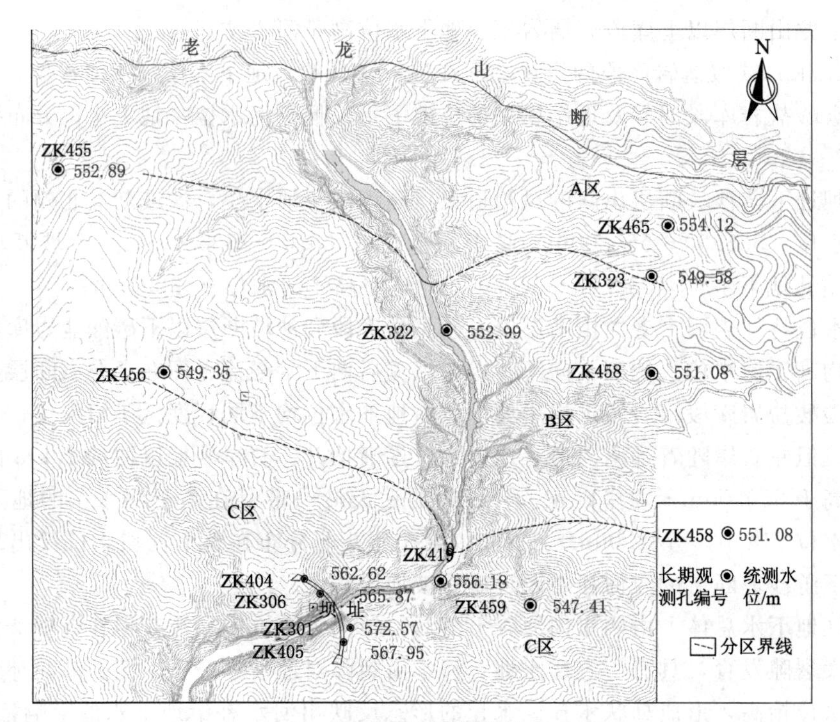

(b) 2014年2月统测水位

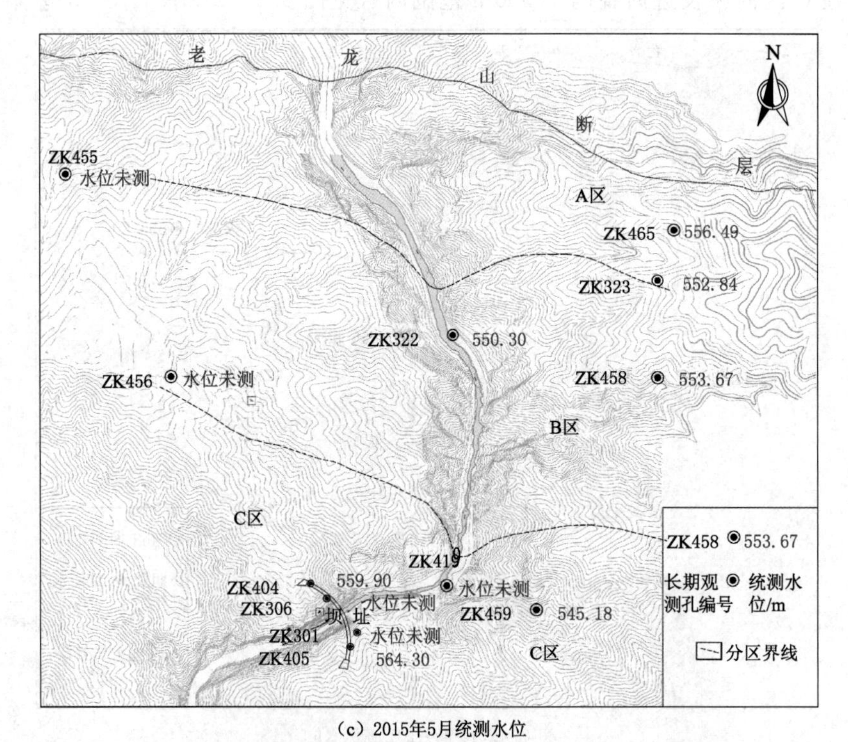

(c) 2015年5月统测水位

图 6.3-2(二) 碳酸盐岩库段不同时段统测地下水位

6.3.2 地下水位长期动态变化趋势

本工程共经历了1965—1966年、1980—1981年、1993—1994年、2010—2017年、2017—2019年几个勘察时段。在东庄坝址附近，前后施工地质勘探孔近50余个，大部分都观测到了地下水位。由于各阶段钻孔勘察目的不同，时间跨度大，连续的、系统的长期水位动态观测资料较少。

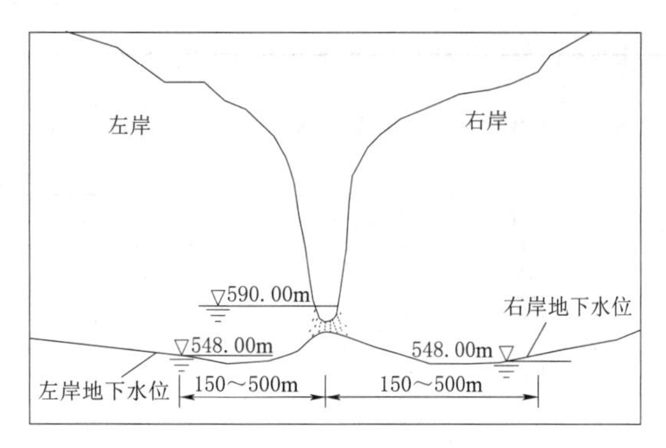

图6.3-3 坝址区两岸地下水位示意图

1993—1994年间对6个钻孔进行了为期1年的地下水位长期观测，2011—2013年进行了10余个钻孔的地下水长观，反映了阶段性的地下水位动态变化特征，各个阶段的地下水位变化情况见表6.3-1～表6.3-3。

表6.3-1 碳酸盐岩库坝段1965—1966年钻孔地下水位统计表

钻孔编号	所处分区	距离河道距离/m	观测时间/(年-月-日)	钻孔终孔水位/m	观测时间/(年-月-日)	钻孔长观水位/m	水位变幅/m
Z1	C区	200	1965-06-14	596.64	1966-11-10	577.06	−19.58
Z2	C区	62	1965-06-27	593.33	1966-11-10	603.28	+9.95
Z3	C区	220	1965-06-03	600.55	1966-11-10	577.68	−22.87
Z7	C区	55	1966-07-24	585.16	1966-11-10	583.10	−2.06

表6.3-2 碳酸盐岩库坝段1980—1981年、1993—1994年钻孔地下水位统计表

钻孔编号	所处分区	距河道水平距离/m	1980年4月—1981年5月地下水位/m			1993年4月—1994年5月地下水位/m		
			最高水位	最低水位	变幅	最高水位	最低水位	变幅
Z2(ZK2)	C区	62	574.6	562.75	11.85	588.76	577.91	10.85
Z3(ZK3)	C区	220	563.25	560.10	3.15	569.81	563.8	6.01
B4(ZK4)	B区	860	565.30	561.00	4.30	571.01	565.36	5.65
B8(ZK8)	C区	590	564.70	561.05	3.65	569.97	564.19	5.78
B3(ZK9)	B区	250	564.11	560.40	3.71	570.98	565.17	5.81
ZK20	B区	170				569.46	566.43	3.03

表6.3-3 碳酸盐岩库坝段2013年2月—2014年2月钻孔地下水位统计表

分区	钻孔编号	位置	距河道距离/m	地下水位/m					
				2011年5月	2012年4月	2013年4月	2013年7月	2014年2月	变幅(一表示下降)
A区	ZK455	库区右岸	1050			557.44	555.14	552.89	−4.55
	ZK323	库区左岸	806		570.64	553.67	551.36	549.52	−21.12
B区	ZK322	库区河床	15	554.24	567.90	558.57	556.58	552.99	−1.25
	ZK456	库区右岸	1060			554.30	552.43	549.35	−4.95
	ZK458	库区左岸	705			556.37	554.14	550.98	−5.39

续表

分区	钻孔编号	位置	距河道距离/m	地下水位/m					
				2011年5月	2012年4月	2013年4月	2013年7月	2014年2月	变幅（—表示下降）
C区	ZK301	左坝肩	85		584.69	580.97	583.31	572.46	—12.23
	ZK303	坝址河床	9	570.10	590.30				＋20.20
	ZK304	坝址河床	7	572.46	591.76				＋19.30
	ZK305	右坝肩	68	561.72	574.62				＋12.90
	ZK306	右坝肩	63	566.08	577.58	568.40	575.91	563.30	—2.78
	ZK404	右坝肩	150			562.83	571.22	562.51	—0.32
	ZK405	左坝肩	126			577.00	578.45	567.70	—9.30
	ZK459	左岸	370			552.30	550.81	547.31	—4.99

从不同时段的地下水位观测结果可以看出：库坝区地下水位长期以来总体上呈下降趋势。1965—1966年坝址区地下水位为577.06～603.28m；1980—1981年地下水位为560.10～574.60m；1993—1994年地下水位略有升高，为563.80～588.76m；2013年以来逐日监测数据范围值为547.31～591.76m。1965年以来地下水位下降幅度为20～30m（坝址区近河床孔除外）。如位于坝址右岸Z3孔（距离河床约220m）的地下水位1966年为579.00m（黄河勘测规划设计研究院有限公司，1966年10月20日测），到1993年降至566.80m（中国电建西北勘测设计研究院有限公司，1993年10月19日测），27年降幅为12.2m，位于坝址上游的ZK322、ZK323和ZK455孔，2014年2月27日和2013年4月27日相比，受2012年和2013年大气降水偏少影响，下降了3.55～6.42m。

根据淳化县气象站1959—2013年逐年的降水量资料（图6.3-4），其间降水量总体上没有降低的趋势，说明地下水位持续下降的主要原因并非受气候影响，但2013年1月—2014年2月期间长观孔观测的地下水的下降应与2012年和2013年大气降水量总体偏少有关。

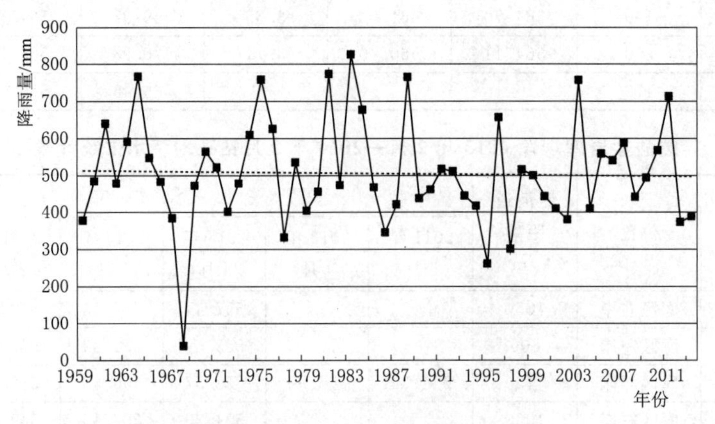

图6.3-4　淳化县气象站年降水量曲线（1959—2013年）

6.3.3 不同分区地下水位动态分析

2010年以来，在碳酸盐岩库坝区及周边关键地段设立了地下水位长期监测孔，建立了地下水长观网。钻孔内放置地下水自动记录仪，观测频率为1次/d，不同观测孔同期地下水位见表6.3-4，地下水位与河水位动态曲线见图6.3-5和图6.3-6。

表6.3-4　　碳酸盐岩库坝段2014年2月—2018年10月钻孔地下水位统计表

分区	钻孔编号	位置	距河道距离/m	地下水位/m									
				2014年2月1日	2014年8月1日	2015年2月1日	2015年8月1日	2016年2月1日	2016年8月1日	2017年2月1日	2017年8月1日	2018年2月1日	2018年8月1日
A区	ZK455	库区右岸	1050	553.00	552.40			556.50	552.30	549.00	548.20	551.50	548.00
	ZK323	库区左岸	806	549.20	549.10	552.90		554.40	550.10	546.80		549.30	547.20
	ZK463	库区左岸	305						549.50	546.60	545.90	549.20	547.30
	ZK467	库区左岸	573								544.70	549.80	547.90
	ZK465	库区左岸	1000				557.00	555.20	550.90		544.80	548.90	546.90
B区	ZK322	库区河床	15	553.20	552.50	554.10	554.70			546.20	544.80	550.30	548.40
	ZK456	库区右岸	1060	546.00						546.70	546.10	548.90	546.00
	ZK458	库区左岸	705	551.20	550.60	553.50	554.10	555.10	550.80	547.50	547.50	548.70	
C区	ZK431	左岸帷幕	1590					611.30	619.70	617.80	618.30		617.50
	ZK439	左岸帷幕	700									549.20	547.30
	ZK459	左岸	370	547.60	546.90	542.30	545.00	553.70	548.90	545.80	545.90	549.00	547.30
	ZK405	左坝肩	126	568.10	567.90	557.70	559.50	566.30	564.40	559.10	558.50	557.80	
	ZK301	左坝肩	85	572.90					574.30	568.50	562.80	556.60	576.50
	ZK306	右坝肩	63	563.60	563.20	582.30	586.10	567.00	565.20	559.40	565.90	562.10	570.10
	ZK404	右坝肩	150	562.80	562.30								
	ZK434	右岸帷幕	780							544.70	544.50		545.50

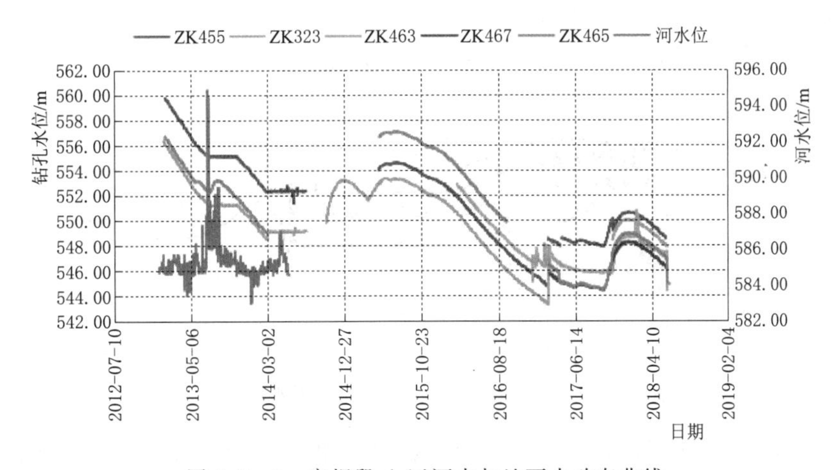

图6.3-5　库坝段A区河水与地下水动态曲线

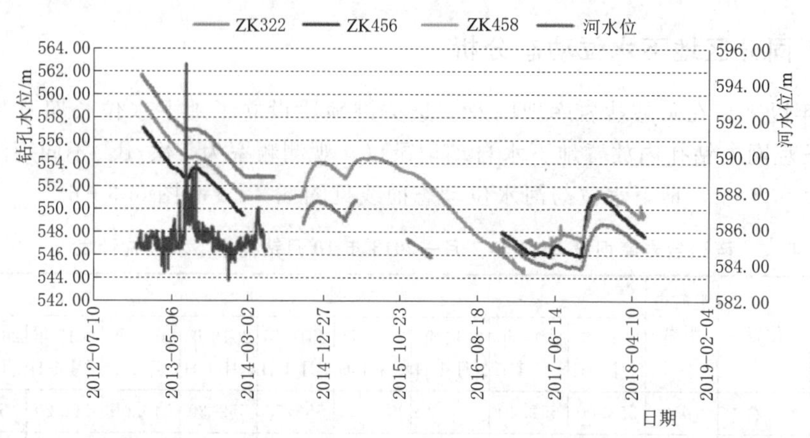

图 6.3-6　库坝段B区河水与地下水动态曲线

6.3.3.1　A区、B区地下水位动态分析

A区、B区地下水位低于河床30～50m，从河水与地下水动态曲线对比可以看出，两者不存在明显的联动关系，钻孔中地下水位动态变化平缓，主要随降水年际变化缓慢地上升或下降，受短期降水或河水位变动影响较小。2017年4月以后，降水强度及历时、河水流量较其他年份明显增大，A区、B区地下水位开始轻微波动，至汛后10月开始明显抬升，但具有滞后效应，较汛期滞后约3个月，在一定程度上反映出降水及河水入渗补给地下水缓慢，地下水与河水等地表水的水力联系较弱，即使是位于B区河床部位的ZK322钻孔，其地下水位受到河水等地表水的动态变化影响亦微弱。同时，示踪试验投放27个月后ZK322钻孔中仍滞留有浓度极高的示踪剂的现象，也揭示A区、B区附近河水对地下水的补给作用较弱，地下水径流缓慢。

6.3.3.2　C区地下水位动态分析

C区坝肩ZK301、ZK306、ZK404、ZK405和位于左岸破碎体上游的ZK419长观孔地下水位低于河水位5～15m，地下水位动态曲线反映出坝肩地下水位与河水位动态关系较为密切，表明库首灰岩段河水沿河床对地下水有补给作用，是未来库坝区防渗的重点（见图6.3-7）。

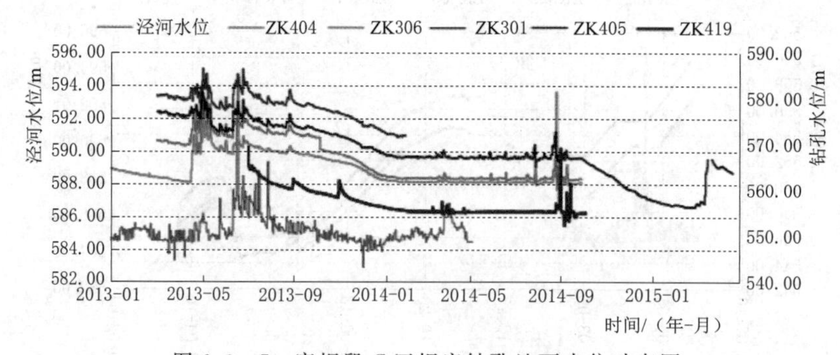

图 6.3-7　库坝段C区坝肩钻孔地下水位动态图

C区左岸近岸坡钻孔ZK405、ZK439和ZK459在汛期6—9月受降水或河水位变动影响较大，其他时段地下水位平缓下降，水化变动与降水和河水变化基本同步（图6.3-8），说

明地下水与河水等地表水联系紧密，河水主要沿河床两岸发育的顺层大裂隙、溶蚀裂隙等结构面渗漏补给地下水，但随着与河床距离的增加，地下水动态受河水位动态变化的影响逐渐减弱。远离河床的ZK459长观孔（距泾河直线距离约350m），其2013年地下水位长观数据平均比坝址河床低35m左右，受河水的影响不及坝肩显著，且相对河水变化有滞后现象。ZK431钻孔地下水位较高，受河水位变化影响较弱，随着5月和10月降雨量的增加，钻孔内地下水位上升的滞后现象更加明显，除ZK431距离河床较远以外，该处地下水径流速度慢，地层渗透性较差也是产生这种现象的主要原因。

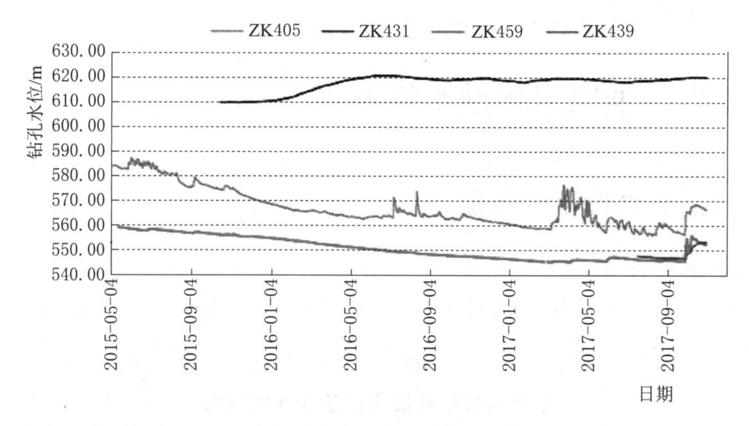

图6.3-8　库坝段C区左岸钻孔地下水位动态图

C区右岸近岸坡钻孔ZK422、ZK306地下水在汛期6—9月受降水或河水位变动影响，地下水位出现明显的波动抬升，其他时段地下水位平缓下降，水位变动与降水和河水变化基本同步（图6.3-9），显示C区右岸近岸坡部位地下水与河水联系也比较紧密。

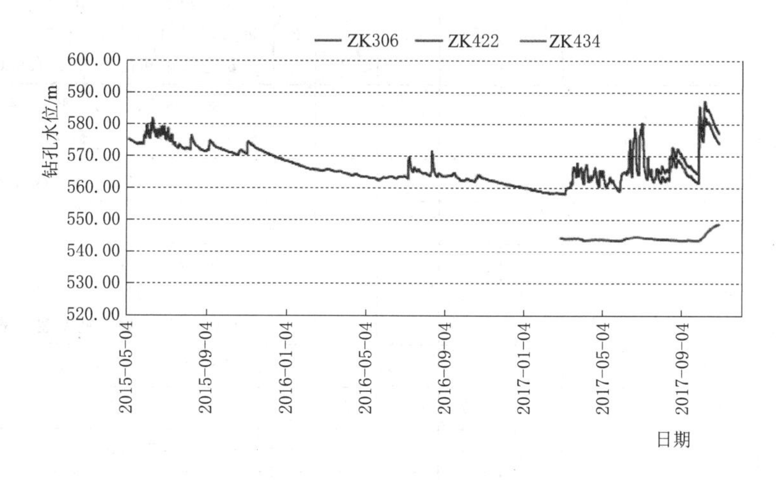

图6.3-9　库坝段C区右岸钻孔地下水位动态图

6.3.3.3　地下水位变化特征

根据上述地下水动态分析，将库坝区地下水位变化特征总结如下：

(1) A区、B区和C区远离河床地段，钻孔地下水位与河水位关系不密切，河水对地下水的补给作用较弱，且地下水径流缓慢。地下水位变化主要受气候的影响，反映为地下水位曲线比较平缓，峰谷不明显，属于气象型变化特征。

（2）C 区近河谷岸坡地带地下水位与河水位动态密切相关，地下水位水位变动与降水和河水变化基本同步，说明地下水与河水联系比较紧密，河水对地下水具有一定的渗漏补给。地下水动态曲线反映 C 区受河水影响范围在右岸 ZK434 和左岸 ZK431 之间，随着逐渐远离河床，地下水动态受河水位动态变化的影响逐渐减弱，表现出一定时间的滞后现象，滞后时间取决于钻孔与河道的距离，此范围内地下水位同时受河水和大气降水的影响，属于气象-水文型变化特征。

6.4　碳酸盐岩库坝段岩体透水性特征

6.4.1　坝基坝肩岩体透水性特征

6.4.1.1　透水性总体特征

坝基坝肩部位完成 27 个钻孔共计 1099 段压水试验，统计成果见表 6.4 - 1。坝基坝肩岩体透水性分区见图 6.4 - 1。

表 6.4 - 1　　坝基坝肩钻孔压水试验统计成果表

位置	钻孔编号	孔口高程/m	孔深/m	q							q>10Lu 段（含漏水段）分布高程/m
				0.1～1Lu		1～10Lu		10～100Lu		漏水段	
				平均值/Lu	统计段数	平均值/Lu	统计段数	平均值/Lu	统计段数		
左岸	ZK301	783.50	341.5	0.81	7	2.6	56	13.4	1	2	768.00～773.00 和 758.00～763.00（两漏水段位于左坝肩冲洪积卵砾石层下部，主要受风化卸荷影响）；729.00～734.00
	ZK302	775.30	350.6	0.4	15	2.3	50	15.8	2	2	719.00～729.00（两段穿过 L22 大裂隙漏水），739.00～749.00
	ZK401	794.50	100.0			6.2	16			1	773.00～778.00 段因浅部风化卸荷漏水
	ZK403	814.90	100.1			3.1	11				
	ZK405	789.20	360.0	0.7	19	3.1	42			5	725.00～735.00（两段穿过 Lnj1 夹泥裂隙漏水），661.00～671.00 和 586.00～591.00（三段揭露夹泥裂隙漏水）
	ZK407	807.80	100.0					11.6	10		708.00～755.00（浅部风化卸荷带）
	ZK409	815.40	100.0			7.2	17	11.2	2		767.00～777.00
	ZK411	791.50	150.0			5.1	27			2	755.00～760.00，745.00～750.00
	ZK413	827.50	251.1	0.3	12	2.8	31			6	796.00～821.00（五段因浅部风化卸荷漏水），701.00～706.00
	ZK423	603.00	230.2	0.7	10	2.8	20	13.8	5	12	430.00～510.00（f_{55}、R17、R15 顺层裂隙带漏水或中等透水）
	ZK425	604.50	250.2	0.8	2	3.8	28	14.4	6	9	415.00～498.00（f_{55}、R17、R15 顺层裂隙带漏水或中等透水）

续表

位置	钻孔编号	孔口高程/m	孔深/m	q 0.1～1Lu 平均值/Lu	q 0.1～1Lu 统计段数	q 1～10Lu 平均值/Lu	q 1～10Lu 统计段数	q 10～100Lu 平均值/Lu	q 10～100Lu 统计段数	漏水段	q>10Lu段（含漏水段）分布高程/m
河床	ZK303	595.90	150.3	0.5	4	4.0	26				无
	ZK304	595.30	150.3			5.1	29				无
	ZK414	582.50	211.7	0.6	7	4.1	21	16.5	10	1	430.00～501.00（f_{55}、R17、R15顺层裂带中等透水，其中476.00～481.00段穿过R17漏水）
	ZK415	582.70	216.0	0.2	11	6.6	19	11.7	9		441.00～497.00，371.00～387.00（f_{55}、R17、R15顺层裂带中等透水）
	ZK420	599.00	281.1	0.5	29	4.0	18	11.6	6		470.00～490.00四段穿过R15裂隙带中等透水，381.00～386.00，341.00～346.00
	ZK421	600.50	311.3	0.5	35	3.5	21				
右岸	ZK305	756.80	350.0			2.6	56	20.4	13		689.00～754.00（河谷岸坡风化卸荷带中等透水）
	ZK306	759.80	350.6	0.6	16	3.6	49	12.3	4	1	672.00～682.00，617.00～623.00（穿过Rnj1漏水）
	ZK402	823.20	120.0	0.7	5.0	2.1	7	32.6	7	4	760.00～785.00和740.00～750.00（段位于f5断层及影响带漏水），715.00～725.00（漏水揭露夹泥裂隙）
	ZK404	817.90	360.0	0.8	13	2.9	54	65.0	4		799.00～804.00（浅表层风化卸荷带中等透水），759.00～769.00（穿过Rnj3中等透水），699.00～704.00
	ZK406	808.80	120.0	0.9	1	3.4	17	38.1	3		779.00～789.00（浅表层风化卸荷带中等透水），734.00～739.00（穿过Rnj2中等透水）
	ZK408	812.10	120.5			5.0	14	66.5	7	1	797.00～802.00（浅表层风化卸荷带中等透水），737.00～772.00（穿过Rnj3中等透水，其中742.00～747.00段漏水），697.00～702.00
	ZK410	797.00	150.0	0.7	1	4.7	24	13.0	4		762.00～772.00（穿过L22中等透水），722.00～732.00（穿过Rnj3中等透水）
	ZK412	766.90	120.1			4.0	13	19.1	10		718.00～738.00，668.00～713.00隔段分布，处于风化卸荷带中等透水
	ZK422	605.00	230.0	0.7	6	3.3	29	13.8	6	3	456.00～511.00（穿过f_{55}、R17、R15顺层裂隙带和Lnj1裂隙漏水或中等透水）
	ZK424	605.90	230.0	0.7	5	2.4	39				
合计段数					198		744		108	49	—
所占百分比/%					18.1		67.7		9.8	4.4	—

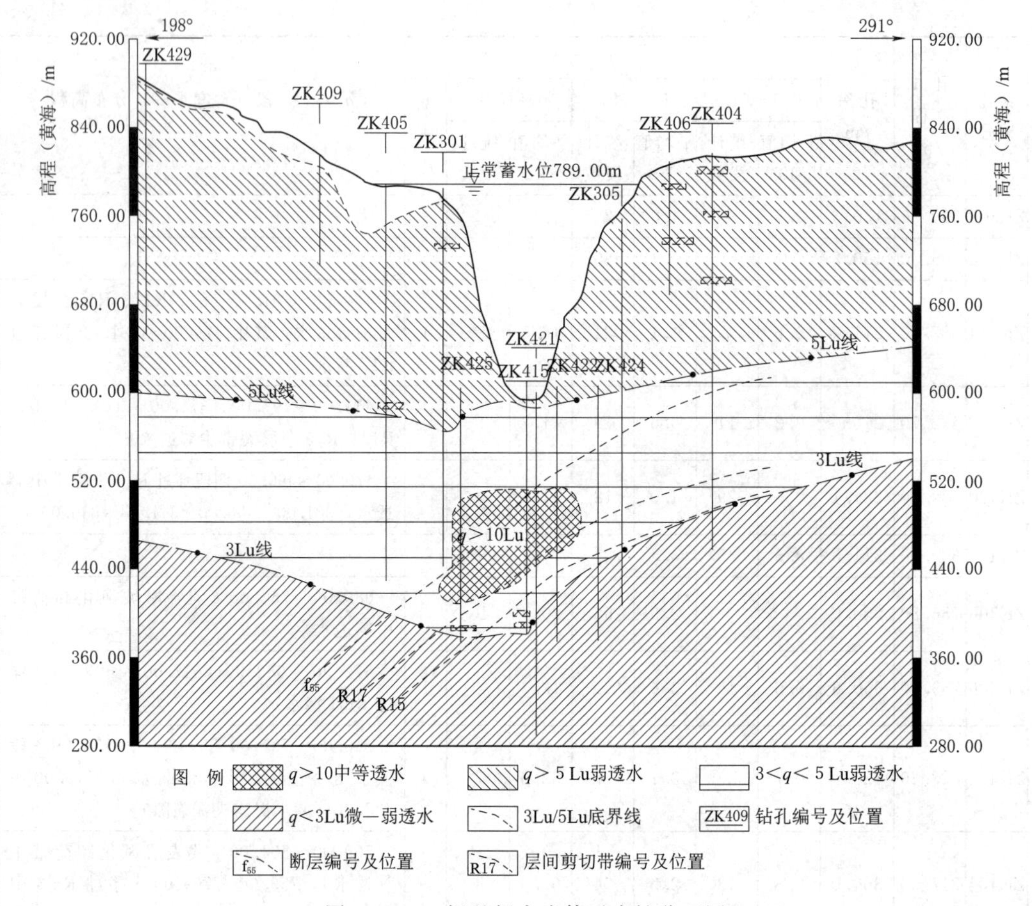

图 6.4-1 坝基坝肩岩体透水性分区图

由表 6.4-1 可知，坝基坝肩部位岩体以微—弱透水为主，微—弱透水岩体约占 85.8%，其中微透水岩体占 18.1%，弱透水岩体占 67.7%。

由图 6.4-1 可以看出，岩体透水率整体上随埋深的增大而减小。透水率 $q<5$Lu 的弱透水岩体主要分布在河床及两岸 600.00m 高程以下。透水率 $q<3$Lu 的弱透水岩体，左岸主要分布在 380.00～450.00m 高程以下；右岸主要分布在 380.00～550.00m 高程以下（O_2m^{4-2} 和以下 O_2m^{4-1} 地层）；河床主要分布在 380.00m 高程以下。中等透水和漏水段主要分布在浅层风化卸荷带和断层、顺层剪切带、大裂隙和溶蚀夹泥裂隙发育部位，其分布及透水特征明显受结构面与溶蚀作用控制。

6.4.1.2 左坝肩岩体透水性

左坝肩 ZK301、K302、ZK401、ZK403、ZK405、ZK407、ZK409、ZK411 共 8 个钻孔压水试验统计成果见表 6.4-2。统计成果显示，岩体透水性整体随深度增大而降低，其中 650.00m 高程以上以弱—中等透水岩体为主，透水率多大于 3Lu，局部存在强透水岩体；650.00～550.00m 高程，岩体以弱透水为主，透水率一般小于 3Lu；550.00m 高程以下，岩体透水率均小于 3Lu，其中 500.00m 高程以下主要为微透水岩体，透水率小于 1Lu 段约占 85%。

表 6.4-2　　左坝肩钻孔压水试验统计成果表

高程/m	统计段数	透水率 q				
		<1Lu	1～3Lu	3～10Lu	10～100Lu	>100Lu（含无压漏水段）
800.00～750.00	41	（0）	2.6/2.6（2%）	3.0～9.4/6.5（76%）	10.0～21.1/12.8（12%）	（10%）
750.00～700.00	72	（0）	1.0～2.8/2.3（23%）	3.2～7.8/5.6（57%）	11.0～13.4/11.6（13%）	（7%）
700.00～650.00	41	（0）	1.5～2.9/2.2（39%）	3.0～5.9/3.7（54%）	（0）	（7%）
650.00～600.00	30	（0）	1.1～2.5/1.8（91%）	3.0～3.3/3.2（9%）	（0）	（0）
600.00～550.00	30	（0）	1.2～2.5/1.9（60%）	3.0～5.6/4.4（37%）	（0）	（3%）
550.00～500.00	30	0.7～1.0/0.8（23%）	1.0～2.9/1.6（77%）	（0）	（0）	（0）
500.00～425.00	41	0.2～0.9/0.6（85%）	1.1～2.1/1.3（15%）	（0）	（0）	（0）

注　表中数据表示为：范围值/平均值（统计高程段所占百分比）。

6.4.1.3　右坝肩岩体透水性

右坝肩 ZK305、ZK306、ZK402、ZK404、K406、ZK408、K410、ZK412、ZK414、共 8 个钻孔压水试验统计成果见表 6.4-3。统计成果显示，岩体透水性整体随深度增大而降低，其中 645.00m 高程以上，岩体以弱—中等透水岩体为主；645.00～600.00m 高程，岩体以弱透水为主，局部零星分布无压漏水段；600.00m 高程以下，岩体主要为微—弱透水，透水率小于 3Lu 岩体约占 77%～90%；500.00m 高程以下，透水率小于 3Lu 的岩体约占 90%。

表 6.4-3　　右坝肩钻孔压水试验统计成果表

高程/m	统计段数	透水率 q				
		<1Lu	1～3Lu	3～10Lu	10～100Lu	>100Lu（含无压漏水段）
800.00～750.00	51	0.7～1.0/0.8（8%）	1.0～2.7/1.7（14%）	3.2～9.9/6.2（46%）	11.2～91.4/42.6（25%）	（7%）
750.00～700.00	79	0.6～0.8/0.7（4%）	1.0～2.8/1.9（22%）	3.1～7.8/5.1（37%）	10.5～89.3/27.2（32%）	（5%）
700.00～645.00	59	0.7～0.9/0.8（4%）	1.1～2.9/2.0（34%）	3.0～9.9/5.3（47%）	10.5～67.5/22.1（15%）	（0）
645.00～600.00	27	0.7～1.0/0.8（26%）	1.0～2.9/2.3（33%）	3.2～4.3/3.8（37%）	（0）	（4%）
600.00～550.00	30	0.7～1.0/0.9（26%）	1.0～2.7/1.8（52%）	3.0～5.3/3.8（22%）	（0）	（0）

续表

高程/m	统计段数	透水率 q				
		<1Lu	1~3Lu	3~10Lu	10~100Lu	>100Lu（含无压漏水段）
550.00~500.00	30	$\frac{0.6\sim1.0}{0.9}$ (4%)	$\frac{1.0\sim2.0}{1.5}$ (63%)	$\frac{3.5\sim6.3}{3.7}$ (23%)	(0)	(0)
500.00~450.00	26	$\frac{0.4\sim1.0}{0.7}$ (38%)	$\frac{1.1\sim2.1}{1.5}$ (42%)	$\frac{4.3\sim7.9}{5.6}$ (20%)	(0)	(0)
450.00~425.00	18	$\frac{0.4\sim0.7}{0.5}$ (28%)	$\frac{1.0\sim2.2}{1.6}$ (62%)	$\frac{3.6\sim5.9}{4.7}$ (10%)	(0)	(0)

注 表中数据表示为：$\frac{\text{范围值}}{\text{平均值}}$（统计高程段所占百分比）。

6.4.1.4 河床岩体透水性

河床坝基（含两岸低高程洞内孔）ZK414～ZK415、ZK420～ZK425 等 8 个钻孔压水试验统计成果见表 6.4-4。河床坝基附近各钻孔岩体透水率分布情况见图 6.4-2。

表 6.4-4 河床坝基附近钻孔压水试验统计成果表

名称	孔口高程/m	起始高程/m	终止高程/m	段长/m	透水率 q/Lu	备注
ZK414	597.95	581.00	526.00	55	0.2~2.7	共11段，6段<1Lu
		526.00	446.00	80	8.2~17.0	共16段，11段>10Lu
		446.00	386.00	60	0.7~5.3	共12段，3段<1Lu
ZK415	597.96	576.00	511.00	65	0.1~4.9	共13段，11段<1Lu
		511.00	381.00	130	3.9~14.4	共26段，9段>10Lu
ZK420	598.99	581.00	496.00	85	0.1~2.2	共17段，15段<1Lu
		496.00	466.00	30	4.9~13.6	共6段，2段>10Lu
		466.00	316.00	150	0.2~12.0	共30段，7段>5Lu
ZK421	600.49	576.00	506.00	70	0.2~2.0	共14段，10段<1Lu
		506.00	451.00	55	0.4~9.2	共11段，4段>5Lu
		451.00	301.00	150	0.1~4.8	共30段，19段<1Lu
ZK422	604.99	596.00	516.00	80	0.3~2.7	共16段，6段<1Lu
		516.00	441.00	75	5.0~16.8	共15段，9段>10Lu
		441.00	371.00	70	1.9~4.4	共14段
ZK423	602.98	591.00	516.00	75	0.3~2.7	共16段，6段<1Lu
		516.00	421.00	95	6.2~51.8	共19段，17段>10Lu
		421.00	356.00	65	0.9~3.7	共13段，1段<1Lu
ZK424	605.94	591.00	501.00	90	0.4~2.8	共16段，5段<1Lu
		501.00	491.00	10	5.0~5.6	共2段
		491.00	370.00	121	1.7~3.9	共24段

续表

名称	孔口高程/m	起始高程/m	终止高程/m	段长/m	透水率 q/Lu	备　　注
ZK425	604.52	596.00	576.00	20	6.6～96.0	共4段，2段>10Lu
		576.00	501.00	75	0.7～2.5	共15段，2段<1Lu
		501.00	411.00	90	5.7～18.3	共16段，11段>10Lu
		411.00	375.00	36	2.2～19.3	共7段，1段>5Lu

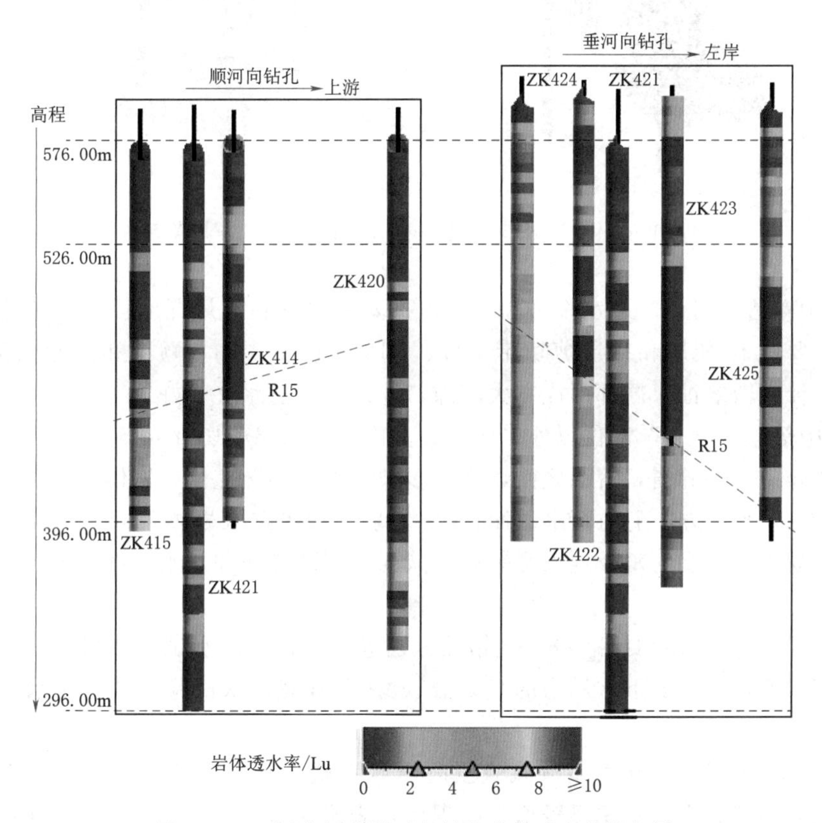

图 6.4-2　河床坝基附近各钻孔岩体透水率分布图

从表 6.4-4 和图 6.4-2 中可以看出，河床坝基上部存在厚为 60～90m 的微—弱透水岩体，透水率一般为 1～3Lu；其下 526.00～365.00m 高程岩体受 f_{55}、R17、R15 等顺层结构面影响，裂隙较发育，伴溶蚀充填泥质，主要为弱—中等透水，局部存在无压漏水段；365.00m 高程以下岩体主要为微—弱透水岩体，岩体透水率基本小于 3Lu。

河床坝基 365.00～526.00m 高程存在的“弱—中等透水岩体”，上以坝基上部微—弱透水岩体底部为上界，下以顺层剪切带 R15 为底界，垂向最大厚度约 161m。水平向，主要分布在河床以下，地质分析判断认为向左岸延伸超过 ZK425（距岸坡约 50m），不过 ZK301（距岸坡约 70m）和 ZK405（距岸坡约 105m）；向右岸延伸 30～40m，不过 ZK424（距岸坡约 50m）和 ZK305（距岸坡约 60m），水平分布宽度约 150m，见图 6.4-2 和图 6.4-3。

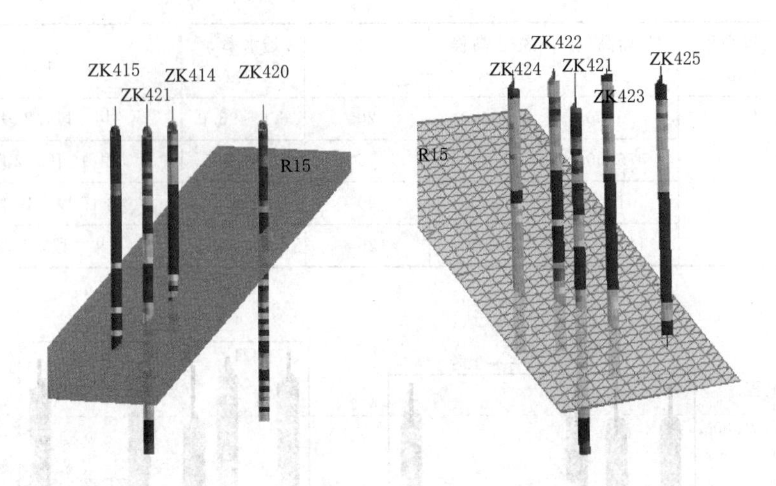

图 6.4-3　底界 R15 与顺河向、垂河向钻孔的交切关系图

“弱—中等透水岩体”透水率多在 5～30Lu，零星存在无压漏水段。据钻孔揭露，此部位岩体主要受 f_{55} 断层和顺层剪切带 R17、R15 等构造影响，顺层和陡倾角裂隙发育，多充填泥，伴轻微溶蚀，局部形成宽大溶隙，连通性和透水性较好。

“弱—中等透水岩体”部位以外岩体，在垂向上，顺层剪切带 R15 以下 O_2m^{4-1} 厚层灰岩，含生物碎屑及内碎屑，溶蚀轻微，裂隙多被方解石细脉充填，岩体透水微弱，透水率基本小于 3Lu；水平方向上向两岸延伸有限，“弱—中等透水岩体”部位以外岩体裂隙发育密度低，规模小，受河水及地下水等影响减弱，裂隙充泥和过水痕迹少见，岩体透水率较小。

对河床坝基部位 ZK414 和 ZK415 钻孔分别进行了常规压水试验和高压压水试验（试验压力取正常蓄水位工况下水压力的 1.2 倍），钻孔常规压水试验与高压压水试验成果表见图 6.4-4。

试验对比成果显示，绝大多数试验段高压压水试验透水率较常规压水试验透水率偏小，未出现高压状态下透水率显著增大的现象，表明在试验高压状态下，河床岩体裂隙未出现明显的扩张。

6.4.2　碳酸盐岩库段岩体透水性特征

6.4.2.1　透水性总体特征

为分析岩体透水性与埋深的关系，对碳酸盐岩库段两岸和河床钻孔压水试验透水率按埋深进行统计，绘制出岩体透水率与埋深散点图，见图 6.4-5。

同时为进一步分析中等以上透水岩体（透水率大于 10Lu）的分布特征，绘制出其与埋深的关系（见图 6.4-6）。

从岩体透水率与埋深散点图可以看出，库区岩体透水率总体具有以下特征：

(1) 岩体透水率整体上随埋深的增加而减弱。

(2) 透水率大于 10Lu（含无压漏水段）的试段主要分布在浅部岩体。其中左岸透水

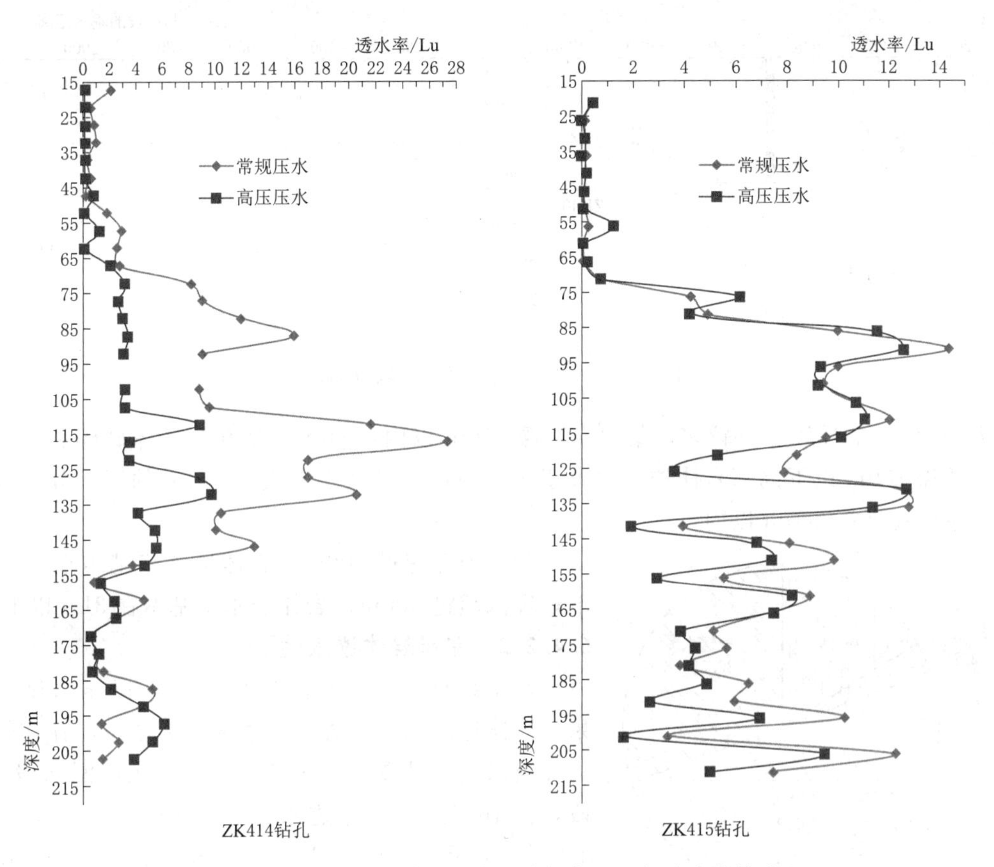

图 6.4-4 河床钻孔常规压水试验与高压压水试验成果对比

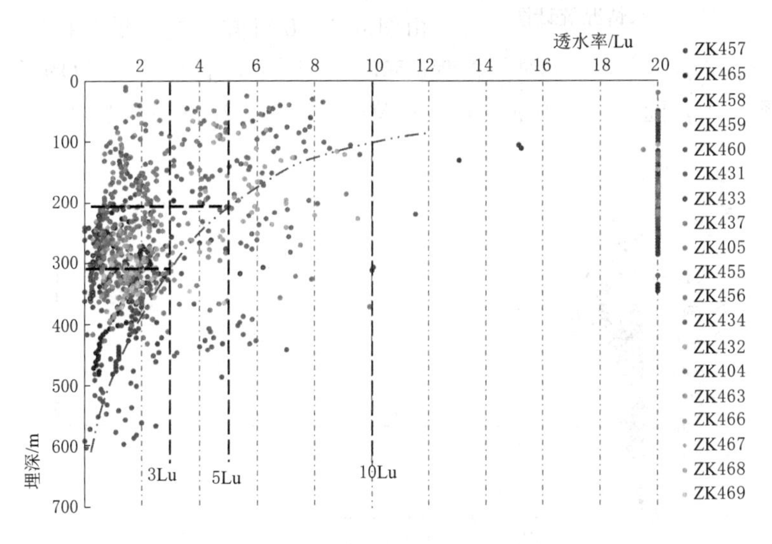

图 6.4-5 岩体透水率与埋深散点图

（压水试验无压漏水段以及大于 20Lu 试段的试验值在图中均以 20Lu 值表示）

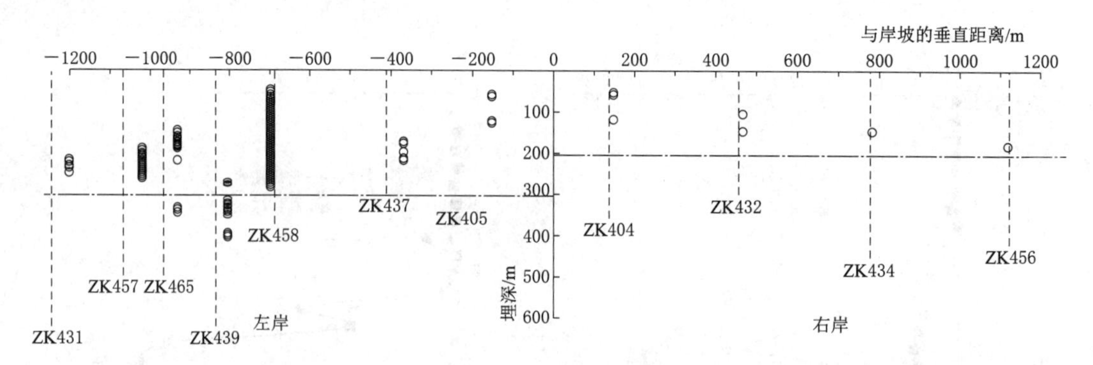

图 6.4-6　中等透水以上试段分布图

率大于 10Lu 的试段相对较多，集中在埋深 300m 以内（ZK439 钻孔受岩体破碎和溶蚀影响，埋深 300m 以下局部岩体透水率大于 10Lu）；右岸透水率大于 10Lu 的试段分布较零星，集中在埋深 200m 以内。

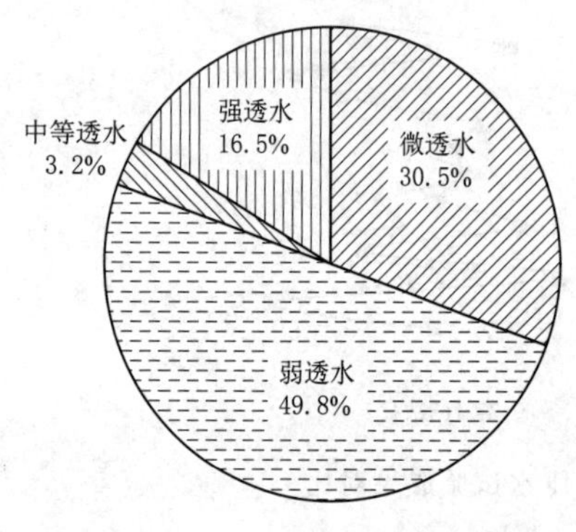

图 6.4-7　左岸岩体透水情况统计图

（3）埋深超过 200m，岩体透水率基本在 5Lu 以下；埋深超过 300m，岩体透水率基本在 3Lu 以下。

6.4.2.2　左岸岩体透水性

左岸统计了 24 个钻孔共计 1015 段压水试验成果，岩体透水性以弱透水—微透水为主，但存在较多的强透水段（见图 6.4-7）。其中，无压漏水段 167 段，占 16.5%；中等透水（10～100Lu）32 段，占 3.2%；弱透水（1～10Lu）506 段，占 49.8%，微透水（小于 1Lu）310 段，占 30.5%。

由图 6.4-8 可知，左岸沿初拟库区防渗帷幕线高程 550.00m 以下，岩体主要为弱透水—微透水，550.00m 高程以上，随着高程增加，强透水及漏水段所占比例逐渐增加。

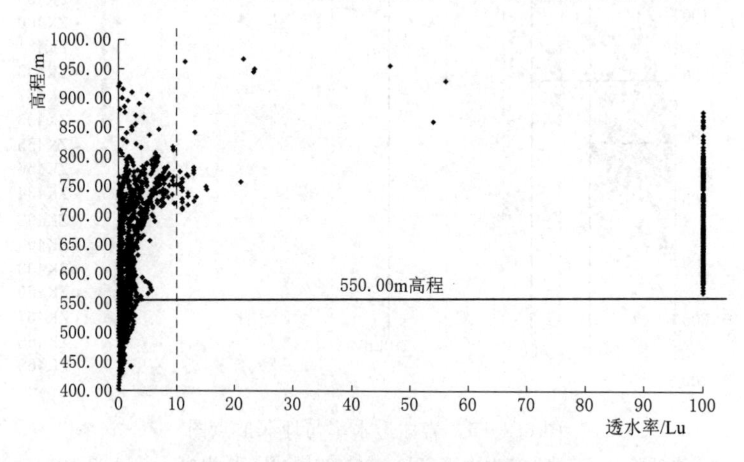

图 6.4-8　左岸岩体透水率散点图

6.4.2.3　右岸岩体透水性

右岸统计了17个钻孔共计706段压水试验成果，岩体以弱透水—微透水为主，微透水（小于1Lu）264段，占34.2%，弱透水（1～10Lu）365段，占55.4%，中等透水（10～100Lu）59段，占8.4%；无压漏水段相对于左岸分布较少，仅占总压水试验段数的2.0%，见图6.4-9。

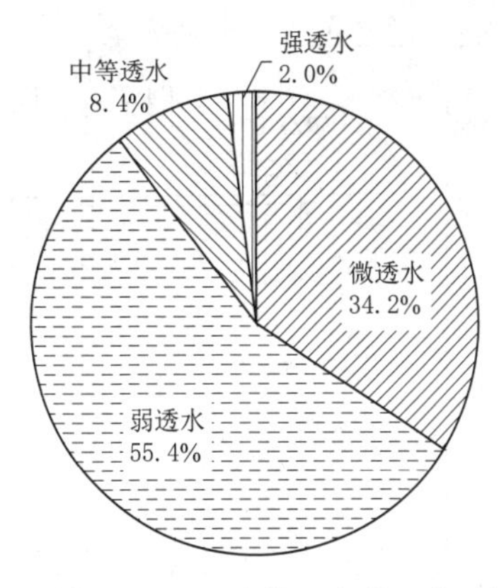

图6.4-9　右岸岩体透水情况统计图

对比图6.4-8和图6.4-10，右岸岩体透水率规律和左岸基本一致，随着高程降低，透水率总体减小。沿初拟库区防渗帷幕线高程600.00m以下，岩体主要为弱透水—微透水，高程600.00m以上，随着高程增加，中等透水和强透水段所占的比例现逐渐增多。

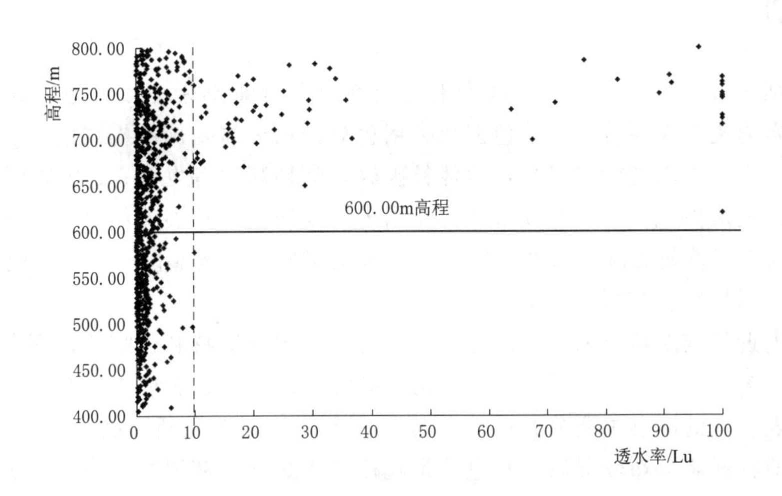

图6.4-10　右岸岩体透水率散点图

6.4.2.4　河床岩体透水性

根据河床统计的8个钻孔压水试验成果，岩体透水性以弱透水和微透水为主。微透水（小于1Lu）占总试验段数的29.13%，弱透水（1～10Lu）约占65.53%，中等透水（10～100Lu）约占5.10%，见图6.4-11。

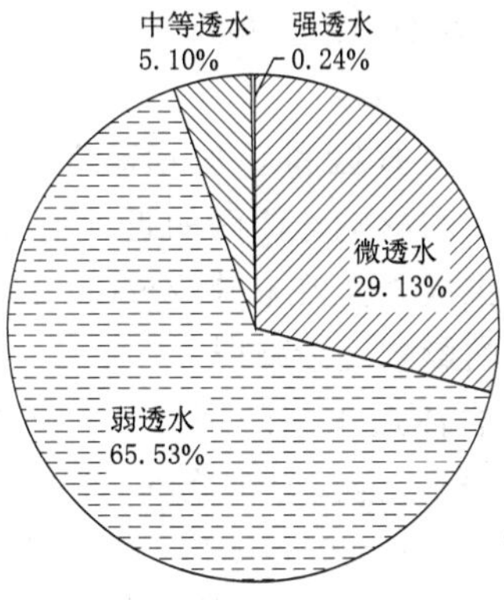

图6.4-11　河床岩体透水情况统计图

为进一步分析库坝段河床岩体的透水特征，沿河道绘制顺河向剖面，所有钻孔按高程投影到剖面上，绘制出库坝段顺河向水文地质剖面见图6.4-12。

从图6.4-12可以看出，总体来说，整个库坝段河床以下岩体以微—弱透水为主，岩体透水率随埋深增加而减小，近坝部位局部受构造和溶蚀等影响，存在中等透水或漏水段。

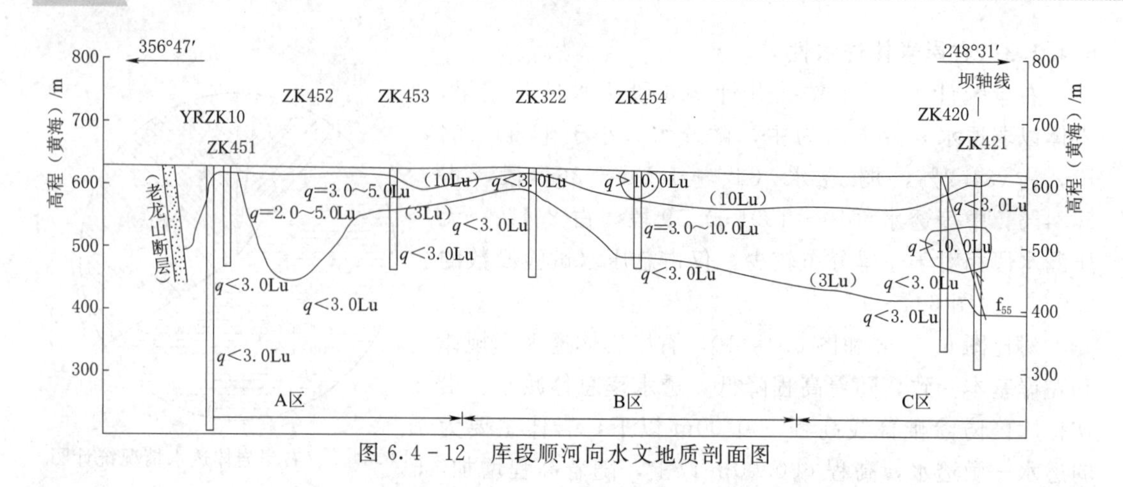

图 6.4-12　库段顺河向水文地质剖面图

6.5　小结

（1）库坝区可划为三个区：A区为老龙山断层及其影响带库段，地层岩性以浅灰—深灰色白云岩为主，夹浅黄—黄褐色泥质、褐色硅质白云岩，局部褐红色钙质白云岩和深灰色硅质白云岩，受断裂构造影响，岩体较破碎，喀斯特中等发育；B区以浅灰色、深灰色灰岩为主、夹灰黑色白云岩与浅黄色泥质白云岩互层，节理裂隙相对不发育，喀斯特发育较弱；C区为库首灰岩段，岩性为厚层—巨厚层灰岩，地表裂隙较发育，喀斯特发育以溶隙为主，喀斯特发育较弱。

（2）区内近代喀斯特沿河沿谷岸坡相对发育，古老喀斯特和古喀斯特不发育。喀斯特形迹以溶隙、溶孔为主，主要沿断层面、构造裂隙、结构面、软弱夹层等发育，未形成洞穴系统。地表发现的溶洞主要分布在A区泾河河谷岸坡老龙山断层破碎带及其影响带内，钻孔揭露喀斯特现象分布较分散，垂直分带规律性不显著，灰岩和白云岩中喀斯特发育程度的差异性不是十分明显。

（3）在老龙山断层至沙坡断层之间的碳酸盐岩库段，地下水位均不同程度地低于河水位，出现河水悬托现象，但悬托河并非分布在整个河段，仅仅出现在老龙山断层至下游沙坡断层的河谷及近河岸坡地段。在近坝址的悬托河段，河水的渗漏补给使局部地下水位抬高，在C区河床及近河谷两岸500m范围内形成岛状水丘。

（4）1965年至今库坝区地下水位总体上呈下降趋势，A区、B区和C区远离河床地段，地下水位与河水位关系不密切，地下水位变化主要受气候的影响；C区的近河谷带，地下水位与河水位动态密切相关，河水对地下水的渗漏补给主要发生在右岸ZK434和左岸ZK431之间。随着远离河床，地下水位受河水位动态变化的影响逐渐减弱。

（5）碳酸盐岩库坝段河床以下岩体以微—弱透水为主，岩体透水率随埋深增加而减小，近坝部位局部受构造和溶蚀等影响，存在中等透水或漏水段，但其分布范围有限。沿初拟库区防渗帷幕线一带，左岸高程550.00m以下及右岸高程600.00m以下，岩体主要为弱透水—微透水，左岸高程550.00m以上及右岸高程600.00m以上，岩体中等以上透水段所占比例随着高程增加逐渐增加。

第7章 工程区重大喀斯特水文地质问题分析研究

7.1 东庄水库与桃曲坡水库、羊毛湾水库喀斯特渗漏差异性问题

位于渭北喀斯特地区的羊毛湾水库和桃曲坡水库在建成初期均产生了比较严重的渗漏问题。两者距离东庄水库较近，对东庄水库的喀斯特渗漏分析有一定的借鉴意义。

东庄水库工程区相邻的桃曲坡水库和羊毛湾水库虽均位于渭北灰岩地区，但喀斯特发育背景不同，使得东庄水库与羊毛湾水库、桃曲坡水库的喀斯特发育特征和渗漏条件具有明显差异。

7.1.1 喀斯特发育背景及程度差异

对比不同时期的喀斯特沉积建造过程（表 7.1-1），3 个水库的喀斯特发育背景存在明显差异，桃曲坡水库的喀斯特主要为古老喀斯特，羊毛湾水库的喀斯特主要为古喀斯特，而东庄水库的喀斯特主要为近代喀斯特。

表 7.1-1　　东庄水库、羊毛湾水库和桃曲坡水库工程区喀斯特发育背景

时期	渭北主要沉积和构造活动	东庄水库	羊毛湾水库	桃曲坡水库
寒武纪至奥陶纪	奥陶纪中期及以前，接受沉积	位于海水以下，接受碳酸盐岩地层沉积		
	奥陶纪中晚期，大部分地段仍接受沉积，鄂尔多斯盆地形成古陆	位于海平面以下，接受平凉组、唐王陵组地层沉积		平凉末期，海水退出，形成古陆，未接收唐王陵组沉积
晚奥陶世期至石炭纪（古老喀斯特形成）	寒武-奥陶系地层褶皱隆起，形成古陆，接受风化剥蚀，并形成喀斯特风化壳面	接受风化、剥蚀，形成古风化壳面，古地理为喀斯特高地		遭受剥蚀，形成喀斯特风化壳面，并形成古老夷平面，发育古老喀斯特
晚石炭世至三叠纪（古老喀斯特被掩埋、充填）	晚石炭世，重新接受沉积	已褶皱的奥陶系唐王陵组、平凉组地层和马家沟群地层石炭系上部的剥蚀风化面接受沉积		奥陶系马家沟群地层直接位于石炭系地层之下，石炭-二叠系地层不整合在奥陶系古风化壳面上

续表

时期	渭北主要沉积和构造活动	东庄水库	羊毛湾水库	桃曲坡水库
三叠纪至新近纪（古喀斯特形成）	受燕山造山运动影响，渭北隆起，碳酸盐岩地层随构造活动一同升起，部分裸露地表	受渭北隆起和老龙山逆断层影响，碳酸盐岩裸露地表，此时，古地貌为喀斯特高地，遭受了第二次风化剥蚀和夷平作用		埋藏于石炭-三叠系地层之下的古老喀斯特中充填的铝土页岩等被错裂，完整性受到破坏，古老喀斯特进一步发展
新近纪末（古喀斯特被掩埋、充填）	渭河盆地开始形成，碳酸盐岩顶面受北缘断裂影响呈阶梯状向盆地陷落，在山前一带，沉积了三趾马红色黏土层	新近纪以来一直处于高地，未接受沉积，碳酸盐岩裸露地表，继续遭受剥蚀夷平，古喀斯特未被保存	古喀斯特被新近系三趾马红土覆盖、充填，古喀斯特得到了保护、保存。受构造作用控制，地下水沿碳酸盐岩顶面向渭河盆地内径流，地下水活动较为强烈，古喀斯特进一步扩溶、发展	古老喀斯特的进一步扩溶
第四纪（近代喀斯特）	泾河河谷形成，渭北地区普遍接受第四系松散层沉积	构造运动以急剧抬升为主，间歇性不甚明显，近代喀斯特发育始终处于初级阶段即裂隙扩溶期	古喀斯特随地下水活动进一步发展	古老喀斯特随地下水活动进一步发展

东庄水库工程区由于其一直处于喀斯特高地这一特殊的古地理环境，虽也经历了两次沉积间断期的风化、淋滤和剥蚀作用，但其喀斯特风化表面至浅部发育的喀斯特形迹不断遭受后期的剥蚀，古老喀斯特和古喀斯特未被保留下来，主要以第四纪以来沿河谷发育的近代喀斯特为主。

桃曲坡水库和羊毛湾水库的喀斯特均为区域埋藏型喀斯特，喀斯特发育受历史时期古夷平面控制，规模较大，分布范围较广。水库蓄水后，库水一旦和古夷平面喀斯特连通，将产生严重渗漏。东庄水库区的喀斯特为河谷型近代喀斯特，发育深度受当地河流切割深度和排泄基准面控制，工程区喀斯特水动力条件严格受沙坡断层及其北部页岩阻水构造与风箱道泉群排泄基准面控制，地下水径流的强活动区主要沿河谷分布，且循环深度有限，因而喀斯特发育深度亦有限。

7.1.2 喀斯特发育层位差异

东庄水库工程区受区域构造作用影响（主要是老龙山断层），原本位于下部的奥陶系下统冶里-亮甲山组（$O_1y—l$）和中统马家沟群（O_2m）第四段及其以下地层被推覆于二叠系—三叠系（T—P）地层之上，上部古老喀斯特、古喀斯特形成时期的风化壳面缺乏石炭-三叠系地层或新近系地层的掩盖保护，在后期被剥蚀掉，且冶里-亮甲山组（$O_1y—l$）地层岩性主要为白云岩夹泥质白云岩，因此其喀斯特化程度远弱于桃曲坡水库和羊毛湾水库的奥陶系中统马家沟群（O_2m）顶部灰岩的喀斯特发育强度。

羊毛湾水库和桃曲坡水库的喀斯特均属于覆盖型，被古、新近系黏土层或二叠系—三叠系砂页岩覆盖，在地下水动力条件下，喀斯特一直处于发育过程中。

7.1.3 构造影响程度差异

渭北山区临近渭河盆地边缘地带，受渭河盆地北缘张性断裂影响，地下水径流条件较好，有利于古老喀斯特和古喀斯特系统的进一步扩溶、发展。

羊毛湾水库坝址距离山前的乾县-富平断裂带ⅢF_1约为5km，同时在水库区及周边还分布着F_{10}、F_{11}、F_{12}、F_{13}和F_{15}等次一级断裂，且多为正断层；桃曲坡水库虽然距离渭北山前断裂带相对较远，但其库区在构造上位于铁龙山-桃曲坡背斜南翼，且坝址靠近背斜轴部，库区发育断层主要有四条断层，其中左岸一条，右岸三条，均为正断层。

东庄水库和羊毛湾、桃曲坡水库相比，受区域构造作用影响的程度也存在差异。东庄水库坝址区距离乾县-富平断裂带ⅢF_1最近约10km，坝址上游2.7km处仅发育一条规模较大的老龙山断层，且为压扭性逆断层。因此，东庄水库喀斯特发育受构造作用影响相对较弱。

7.1.4 地下水动力条件差异

东庄水库库坝区两岸地下水位低于河水位30.00～50.00m（地下水位高程一般为550.00～560.00m），最近的排泄基准面为坝址下游3km沙坡断层处出露的风箱道泉群（主泉高程540.00m），地下水水力坡度小，径流相对缓慢；羊毛湾水库坝址地下水位低于河水位为70～80m，地下水和下游约10km的龙岩寺泉水力联系密切，排泄途径通畅；桃曲坡水库坝址地下水位低于河水位约300.00m，和渭北东部“380”喀斯特水补排关系明显，排泄途径亦通畅。因此，与羊毛湾水库及桃曲坡水库相比，东庄水库喀斯特地下水动力条件相对较差。

7.1.5 渗漏形式差异

桃曲坡水库蓄水后，古溶洞及废弃的煤井、巷道、通风井等被库水击穿，并且与石炭系铝土页岩和奥陶系灰岩之间“不整合接触面间的古老喀斯特风化壳”相沟通，造成水库严重漏水，渗漏形式主要为管道型渗漏。

在羊毛湾水库库区，灰岩之上覆盖的新近系（N）三趾马红土层透水性差，可作为天然的防渗铺盖。水库蓄水后，在缺失红土层覆盖的灰岩区，库水进入古溶洞、溶孔向深部渗漏，渗漏形式主要为管道型。

东庄水库古老喀斯特和古喀斯特基本不发育，库坝区多沿河谷岸坡发育有近代喀斯特，大部分为表层宽浅型溶洞，孤立存在。除老龙山断层外，库坝区断裂构造发育弱，未发现连通的喀斯特管道（洞穴），水库蓄水后的渗漏形式以溶隙型为主，因此，东庄水库的渗漏形式不同于桃曲坡水库和羊毛湾水库（见表7.1-2）。

综上所述，虽然东庄水库、羊毛湾水库和桃曲坡水库均为渭北喀斯特地区的“悬库”，但喀斯特发育背景和渗漏条件不同而导致其喀斯特发育强度差异较大，东庄水库不会产生与羊毛湾水库、桃曲坡水库同等程度的渗漏问题。

与东庄水库处于同一水文地质单元的文泾水库、泾惠渠首水库蓄水后均未产生明显渗漏问题，也为上述结论提供了佐证。

表 7.1-2　　东庄水库、羊毛湾水库和桃曲坡水库渗漏条件差异

水　库	桃曲坡水库	羊毛湾水库	东庄水库
喀斯特期	古老喀斯特	古喀斯特	近代喀斯特
喀斯特发育深度	上部有石炭-二叠系砂页岩地层覆盖，区域深喀斯特	上部有新近系三趾马红土覆盖，区域深喀斯特	碳酸盐岩裸露，河谷喀斯特
喀斯特层位	奥陶系灰岩夷平面	奥陶系灰岩夷平面	奥陶系底部白云岩＋泥质白云岩＋灰岩
发育程度	发育	发育	发育较弱
地下水低于河床	约 300m	70～80m	10～50m
渗漏形式	存在管道流	存在管道流	溶隙型

7.2　筛珠洞泉域喀斯特水与铜川-韩城喀斯特水水力联系问题

渭河盆地北缘北东东向展布的断裂构造对喀斯特地下水运移起着重要作用。渭北喀斯特地下水的排泄以渭河盆地为最终基准，地下水在渭北山区接受降水入渗和河流渗漏补给后，总体上由北西向南东方向径流。喀斯特地下水径流过程中，在深切河谷与山前断裂交会部位，形成局部的排泄基准面，地下水以泉的形式排泄，如筛珠泉、龙岩寺泉、周公庙泉等；另一部分地下水顺断裂带向深部运移，补给山前深埋喀斯特地下水系统。东庄水库工程区位于渭北喀斯特地区的筛珠洞泉域喀斯特地下水子系统内（见图 7.2-1）。

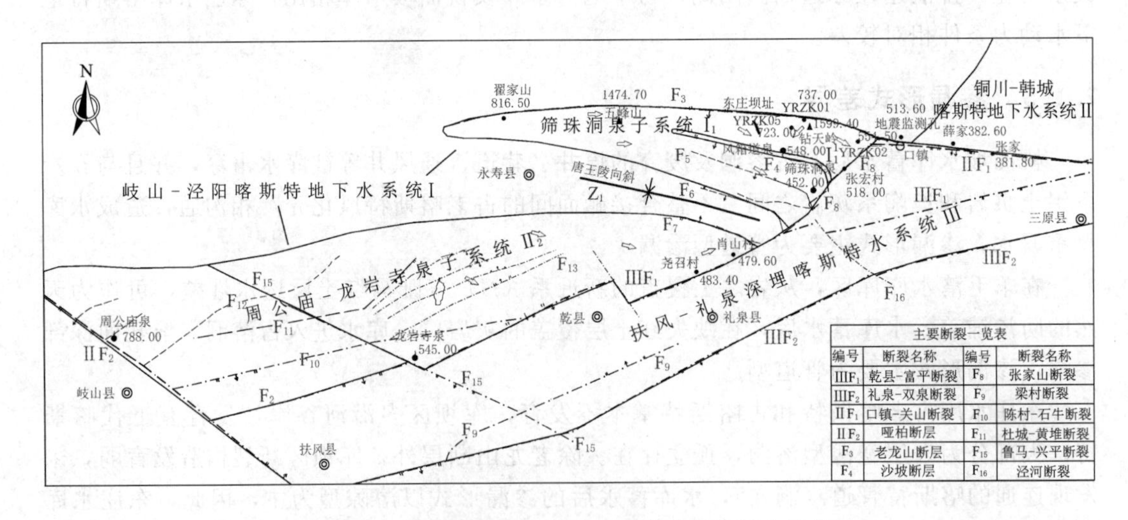

图 7.2-1　工程区及周边地区地下水流系统划分示意图

铜川-韩城喀斯特地下水子系统喀斯特水位都在 380.00m 高程左右，全区水位差仅十余米，水力坡度甚小，区内喀斯特水连通性好，人们常以“380”喀斯特水称之。老龙山断层为筛珠洞泉域子系统的北部隔水边界，向东一直延伸穿过口镇，因此，关于水库蓄水

后是否会沿老龙山断层向东部的“380”喀斯特水系统渗流也一直是争论的焦点问题之一。

水文地质勘察和水化学以及同位素研究成果表明，岐山-泾阳喀斯特地下水系统和东部的铜川-韩城喀斯特地下水系统之间水力联系较弱，主要依据如下：

(1) 筛珠洞泉域喀斯特水系统在东部接近口镇一带的地下水位为 510.00～550.00m，而口镇以东铜川-韩城喀斯特地下水系统的薛家、张家和周家窑喀斯特地下水位为 372.00～382.00m，呈现出“380”喀斯特水的特征，两系统在口镇以西和以东地下水位相差 100 多米，表明两系统之间喀斯特地下水水力联系较差。

(2) 地下水化学和同位素测试分析成果表明，坝址区喀斯特地下水水化学、同位素特征和东部“380”喀斯特水系统的张家、周家窑存在明显差异，同位素分析成果同时显示，张家水样点以大气降水为主要补给来源，而筛珠洞泉水样点的补给源主要为不同途径的地下水径流，二者的补给源不同，说明二者之间不存在补排关系或水力联系较弱。

(3) 碳酸盐岩库坝段以东钻天岭一带钻孔地下水位为 714.00～782.00m，高于坝址区和口镇地下水位。在天然条件下，由于钻天岭地下水分水岭的存在，坝址区地下水和钻天岭以东地下水二者不存在补排关系，工程区地下水位主要受风箱道泉群排泄基准面的控制。

(4) 2011 年开展的大型二元示踪试验以及 2013 年开展的大型三元示踪试验历经两年以上监测，口镇以东的接收点均未接收到示踪剂异常，也可说明工程区地下水和口镇以东铜川-韩城喀斯特地下水子系统（“380”喀斯特水）不存在明显水力联系。

综上所述，工程区所处的筛珠洞泉域子系统和渭北东部的铜川-韩城喀斯特地下水子系统（“380”喀斯特水）不存在明显的水力联系，加之库坝区左岸的钻天岭存在地下水分水岭，水库蓄水后向东部铜川-韩城喀斯特地下水子系统（“380”喀斯特水）渗流的可能性很小，也不会沿老龙山断层带向东产生集中渗漏。

7.3 筛珠洞泉群补给来源问题

筛珠洞泉群流量约 1.48m^3/s，流量大，水质好，是当地知名的天然地下水源。但多年来对筛珠洞泉群补给来源问题一直存在一些不同观点，其中一种观点认为，筛珠洞泉群为泉域内地下水的集中排泄点，泉域内地下喀斯特较为发育，可能存在相对集中的排泄通道，泉水补给来源大部分来自泾河河水渗漏，并由此推断，东庄水库建成后，将会产生更为严重的喀斯特渗漏问题。2010 年，针对筛珠洞泉水来源问题，系统开展了水文地质专项调查、水化学、同位素和示踪试验等工作，并取得了新的认识，认为泉域内地下水除接受域内大气降水、河水补给外，还接受泉域外龙岩寺泉域地下水的补给。

7.3.1 系统内补给

1. 大气降水转化的地下水

在碳酸盐岩裸露区，喀斯特地下水直接接受大气降水入渗补给；在黄土覆盖区，下部的喀斯特地下水接受上覆第四系松散层孔隙水的下渗补给。泉域内多年平均大气降水量约为 550mm，降水入渗系数在基岩裸露区一般为 0.15～0.23，覆盖区为 0.01～0.06。根据陕西省地质调查院在 1999—2001 年进行的渭北中部喀斯特地下水勘察资料，水均衡计算得出的降水综合入渗补给总量为0.41m^3/s，中国地质科学院水文地质环境地质研究所计算结果为0.48m^3/s，二者较为接近。

大气降水入渗转化为地下水，地下水顺裂隙、溶孔向山前一带径流，沙坡断层以南局部地段排泄进入河谷，而大部分地下水则向山前断裂带排泄，其中一部分顺断层带进入深循环，补给山前深层地下水，一部分则顺断裂带向河谷方向径流，并最终以泉水形式排泄，筛珠洞主泉即主要来自张家山断层的地下水排泄。

2. 泾河河水

在沙坡断层上游的碳酸盐岩库段，近岸地段地下水位均不同程度低于河水位。如东庄坝址至老龙山断层之间的库段，两岸地下水位为550.00～560.00m，河水位为590.00～600.00m，地下水位低于河水位30～50m；东庄坝址两坝肩地下水位570.00～580.00m，低于河水位10～20m，为悬托河段，河水的垂直渗漏是本区喀斯特地下水的补给源之一。此外，泾河流经筛珠洞泉域地下水子系统碳酸盐岩峡谷区，修建的中、小型水库如文泾水库、泾惠渠首电站，也存在库水对碳酸盐岩区地下水补给的可能。

研究结果表明，泾河河水并非筛珠洞泉群泉水的主要补给来源。从水化学成分对比来看（见表7.3-1），泾河水质相对较差，TDS小于350mg/L，而筛珠洞泉水TDS小于350mg/L，水质相对较好。根据地下水化学的补排规律，随着运移路径的增大，从补给区到排泄区地下水TDS一般呈增长趋势，因此，从TDS指标分析，河水的渗漏不是泉水的主要补给源。此外，筛珠洞泉水温度约22℃，泉水清澈透明，年内流量较为稳定，这与泾河河水流量动态变化特征不相符，因此并非泾河水近距离补给。据调查，筛珠洞泉上游约200m的泾河渠首电站水库建成蓄水后，筛珠洞泉水量亦未发生明显变化，表明河水对泉域内地下水的补给不畅，补给量有限。

表7.3-1　筛珠洞泉水、坝址区及周边喀斯特地下水和泾河水水化学对比表　单位：mg/L

化学成分	TDS	HCO_3^-	Cl^-	SO_4^{2-}	Ca^{2+}	Na^+
筛珠洞泉	346	317.85	37.21	69.32	51.56	39.17
泾河水	1122	403.04	247.52	823.3	85.76	199.11

7.3.2 龙岩寺泉域喀斯特地下水侧向补给

筛珠洞泉群出露的地下水补给主要来自3个方向，即西北方向（本泉域内地下水径流）、东北方向（张家山断裂带汇流）和西南方向（龙岩寺泉域地下水沿张家山断层补给）。

近东西向分布的唐王陵向斜临近张家山断层处，即其轴部的东端，中奥陶统碳酸盐岩地层分布高程抬升，从而使龙岩寺泉域和筛珠洞泉域在此处沟通，龙岩寺泉域地下水经张家山断层及影响带补给筛珠洞泉域（见图7.3-1），前述地下水位调查以及同位素研究成果已证实，沿龙岩寺泉域南侧边界由西南向东北方向的高家村东→索山村→碾子沟→上高坡→王家坪→筛珠洞主泉一线，即沿乾县-富平断裂与张家山断裂西段的断裂带影响范围内存在喀斯特地下水的快速流动通道，δD与$\delta^{18}O$及Sr同位素均证实了该条路径的存在。

据氢氧同位素混合比例计算结果，筛珠洞泉水接受山前断裂带、泉域西北部及坝址区

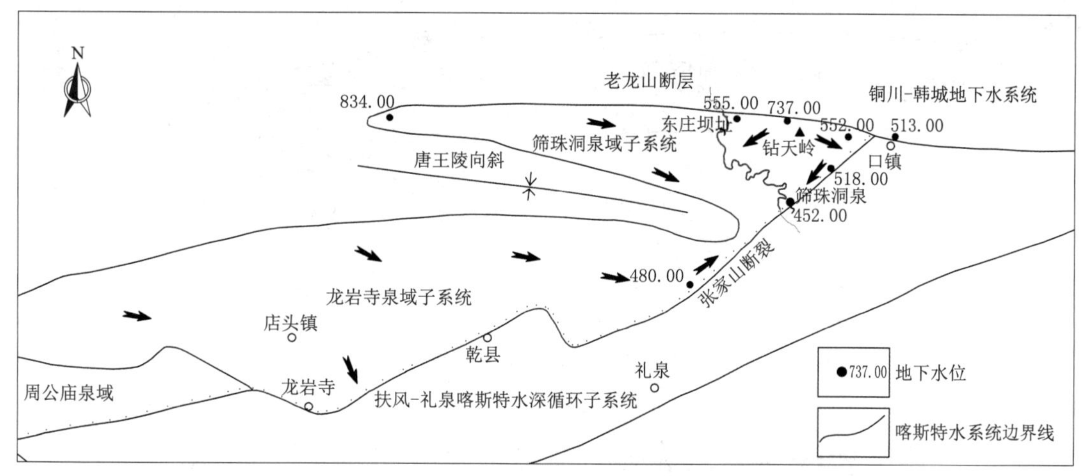

图 7.3-1 龙岩寺泉域子系统对筛珠洞泉域子系统补给示意图

喀斯特水的比例分别为 77.9%、19.7%和 2.4%，说明筛珠洞泉群主要来自断裂带内地下水的排泄。通过现场调查，在张家山渠首枢纽电站至泾惠渠管理站之间出露几十处泉点中，出露在左岸的筛珠洞主泉泉水明显来自东北方向的张家山断裂带的补给，而在下游的尤其是在泾河河床页岩分布段的泉点，应大部分来自西南部喀斯特地下水的补给。

因此，筛珠洞泉群不再仅仅是本泉域的相对集中排泄带，还接受来自西南部龙岩寺泉域喀斯特地下水的补给，进而成为邻区喀斯特地下水的排泄通道之一。

7.4 水库左岸钻天岭地下水分水岭问题

东庄坝址区以东约 7km 处为钻天岭地表分水岭，其最高点高程为 1599.00m。在前期勘察研究过程中，由于坝址区地下水位为 560.00～580.00m，而位于东南方向张家山—口镇一带山前断裂带的地下水位在 510.00～550.00m 之间，曾有一种观点认为，工程区河床高程以下存在喀斯特发育层位（也有观点认为存在集中渗漏通道），碳酸盐岩库坝段地下水整体上以较为通畅的形式向东、东南方向的张家山断裂带径流，并最终由筛珠洞泉群（主泉高程 452.00m）排泄（图 7.4-1）。但也有一些专家学者从水文地质基本规律和工程区喀斯特发育现象出发，分析认为钻天岭一带应存在高于河水水位的地下水分水岭，地下水向东径流的可能性不大。由于钻天岭一带地形复杂，交通不便，前期一直未对钻天岭分水岭一带开展过勘探工作，是否存在地下水分水岭也就无直接的证据，因而该问题也成为前期勘察研究过程中的焦点之一。

围绕这一争论，黄河勘测规划设计研究院有限公司于 2013 年和 2016 年在库区左岸的钻天岭附近施工了 3 个深钻孔 YRZK01、YRZK05 和 YRZK09（图 7.4-2）。

YRZK01 号孔距离钻天岭最高点约 1000m，距离泾河直线距离约 4900m，孔口高程为 1138.00m，孔深为 601.9m，孔底高程为 536.00m。YRZK01 号钻孔于 2013 年 8 月 15 日终孔，终孔后为了获取较为可靠的地下水位，进行了钻孔提水和水位观测，水位稳定后，又进行了 7d 持续观测，最终获取的终孔地下水位为 737.00m（图 7.4-3）。终孔后，

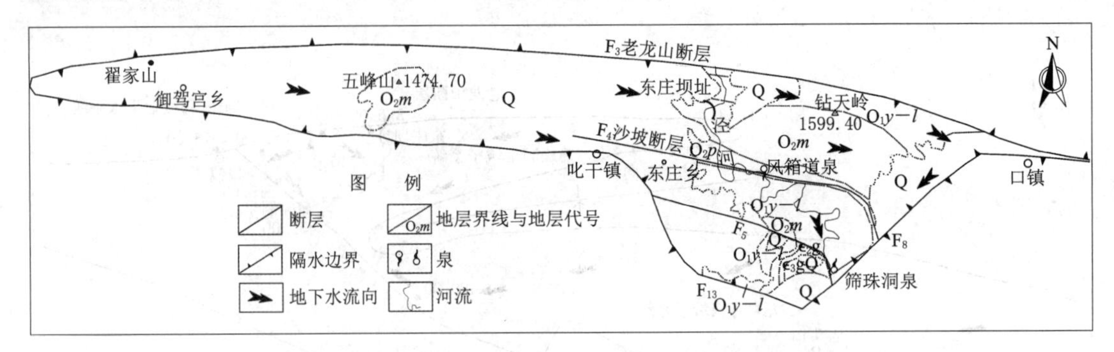

图 7.4-1 钻天岭无地下水分水岭时地下水流场示意图

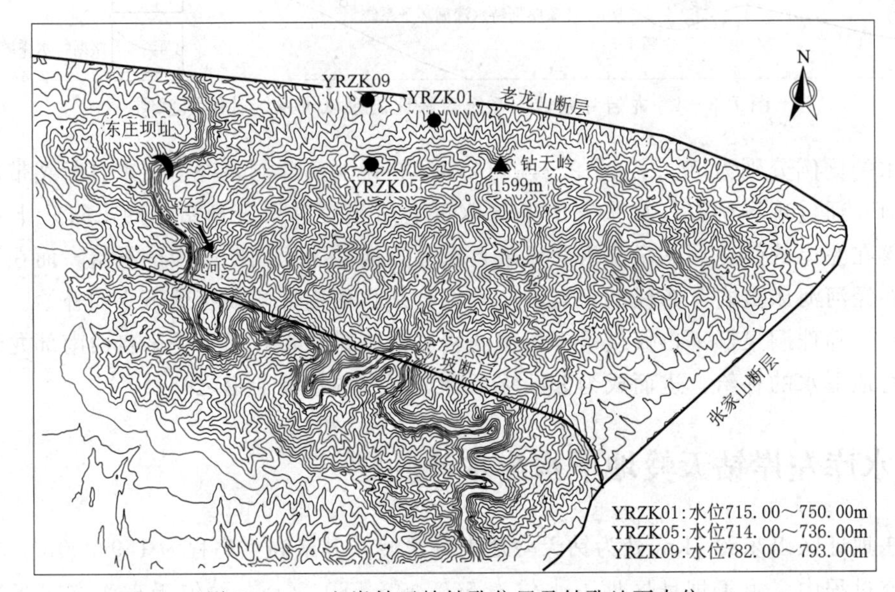

图 7.4-2 左岸钻天岭钻孔位置及钻孔地下水位

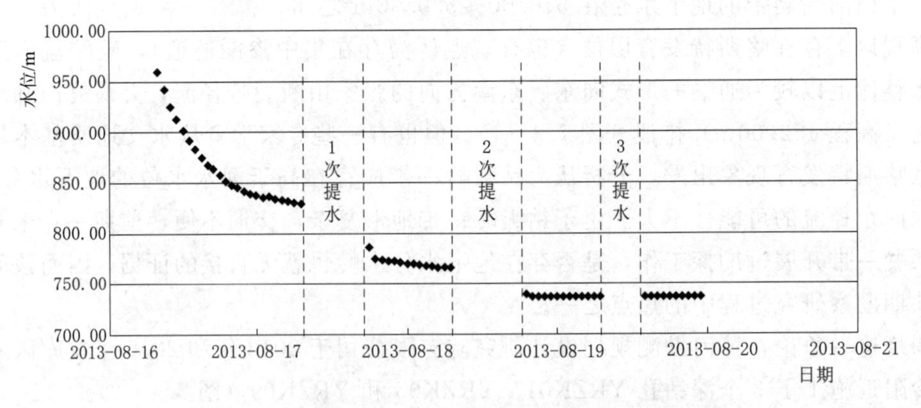

图 7.4-3 YRZK01号钻孔终孔后水位提水观测记录

作为示踪试验的投放孔，于2013年9月5日—9月8日开展了示踪剂投放工作（其间共注入水量200m³）。2013年12月，在该孔设置地下水位自动记录仪进行长期监测，获取的地下水位动态曲线见图7.4-4，2015—2018年水位动态变化在715.00～750.00m之间，最大变幅为35m。

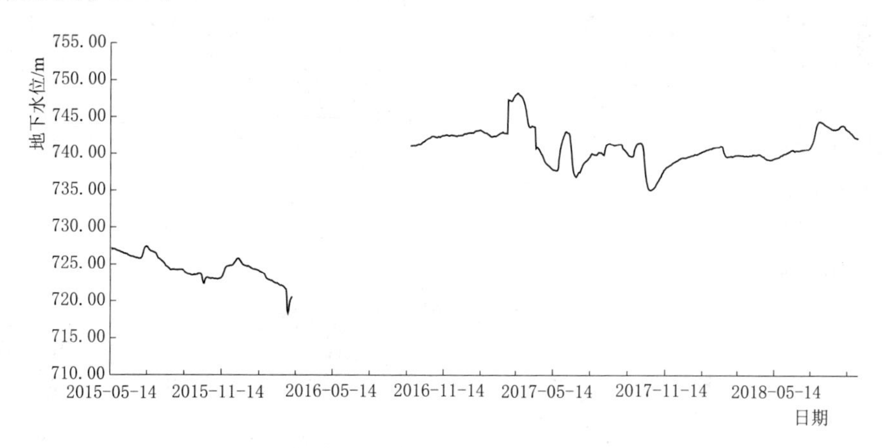

图 7.4-4 YRZK01号钻孔地下水位长期动态观测曲线
（2016年3月至2016年8月地下水监测仪器故障）

YRZK05号孔距离钻天岭最高点约2000m，距离泾河直线距离约4000m，孔口高程为1193.00m，孔深为650m，孔底高程为543.00m。成孔后经反复提水和水位观测，终孔稳定地下水位为723.00m。2015—2018年地下水位长期观测曲线见图7.4-5，地下水位动态变化区间为714.00～736.00m。

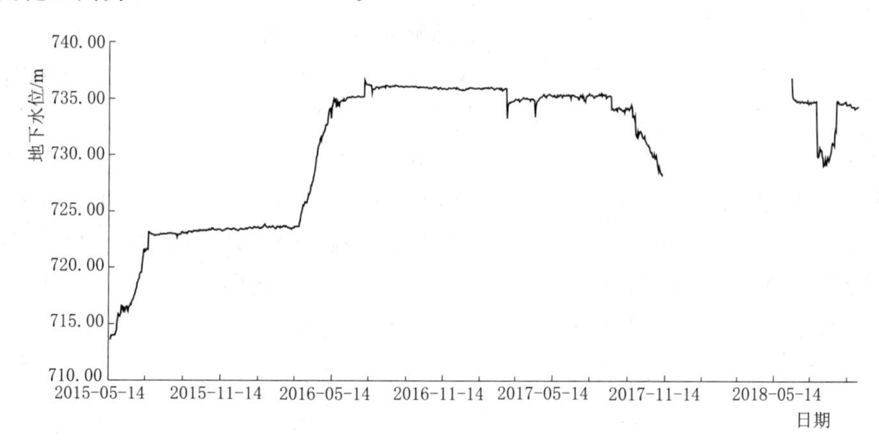

图 7.4-5 YRZK05号钻孔地下水位长期动态观测曲线
（2017年12月至2018年4月数据因探头损坏返厂维修数据无法复原）

YRZK09号孔在钻天岭西北侧约2500m，距离泾河直线距离约4000m，孔口高程为1168.00m，孔深为650.0m，孔底高程为568.00m。2017—2018年地下水位长期观测曲线见图7.4-6，地下水位动态变化区间为782.00～793.00m。2017年12月以后的水位基本稳定，稳定水位在782.00m左右。

综合3个钻孔地下水位长期观测成果，左岸钻天岭西北坡地下水位为714.00～782.00m，高于坝址区现状河水水位。同时，由于钻孔位置距离钻天岭最高处尚有1～2km距离，因此可以得出结论，钻天岭处存在高于坝址区现状河水位的地下水分水岭。

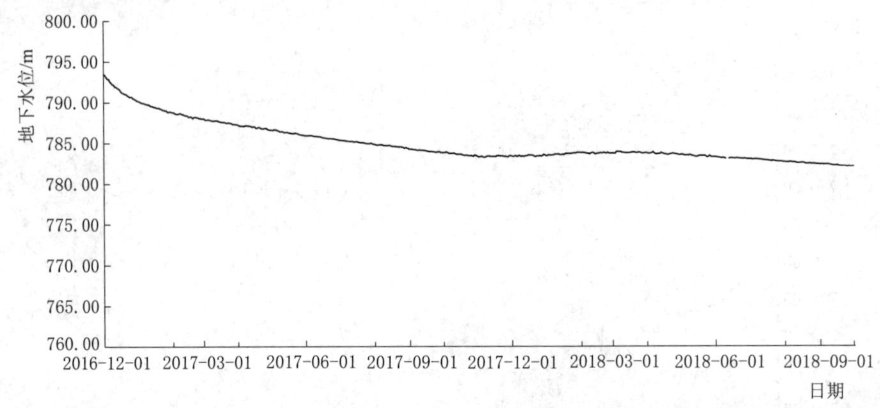

图 7.4-6　YRZK09 号钻孔地下水位长期动态观测曲线

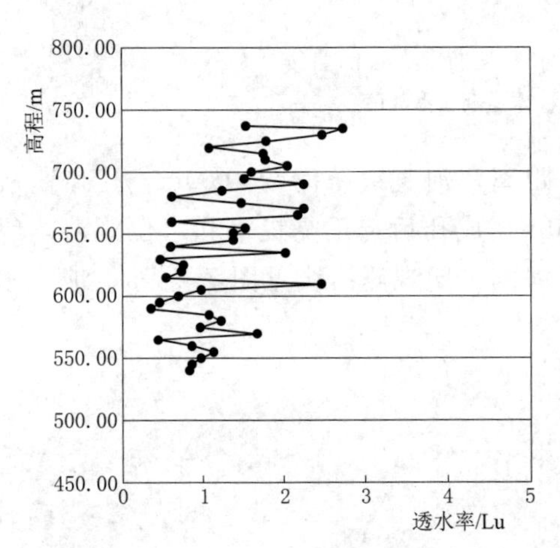

图 7.4-7　YRZK01 钻孔压水试验成果图

另外，YRZK01、YRZK05 和 YRZK09 钻孔均进行了岩芯编录、压水试验、钻孔光学成像测试工作，根据揭露的岩芯和光学成像成果，岩体从地表向下，由风化破碎逐渐趋于新鲜完整，局部受构造影响，裂隙较为发育，但溶蚀现象并不多见，少量的喀斯特现象仍以小溶孔、溶隙为主，未见大的溶蚀空腔，钻孔深部光学成像显示孔壁光滑完整。从压水试验成果可以看出（见图 7.4-7～图 7.4-9），YRZK01 钻孔在 750.00m 高程以下，岩体透水率均小于 3Lu；YRZK05 钻孔在 650.00m 高程以下，以微—弱透水为主（＜10Lu），在 450.00～460.00m 高程段，受构造影响，岩体达到中等透水；YRZK09 钻孔在 812.00m 高程以下全段小于 3Lu，透水性微弱。这表明，左岸钻天岭一带，下部岩体透水性较弱，具备支撑高地下水位的介质条件。

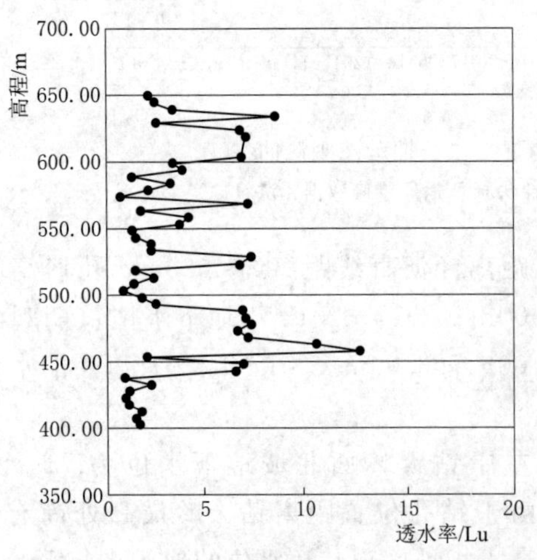

图 7.4-8　YRZK05 钻孔压水试验成果图

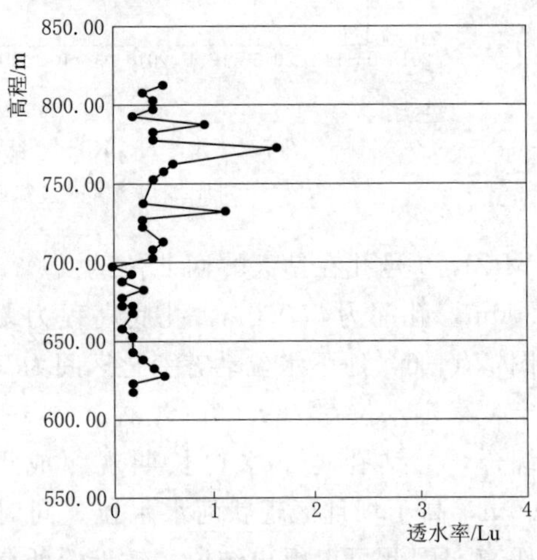

图 7.4-9　YRZK09 钻孔压水试验成果图

确认钻天岭一带存在地下水分水岭对东庄水利枢纽工程渗漏问题研究具有重要意义。一方面，它表明天然状态下钻天岭西侧地下水向泾河河谷方向径流排泄，工程区不存在向东、东南方向张家山断裂带径流的可能性；另一方面，水库蓄水后钻天岭一带地下水位将进一步壅高，壅高后的地下水位可能高于东庄水库正常蓄水位（789.00m），库水向东及东南方向产生渗漏的可能性较小。即便局部地段地下水位在水库蓄水后仍略低于正常蓄水位，但由于渗径很长，其向远端产生的渗漏量也会十分有限。

7.5 碳酸盐岩库段“悬托河”成因问题

7.5.1 悬托河段分布

在喀斯特地区，悬托河往往预示河床以下喀斯特较为发育，径流和排泄的速度较快，在悬托河段上建坝面临的喀斯特渗漏风险一般很高。

东庄水库库坝区钻孔地下水位统测成果表明，老龙山断层以南碳酸盐岩库段河床及近岸坡地下水位总体较平缓，2011—2018 年动态观测的地下水位在 545.00～553.00m 之间，低于河床高程（590.00m），为悬托型河谷。悬托河的存在成为制约东庄坝址建坝的关键地质问题，其成因也是历次勘察过程中争议的焦点。

另外，在坝址下游约 3km 的风箱道泉群附近，沙坡断层南北两侧布置 2 个地下水长期观测孔 YRZK06 孔和 YRZK07 孔（见图 7.5-1）。其中 YRZK06 钻孔位于沙坡断层北侧，YRZK07 钻孔位于沙坡断层南侧。钻孔水位动态观测成果表明（图 7.5-2）：沙坡断层北侧 YRZK06 钻孔水位在 545.00～553.00m 之间，实测风箱道泉群出露高程为 535.00～540.00m，均高于河水位（530.00～535.00m）；沙坡断层南侧 YRZK07 钻孔位于河岸边约 30m，地下水位在 533.00～540.00m 之间，略高于河水位。这表明在风箱道河谷附近地下水位已高于河水位，河道已不再悬托。

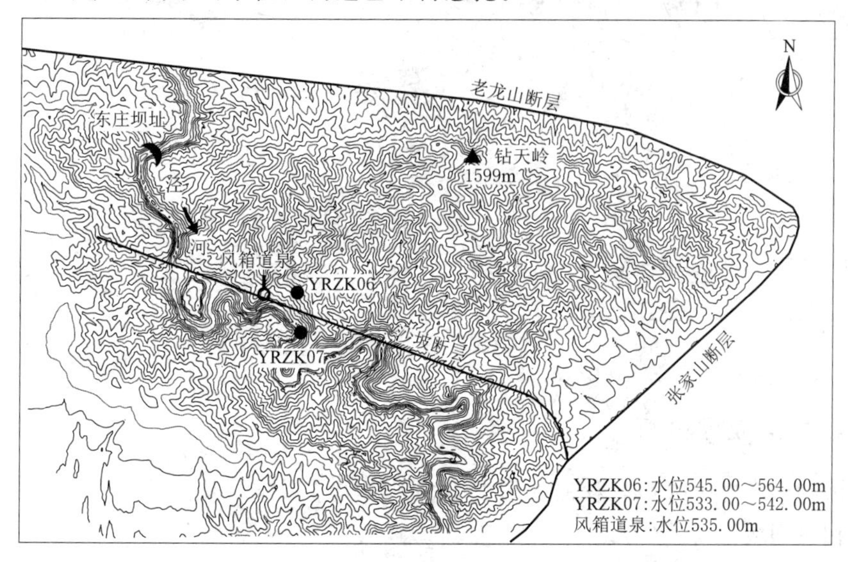

图 7.5-1 风箱道附近钻孔位置及水位统测成果图

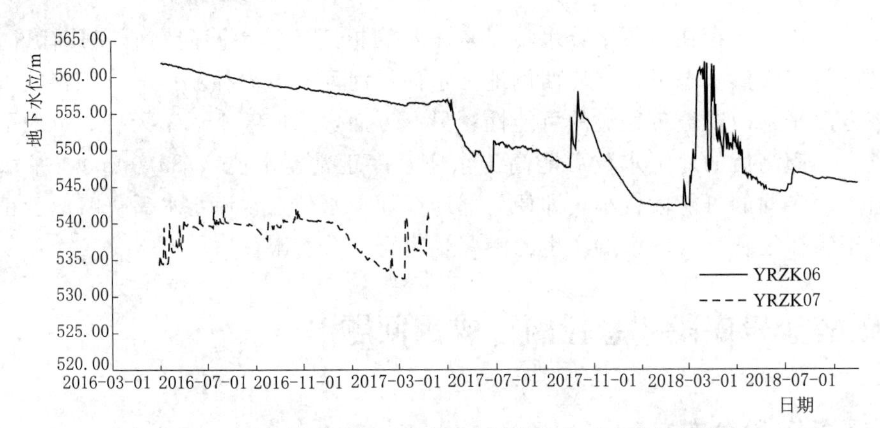

图 7.5-2 YRZK06、YRZK07 钻孔水位动态变化曲线

在右岸远岸端的五峰山一带，周围民井的地下水位在 816.00～834.00m 之间。2011年实测滚村民井水位在 816.00～818.00m 之间，冯家庄 Y3 机井水位为 834.18m，同时右岸五峰山海拔 1474.00m，分析推测地下水位在 850.00m 左右；左岸钻孔地下水位观测资料已证实，钻天岭分水岭一带地下水位在 714.00～782.00m 之间；这表明随着远离河谷，两岸地下水位向两岸逐渐抬升，远岸不再存在悬托现象。

依据上述分析，悬托河仅分布在沙坡断层以北碳酸盐岩河段的近岸区，其分布的大致范围见图 7.5-3。需要说明的是，在坝址区下游、风箱道泉群上游建有一小型水库——文泾电站水库，最大坝高 42m，受其蓄水影响，地下水位在该河段有所抬升。

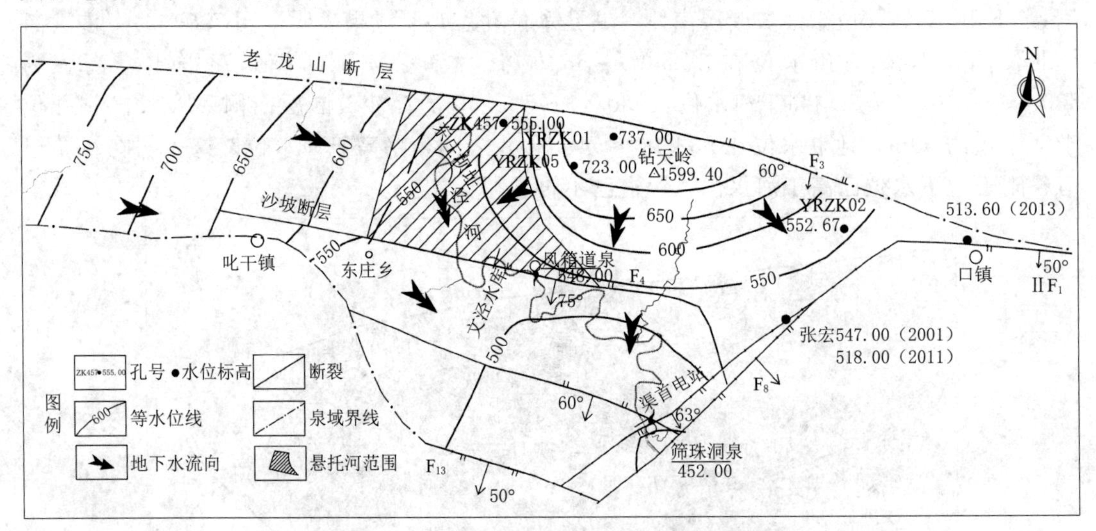

图 7.5-3 东庄坝址悬托河分布范围示意图

7.5.2 悬托河成因分析

东庄水库碳酸盐岩库段悬托河的形成受多方面因素影响，其中控制性因素是补给源不足及排泄相对通畅。

(1) 河水及大气降水对地下水补给作用弱。悬托河段河床高程以下岩体总体上透水性微弱，使得河水对地下水补给作用弱，垂向上的补给速率小于地下水水平方向的径流和排泄速率。再加上区内大气降水量较小，多年平均降水量约为550mm，且工程区碳酸盐岩裸露区多为高山峡谷，地形陡峻，大气降水多形成地表径流；覆盖区和埋藏区由于上部有黄土地层的拦蓄和阻隔，越流补给到碳酸盐岩中水量亦有限。因此，河水及大气降水对地下水的补给作用总体有限。

根据前述河床部位岩体透水性以及地下水和河水的动态分析，A区、B区（白云岩河段）河床透水率较低，为弱透水，地下水位和河水位动态关系不明显；C区（灰岩段）近岸地段钻孔虽然和河水位动态关系明显，但钻孔压水试验结果表明，C区坝址河床以下70m范围内仍以微—弱透水为主，C区河床部位的地下水位和河水位仍存在明显差异。水化学、同位素资料也表明河水对地下水作用不明显。这些情况均说明河水对地下水的补给作用较弱。

（2）悬托河段地下水排泄途径相对通畅，地下水位分布形态主要受沙坡断层北侧的页岩阻水作用和风箱道泉群排泄基准控制。

悬托河段分布的碳酸盐岩地层为奥陶系下统冶里-亮甲山组（$O_1y—l$）和中统马家沟群（O_2m）的白云岩和灰岩地层，总体走向NWW，倾向SE，倾角42°～55°，总厚度大于1500m，垂向上无相对稳定的隔水层。

工程区一级排泄基准面——风箱道泉群位于沙坡断层与泾河交会处，上距东庄坝址约3km。来自左岸钻天岭以西和右岸五峰山以东的地下水分别向泾河河谷方向径流后，沿河谷方向向风箱道泉群排泄，地下水径流排泄途径相对通畅。因此，地下水补给源不足加上排泄相对通畅是工程区悬托河段形成的主要原因。

沙坡断层及其以北的页岩在泉域内具有特殊的水文地质意义。沙坡断层为一近东西向发育的逆断层，南盘下奥陶统冶里-亮甲山组白云岩地层逆冲于平凉组页岩之上，因此形成一近东西向的相对阻水条带。据现场调查，页岩出露宽度30～80m不等，连续分布，在基岩裸露区，从坝址区西南东庄一带至宋家山南侧的张家山断层均有出露。另根据断层、地层产状推算，在泾河河床以下150～200m，断层切穿了平凉组页岩，使南北两侧的含水层对接（见图7.5-4），因而沙坡断层以北的页岩在一定程度上相当于一道天然的悬挂防渗帷幕。泉域北部的地下水在径流过程中遇到沙坡断层后，一部分受沙坡断层以北页岩的阻隔，溢出地表形成风箱道泉群，其出露高程为535.00～540.00m，一部分向深部越过沙坡断层继续向筛珠洞泉群方向径流，还有一部分地下水则在受阻后沿沙坡断层北侧由西向东，过徐家山后转向向南径流，最终汇入张家山断层带。

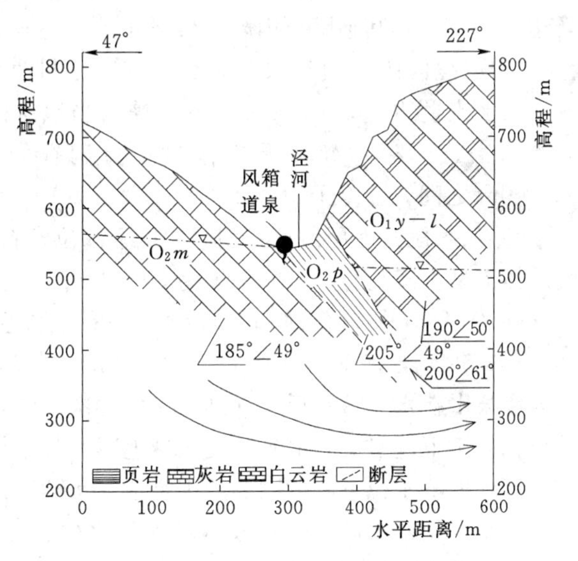

图7.5-4 沙坡断层剖面示意图

库坝区地下水位相对平缓，即是受到沙坡断层及北侧页岩这一天然“悬挂帷幕”的阻水作用影响，而库坝区地下水位多集中在 550.00～560.00m 之间，则是受风箱道泉群这一排泄基准面的控制。

(3) 区域喀斯特地下水系统的径流和排泄受构造控制，存在多级排泄基准面。区域上以多字形断块构造为特征的构造体系，控制着本区的水文地质条件，形成了一系列相对独立的喀斯特地下水系统，各地下水系统地下水位和径流分别受当地河流和山前断裂带等多级排泄基准的控制，渭河盆地是渭北喀斯特地下水的最终排泄基准面。

就本工程区而言，其所处的筛珠洞泉域存在三级排泄基准面，第一级排泄基准面位于坝下游直线距离约 3km 的风箱道泉群，风箱道主泉出露高程为 535.00～540.00m；第二级排泄基准面为泾河出山口处的筛珠洞泉群（主泉出露高程为 452.00m）；第三级排泄基准面为渭河盆地。

在渭河地堑形成、渭北隆起过程中的不同时期，排泄基准面也随之发生变化。新构造运动以来，鄂尔多斯地块稳定抬升与渭河盆地断陷带持续沉陷，泾河快速下切，地下水区域排泄基准面也随盆地的沉陷逐渐降低，从而控制了泉域内地下水位的总体变化趋势。

(4) 区域地下水开采的联动效应是造成泉域内地下水位下降的主要原因

根据地下水位观测资料分析，区域上地下水位总体呈下降趋势。

1) 陕西省水文地质一队资料表明，自 1977—1980 年以来，区内地下水位处于持续下降状态，观测期间累计下降了 5.75～10.27m，地表泉水流量也逐年减小。另据煤炭科学院西安研究院资料，1979 年以来渭北东部（韩铜区）地下水位也处于下降状态，累计下降达 10～20m，其下降原因除气候影响外，还与大面积人工开采地下水有关。

2) 工程区所处的筛珠洞泉域西部，滚村泉水出露高程为 832.00m，为侵蚀下降泉群，泉水流量约 10L/s，常年流水，曾为当地居民的重要饮用水源之一，于 2008 年断流后再未溢出。2013 年 1 月在滚村一带调查的民井资料，地下水位一般在 810.00～820.00m 之间，下降了 10～20m。

3) 从东庄水库历次勘察期间的地下水位资料分析，坝址区地下水位由 1966 年勘察至今总体上呈下降趋势，下降幅度为 20～30m。

4) 羊毛湾水库管理局 2010 年测得的羊毛湾水库坝下地下水位为 508.60m，较 1958—1959 年建库前地下水位（518.49m）下降了 10.11m，结合下游已消失 400 余年的龙岩寺泉水在水库蓄水后复现到后来的再次断流现象，表明即使在库水补给条件下，地下水位仍处于下降趋势，显示其受区域地下水位整体下降的影响。

区内地下水位下降的主要原因是地下水的开采。近年来区域内尤其是山前地带地下水开采量呈逐年增大趋势，造成区域地下水位整体下降，在筛珠洞泉域上游的御驾宫乡一带，近年来也新施工了 4 眼供水井；随着咸阳、西安一带地热资源的开发，地下热水开采量呈逐渐增加趋势；在筛珠洞泉东北泾阳白王乡张宏村供水井（位于张家山断裂带），2001 年成井时地下水位为 547.00m，2011 年水文地质调查时地下水位降至 518.00m，降幅近 30m，形成局部的降落漏斗。筛珠洞泉域不是完全独立的地下水系统，其主要排泄通道除筛珠洞泉外，还有部分地下水向张家山断层排泄后进入山前深部循环，区域地下水开采的联动效应是造成泉域内地下水位呈下降趋势的主要原因。

7.6 河道测流成果差异性问题

河道测流是验证河道渗漏损失较直观的方法。针对碳酸盐库段喀斯特渗漏问题，勘察设计单位和水文部门前期共进行过4次测流工作：第一次于1980年4月23日、10月20—26日，由陕西省水利电力勘测设计研究院施测完成；第二次于1993年9月4—6日，由陕西省水文总站施测完成；第三次于1994年8月26—29日，由陕西省水文总站施测完成；第四次于2001年10月，由西安水文局施测完成。

表7.6-1 历次测流各断面传播历时表

测流年份	断面名称	各断面间传播历时/h
1993	西马庄	1.9
	白云岩	
	沙坡	1.7
1994	西马庄	2.2
	白云岩	
	沙坡	2.4
2001	老龙山	2.9
	沙坡	

1993年、1994年和2001年测流时，各测流断面间传播历时见表7.6-1，各次测流的测流断面平面位置示意图见图7.6-1。

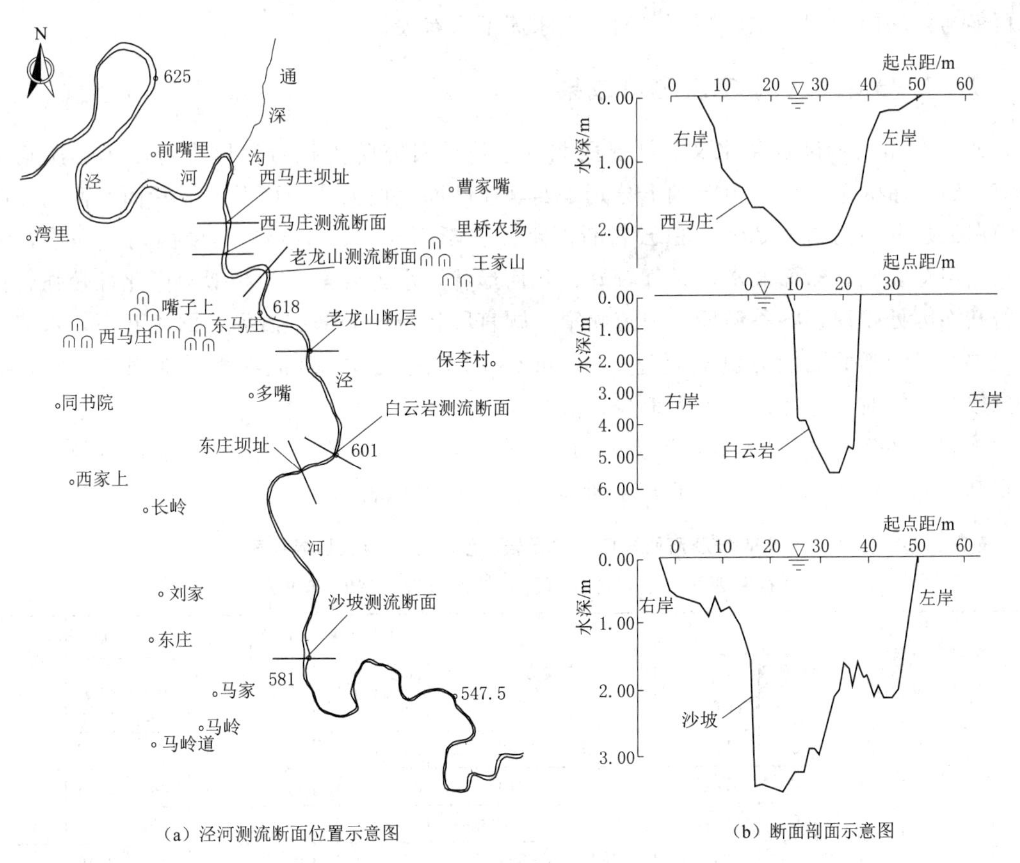

(a) 泾河测流断面位置示意图
(b) 断面剖面示意图

图7.6-1 泾河测流断面平面位置与断面剖面示意图

7.6.1 1980 年第一次测流成果

陕西省水利电力勘测设计研究院 1980 年在泾河干流河段老龙山-沙坡断层长 7km 的河道两端，布设了水文断面，用流速仪进行测流，共进行了 5 个测次，其中 4 月测流 1 次，10 月测流 4 次，测流成果见表 7.6-2。

表 7.6-2　　东庄坝段测流成果表

测　次		1	2	3	4	5	平均差值
第一期测流	日期	4 月 23 日	10 月 20 日①	10 月 24 日	10 月 25 日	10 月 26 日	
	老龙山/(m^3/s)	17.76	22.65①	42.89	30.85	24.81	29.08
	沙坡/(m^3/s)	16.37	31.33①	45.64	31.49	25.20	29.68
	流量差（沙坡-老龙山）/(m^3/s)	−1.39	+8.68①	+2.75	+0.64	+0.39	+0.60
	差值%	−8.1	+32①	+6.2	+2.1	+1.6	+1.8

① 指 10 月 20 日测流成果上下游断面误差大于 10%，平均值统计时未统计。

从表 7.6-2 可以看出，除 4 月 23 日测流成果显示沙坡断面流量相比老龙山断面流量减小外，10 月的四次测流成果均显示下游断面流量是增加的，增加幅度 1.6%～6.2%（未统计流量差大于 10%的测次）。分析认为，10 月的四次测流均在雨季，流量增加可能与沙坡断面到老龙山断面间的地表水流汇入有关。

7.6.2 1993 年 4 月第二次测流成果

1993 年 9 月，陕西省水文总站受西北勘察设计研究院委托对河段进行了第二次河道测流。布置了 3 个断面，由上到下分别是西马庄断面、白云岩断面及沙坡断面。西马庄断面距白云岩断面河长 4.8km，白云岩断面距沙坡断面河长 4.2km。其中西马庄和沙坡两个断面河道宽阔，断面及水流条件较好，几何形状及水力要素极为相似，可比性较强；白云岩断面因处于深切峡谷河段，河道狭窄，顺直段较短，局部有漩涡、回流断面，水流条件较差。三个断面间没有流量超过 0.001m^3/s 的支流汇入，测流期间无降雨，因此在其测流成果分析时不考虑区间地下地表径流量。

施测时间为 9 月 4—6 日，测流采用流速仪，测深采用超声测深仪和铝合金测杆，精确到 0.01m。测流结果见表 7.6-3，测流成果分析表见表 7.6-4。

表 7.6-3　　1993 年泾河西马庄、白云岩、沙坡站实测流量成果表

［据陕西水文总站测流（漏）技术报告，1993 年 9 月］

断面位置	施测号数	施测时间				测验方法	断面面积/m^2	流速/(m/s)		水面宽/m	水深/m		流量/(m^3/s)
		月	日	起/(时：分)	讫/(时：分)			平均	最大		平均	最大	
西马庄	1	9	4	9:00	10:30	流速仪(25-3)15/0.6	72.9	0.65	0.85	47.0	1.55	2.46	47.2
	2			13:42	17:00	流速仪(25-3)41/0.6	67.1	0.83	0.96	47.0	1.43	2.74	55.3
	3		5	9:00	12:30	流速仪(25-3)28/42	75.9	0.66	0.91	46.8	1.62	2.72	50.3
	4			14:00	16:30	流速仪(25-3)16/0.6	76.5	0.69	0.87	46.6	1.64	2.70	53.1
	5		6	9:00	11:06	流速仪(25-3)16/28	74.9	0.66	0.88	46.4	1.61	2.82	49.4

续表

断面位置	施测号数	施测时间 月	日	起 /(时:分)	讫 /(时:分)	测验方法	断面面积 /m²	流速/(m/s) 平均	最大	水面宽 /m	水深/m 平均	最大	流量 /(m³/s)
白云岩	1	9	4	9:15	9:55	流速仪(25-3)15/0.0	65.2	0.83	2.00	15.4	4.23	5.60	54.3
	2			14:30	15:48	流速仪(25-3)14/0.6	63.6	0.75	1.01	15.4	4.13	5.53	47.9
	3		5	9:00	10:54	流速仪(25-3)15/0.6	63.5	0.78	1.20	15.4	4.12	5.50	49.8
	4			14:00	16:00	流速仪(25-3)30/0.6	63.3	0.61	1.06	15.4	4.11	5.50	45.4
	5		6	11:00	14:00	流速仪(25-3)15/45	63.2	0.71	1.50	15.4	4.10	5.70	44.7
沙坡	1	9	4	9:36	12:54	流速仪(23-3)29/42	74.2	0.69	0.98	49.0	1.53	2.35	51.5
	2			15:40	17:20	流速仪(25-3)41/0.6	73.9	0.66	0.90	47.5	1.61	2.42	48.5
	3		5	9:00	11:00	流速仪(25-3)42/0.6	72.1	0.66	0.90	47.5	1.56	2.32	47.3
	4			14:00	16:10	流速仪(25-3)42/0.6	72.3	0.64	0.86	47.1	1.57	2.32	46.5
	5		6	9:00	13:20	流速仪(25-3)42/88	70.9	0.62	0.87	46.9	1.57	2.38	43.7

表 7.6-4　1993 年泾河西马庄、白云岩、沙坡站实测流量(漏)成果分析

(据陕西水文总站测流技术报告,1993 年 9 月)

序号	分析方法	测流断面名称	流量 /(m³/s)	流量差/(m³/s) 上至中断面 / 中至下断面	流量差/(m³/s) 上至下断面	单位千米渗漏量/[m³/(s·km)] 上至中断面(距离4.8km) / 中至下断面(距离4.2km)	单位千米渗漏量/[m³/(s·km)] 上至下断面(距离9.0km)	碳酸盐岩河段单位千米渗漏量/[m³/(s·km)] 老龙山断层至白云岩断面(2.1km) / 白云岩断面至沙坡断面(4.2km)	碳酸盐岩河段单位千米渗漏量/[m³/(s·km)] 老龙山断层至沙坡断面(距离6.3km)	可靠程度
1	算术平均法		第一组:5 次实测流量平均(水位变幅 0.31m)							
		西马庄	51.1	-2.7		0.563		1.286		
		白云岩	48.4		-3.6		0.400		0.571	供参考
		沙坡	47.5	-0.9		0.214		0.214		
			第二组:第 3~5 次实测流量平均(水位变幅 0.03m)							
		西马庄	50.9	-4.3		0.896		2.048		
		白云岩	46.6		-5.1		0.567		0.810	可靠
		沙坡	45.3	-0.8		0.190		0.190		
			第三组:第五次实测流量(水位变幅 0.01m)							
		西马庄	49.4	-4.7	-5.7	0.979		2.238		
		白云岩	44.7				0.633		0.905	可靠
		沙坡	43.7	-1.0		0.238		0.238		

续表

<table>
<tr><th rowspan="3">序号</th><th rowspan="3">分析方法</th><th rowspan="3">测流断面名称</th><th rowspan="3">流量/(m^3/s)</th><th colspan="2">流量差/(m^3/s)</th><th colspan="2">单位千米渗漏量/[m^3/(s·km)]</th><th colspan="2">碳酸盐岩河段单位千米渗漏量/[m^3/(s·km)]</th><th rowspan="3">可靠程度</th></tr>
<tr><th>上至中断面</th><th rowspan="2">上至下断面</th><th>上至中断面(距离4.8km)</th><th rowspan="2">上至下断面(距离9.0km)</th><th>老龙山断层至白云岩断面(2.1km)</th><th rowspan="2">老龙山断层至沙坡断面(距离6.3km)</th></tr>
<tr><th>中至下断面</th><th>中至下断面(距离4.2km)</th><th>白云岩断面至沙坡断面(4.2km)</th></tr>
<tr><td rowspan="6">2</td><td rowspan="6">时段水量平衡</td><td rowspan="2">西马庄</td><td rowspan="2">51.4</td><td rowspan="3">−3.7</td><td rowspan="6">−4.2</td><td rowspan="3">0.771</td><td rowspan="6">0.467</td><td rowspan="3">1.762</td><td rowspan="6">0.667</td><td rowspan="6">可靠</td></tr>
<tr></tr>
<tr><td rowspan="2">白云岩</td><td rowspan="2">47.7</td></tr>
<tr><td rowspan="3">−0.5</td><td rowspan="3">0.119</td><td rowspan="3">0.119</td></tr>
<tr><td rowspan="2">沙坡</td><td rowspan="2">47.2</td></tr>
<tr></tr>
<tr><td rowspan="2"></td><td rowspan="2">平均</td><td rowspan="2"></td><td rowspan="2"></td><td rowspan="2"></td><td rowspan="2"></td><td>0.882</td><td rowspan="2">0.566</td><td>2.016</td><td rowspan="2">0.794</td><td rowspan="2">注：该值为表中三项可靠数据的均值</td></tr>
<tr><td>0.182</td><td>0.182</td></tr>
</table>

在陕西省水文总站《泾河东庄水库库坝区碳酸盐岩河段测流（漏）技术报告（一）》中，采用算术评价法和水量平衡法对测流成果及渗漏进行了分析，两种方法的结论基本一致，即在泾河流量50m^3/s时，西马庄至白云岩段单位千米渗漏量在0.563～0.979m^3/(s·km）之间，平均为0.882m^3/(s·km)，此段要经过老龙山断层，而且有2.1km长的白云岩河段，这可能是损失量大的主要原因；白云岩至沙坡段单位千米渗漏量在0.119～0.238m^3/(s·km）之间，平均为0.182m^3/(s·km)。白云岩断面因水流条件较差，对该断面测流成果有一定影响，该断面测流成果与西马庄断面和沙坡断面测流成果相比较，精度稍差。若不考虑白云岩断面，则西马庄断面至沙坡断面之间的单位千米河长渗漏量其损失量在0.400～0.633m^3/(s·km）之间，平均为0.556m^3/(s·km)。碳酸盐岩河段老龙山断层至沙坡段的单位千米河长渗漏量其损失量在0.571～0.905m^3/(s·km）之间，平均为0.794m^3/(s·km)。

本期的几次测流取得了较为一致成果，均显示河段有渗漏情况，尤其是在老龙山断层河段。但在《泾河东庄水库库坝区碳酸盐岩河段测流（漏）技术报告（一）》的结束语中提到："本次测流（漏）虽然取得了一定的资料成果，进行了分析，但因9月正值主汛期，河道水量及水流条件没有枯季好，给测验工作和分析工作带来了一定复杂性；另外因缺乏较长时期的连续水位流量观测资料，时段水量平衡的方法得不到很好的运用，给渗漏分析论证带来了一些困难。建议今后增加流量测次，并加强水位观测，以便对三个断面间的流量变化，作深入分析。"

分析认为，本次测流具有一定参考价值。总体上看，白云岩至沙坡段单位长度损失量明显小于西马庄至白云岩段，并推测是老龙山断层带的影响。但一些成果报告在分析东庄水库喀斯特渗漏问题时，没有认真客观分析测流（漏）技术报告的分析结论，而是引用了算术平均法计算的单位千米渗漏量最大值 0.905m^3/(s・km) 和时段水量平衡法得出的单位千米渗漏量 0.667m^3/(s・km) 来评价，并得出了碳酸盐岩库段渗漏量可能大于 10%的结论。

7.6.3 1994 年 8 月第三次测流成果

第三次测流是由陕西省水文总站于 1994 年 8 月进行的，施测断面同第二次测流。本次测流在 1993 年测流的基础上，对部分测流设施和要求做了改进和修订，制定了“泾河东庄水库坝区碳酸盐岩河段测流（漏）技术细则”。施测期间河道流量较枯。测流结果见表 7.6－5，测流成果分析见表 7.6－6。

表 7.6－5　1994 年泾河西马庄、白云岩、沙坡断面实测流量成果表

[据陕西水文总站测流（漏）技术报告，1994 年 10 月]

断面位置	施测号数	施测时间				测验方法	断面面积/m^2	流速/(m/s)		水面宽/m	水深/m		流量/(m^3/s)	水位/m	备注
		月	日	起/(时：分)	讫/(时：分)			平均	最大		平均	最大			
西马庄		8	26	10:00	14:00	流速仪(25－3)34/48	57.9	0.61	0.88	46.4	1.25	2.30	35.3	0.380	
	2			15:00	17:30	流速仪(25－3)35/42	57.5	0.60	0.85	46.4	1.24	2.34	34.5	0.370	
	3		27	11:30	13:40	流速仪(20－3)20/0.6	59.5	0.56	0.73	46.6	1.28	2.30	33.2	0.360	
	4			13:40	15:48	流速仪(25－3)43/0.6	57.5	0.56	0.70	46.4	1.23	2.30	32.2	0.360	
	5		29	8:30	10:30	流速仪(25－3)43/0.6	66.0	0.53	0.71	45.6	1.45	2.45	35.7	0.400	
	6			11:48	13:40	流速仪(25－3)43/0.6	65.6	0.52	0.66	45.6	1.44	2.42	33.9	0.380	
	7			14:30	15:30	流速仪(25－3)18/0.6	63.5	0.51	0.63	44.6	1.42	2.38	32.7	0.340	
	8		30	8:00	9:30	流速仪(25－3)32/0.6	57.8	0.41	0.54	44.1	1.31	2.34	24.0	0.198	
	9			9:42	10:36	流速仪(25－3)17/0.6	59.0	0.43	0.58	44.7	1.32	2.36	25.1	0.215	
白云岩	1	8	26	10:30	14:48	流速仪(25－3)14/54	59.8	0.56	1.05	14.6	4.10	5.64	33.3	0.240	
	2			16:00	18:30	流速仪(25－3)14/38	59.8	0.54	1.03	14.6	4.10	5.64	32.3	0.235	
	3		27	11:12	13:12	流速仪(25－3)14/38	58.9	0.55	0.96	14.6	4.03	5.40	32.4	0.240	
	4			14:30	16:18	流速仪(25－3)14/40	58.9	0.54	1.04	14.6	4.03	5.40	32.0	0.240	
	5		29	9:18	12:12	流速仪(25－3)14/40	60.1	0.58	0.95	14.6	4.12	5.50	34.8	0.300	
	6			13:00	14:42	流速仪(25－3)14/38	59.9	0.55	0.86	14.6	4.10	5.50	33.1	0.260	
	7		30	9:00	10:48	流速仪(25－3)14/37	56.4	0.40	0.73	13.9	4.06	5.24	22.7	0.045	死水面积/m^2
沙坡	1	9	26	11:00	15:00	流速仪(23－3)33/40	77.0	0.45	0.53	49.0	1.90	3.80	34.3	0.665	16.3
	2			16:00	17:42	流速仪(25－3)33/0.6	74.6	0.43	0.52	49.0	1.86	3.65	32.1	0.655	16.4
	3		27	9:42	12:42	流速仪(25－3)34/36	77.2	0.44	0.57	49.0	1.86	3.68	34.0	0.665	14.0
	4			14:30	16:30	流速仪(25－3)34/0.6	77.1	0.45	0.55	49.0	1.86	3.74	34.7	0.665	14.0
	5		29	9:00	11:30	流速仪(25－3)39/0.6	78.7	0.47	0.55	47.0	1.81	3.68	36.9	0.713	6.32
	6			14:00	16:00	流速仪(25－3)34/0.6	75.2	0.44	0.51	45.0	1.84	3.65	32.9	0.658	7.50
	7		30	10:30	12:42	流速仪(25－3)26/0.6	70.5	0.35	0.43	39.0	1.95	3.60	24.8	0.543	5.40

表 7.6-6 1994 年泾河西马庄、白云岩、沙坡河段测流（漏）分析计算一览表

［据陕西水文总站测流（漏）技术报告，1994 年 10 月］

序号	分析方法		断面名称	流量/(m^3/s)		流量差值/(m^3/s)				可靠程度	备　注
				实测值	理论值	上、中、下断面间		上、下断面间			
						实测值	理论值	实测值	理论值		
1	算术平均法	第一组	西马庄	33.8	33.8	−1.30	−1.50	0	−0.4	可靠	第一组：1～4 次流量均值，最大水位变幅为 0.02m
			白云岩	32.5	32.3	+1.30	+1.10				
			沙坡	33.8	33.4						
		第二组	西马庄	34.1	34.5	−1.10	+0.20	+0.8	+0.5	可靠	第二组：5～4 次（其中西马庄段面为 5～7 次）流量均值，最大水位变幅为 0.60m
			白云岩	34.0	34.7	+0.90	+0.30				
			沙坡	34.9	35.0						
2	时段水量平衡法		西马庄	34.5		−1.40		−0.60		可靠	(1) 传播历时经资料计算为 1.5h；(2) 计算时段为 6h
			白云岩	33.1		+0.80					
			沙坡	33.9							
3	1、2 两种方法流量差值算术平均		西马庄			−0.93	−0.90	+0.067	−0.17	较可靠	
			白云岩			+1.00	+0.73				
			沙坡								
4	总平均		西马庄			−0.92		−0.052		较可靠	
			白云岩			+0.87					
			沙坡								

在陕西省水文总站《泾河东庄水库库坝区碳酸盐岩河段测流（漏）技术报告（二）》中，采用算术平均法和时段水量平衡法进行了计算分析。综合两种分析方法得出：西马庄至白云岩断面流量差为−1.5～0.20m^3/s，平均为−0.92m^3/s；白云岩至沙坡断面流量差为 0.30～1.3m/s，平均为 0.87m^3/s；西马庄至沙坡断面流量差为−0.60～0.80m^3/s，平均为−0.051m^3/s。以上数字可以看出，西马庄、白云岩、沙坡 3 个断面间流量变化均未超过±1.50m^3/s。本次流量测验误差未超过±50%，当泾河流量在 30～40m^3/s 时，流量最大绝对误差在±1.5～±2.0m^3/s 之间。可以认为：泾河流量在 30～40m^3/s 时，西马庄、白云岩、沙坡 3 个断面之间水量基本上是平衡的，可以认为是无渗漏，至少可以说白云岩至沙坡断面无渗漏，至于西马庄至白云岩断面其差值为−0.92m^3/s。是否能确认为是由于渗漏所致，还需作进一步的探讨，需进一步开展深入细致的测漏和分析研究工作。

报告还对本次测流（漏）成果与 1993 年测流（漏）成果进行了对照，认为本次成果断面间水量无损失，原因有以下两个方面：一是本次测流抓住了有利时机，流量较枯，水流条件较好，测流的技术方法有所改进，从测流的全过程看，3 个断面实测成果都具有较高精度，特别是白岩断面和 1993 年比较，精度有较大提高，主要是水小、水流边界条件比 1993 年明显优越。二是 1994 年 7 月中旬泾河出现一场大水，最大洪峰流量超过 3000m^3/s，含沙量高达 88kg/m^3，洪水过后河床淤泥达 10cm 厚，其后未涨较大洪水。8 月中下旬进行测流时，淤泥仍旧很厚。断面间未出现明显的水量损失，亦有可能受此影响。另外，从测流成果来分析，上断面与中断面流量略有变化，中断面与下断面流量变化很微，这个大趋势与1993年完全一致。

7.6.4 2001年10月第四次测流成果

第四次测流由西安水文局于2001年10月进行，施测断面为老龙山断面和沙坡断面。测流结果显示，老龙山断面平均流量为41.5m^3/s，沙坡断面平均流量为42.3m^3/s，河道流量增加0.8m^3/s，增加比例约2%。第四次测流前期，由于连续多日降雨，土壤呈现饱和状态，当地表汇流基本结束后，地表渗流仍然存在，沙坡断面流量略高于老龙山断面。

7.6.5 四次测流结果的对比分析

上述四次测流，由于各次时间、位置、精度控制等方面的差异，导致测流结果各不相同，因而通过测流来判断是否存在喀斯特渗漏以及渗水量的大小存在一定困难，不宜选择性采用"漏"的数据或者"不漏"的数据来进行分析。四次测流中，下游断面流量增加的有第一次测流（1980年10月）、第三次测流和第四次测流，下游断面流量减小的有第一次测流（1980年4月）和第二次测流。

陕西省水文水资源勘测局对各次施测成果进行了总结分析，并于2003年3月编制了《泾河东庄水库岩溶河段测流成果分析报告》。报告对测流成果分析后认为：当泾河流量在30.0～50.0m^3/s之间时，可以认定喀斯特河段无渗漏。综合分析前三次测流结果，东庄坝址碳酸盐岩库段在天然状态下均存在一定的渗漏，且渗漏量呈现出随着泾河径流量的增加而增加的趋势，但由于受测量精度、气候影响、河谷断面狭窄水流紊乱等影响，测流结果误差较大，仅作为参考。

综合分析以上测流成果，可以认为，上述各次测流（漏）的实测成果资料均有一定参考意义。由于库段为悬托河段，因而河水渗漏现象是客观存在的。但总体上看，测流结果反映出东庄水库碳酸盐库段河水渗漏量不大，属正常喀斯特裂隙渗漏。

7.7 沿老龙山断裂带集中渗漏问题

老龙山断层是工程区规模最大的一条断层，断裂总体走向为近EW向，倾向S，倾角40°～80°，为逆断层，断裂长度约70km，是工程区所处的筛珠洞泉域地下水子系统的北部边界。断层上盘为奥陶系碳酸盐岩，下盘为二叠系砂页岩，断层带充填角砾岩，断层泥等，断层两盘的地下水位相差上百米，横向阻水性质明显。由于前期工作中对老龙山断层及其影响带的喀斯特发育和透水性特征勘察研究成果较少，因而对水库蓄水后是否会沿老龙山断裂带及其影响带向东产生集中渗漏这一问题，长期存在着争议。

为研究老龙山断裂及影响带的水文地质特征及水库蓄水后库水沿断裂带向东渗漏的可能性，沿老龙山断裂及影响带布置了大地电磁EH4、CSAMT、平洞、钻孔、压水试验、光学成像、跨孔CT、示踪试验等，详细掌握了老龙山断裂带岩体破碎程度、喀斯特发育、地下水位及透水特征，为老龙山断裂渗漏分析提供了重要支撑，取得了明确的研究结论。

1. 物探测试成果

在泾河河床、库段两岸及远端横穿老龙山断裂带布置了6条大地电磁EH4和1条

CSAMT 物探测试剖面，剖面位置及测试成果见图 7.7-1～图 7.7-3。

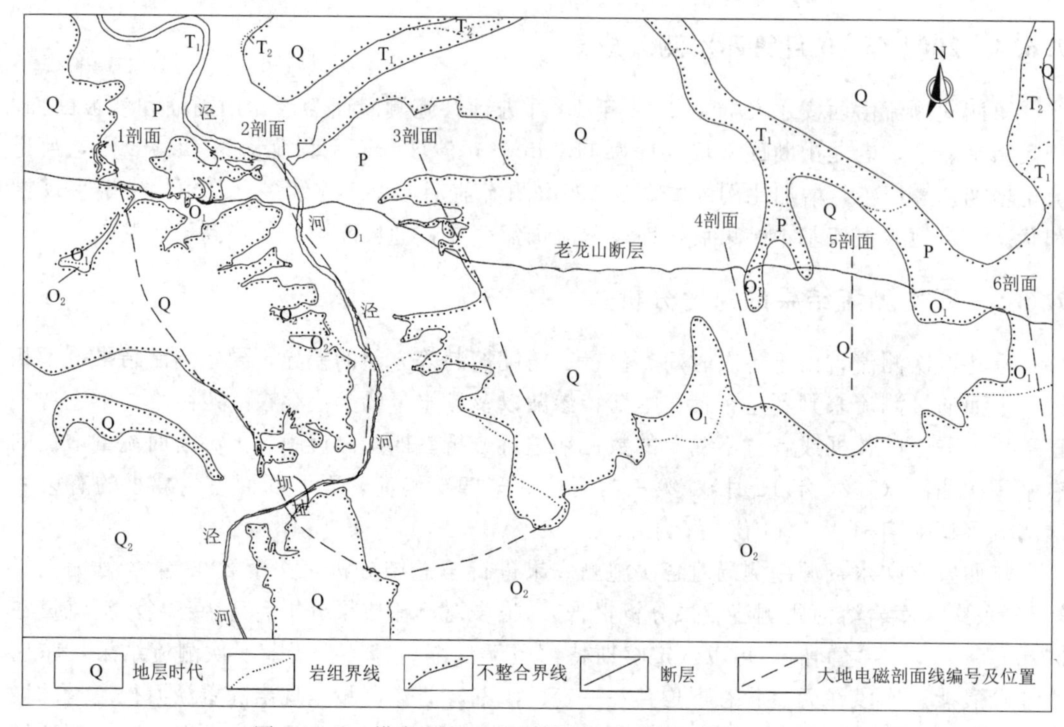

图 7.7-1 横穿老龙山断裂带大地电磁剖面位置示意图

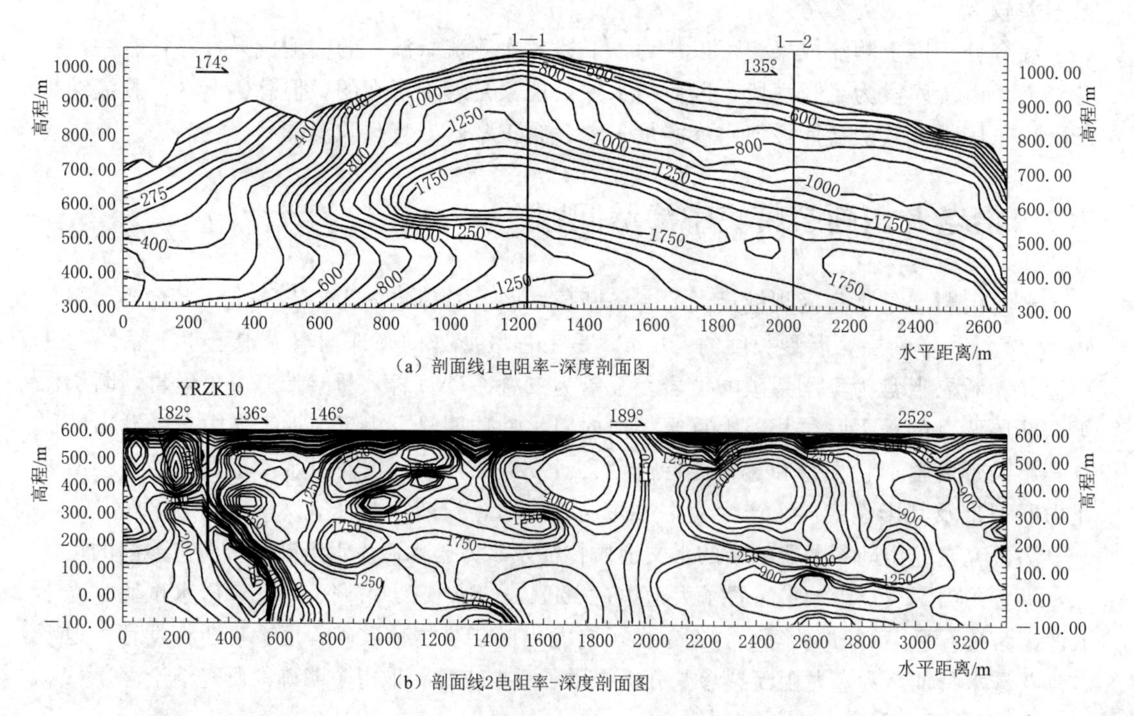

图 7.7-2（一） 大地电磁剖面 1～剖面 3 电阻率成果

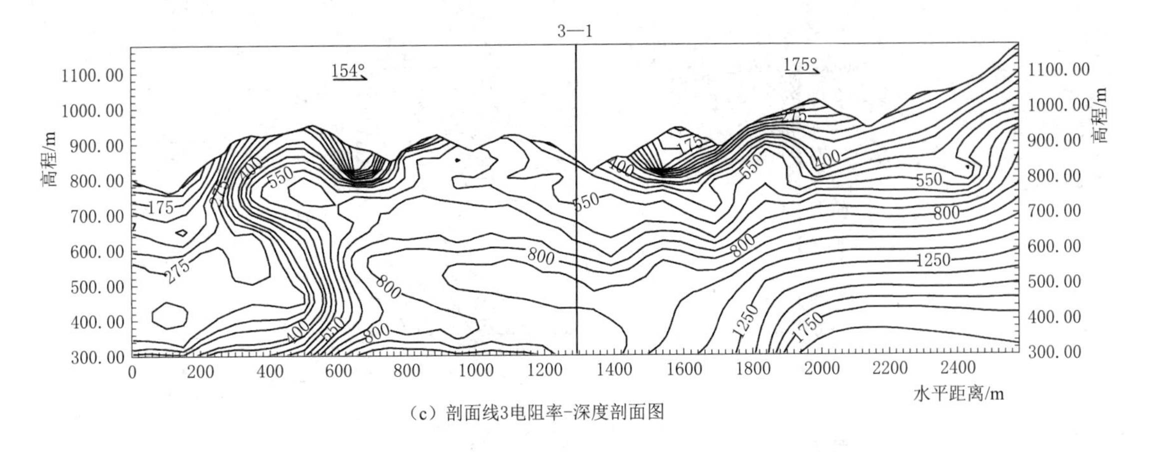

(c) 剖面线3电阻率-深度剖面图

图 7.7-2（二） 大地电磁剖面 1～剖面 3 电阻率成果

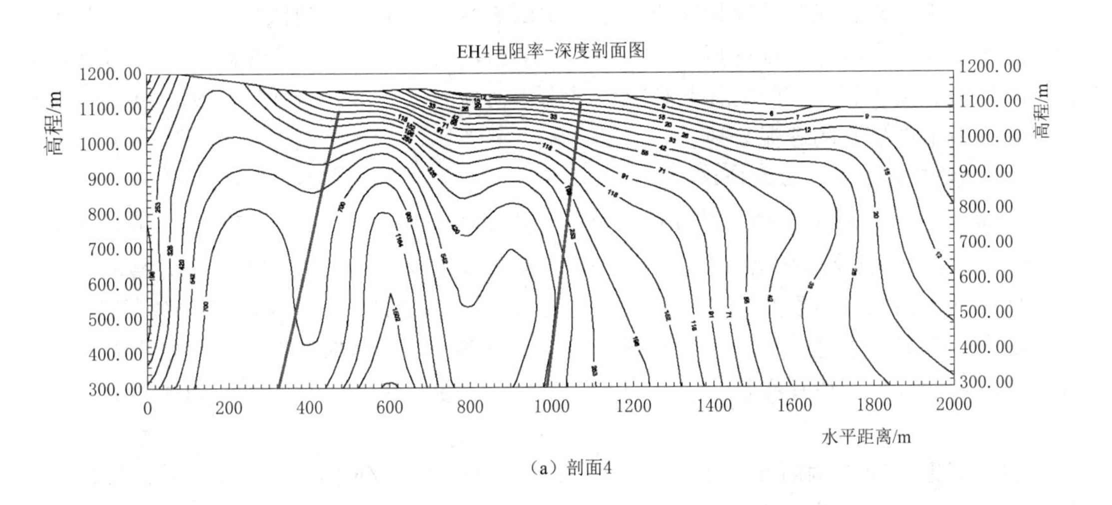

(a) 剖面4

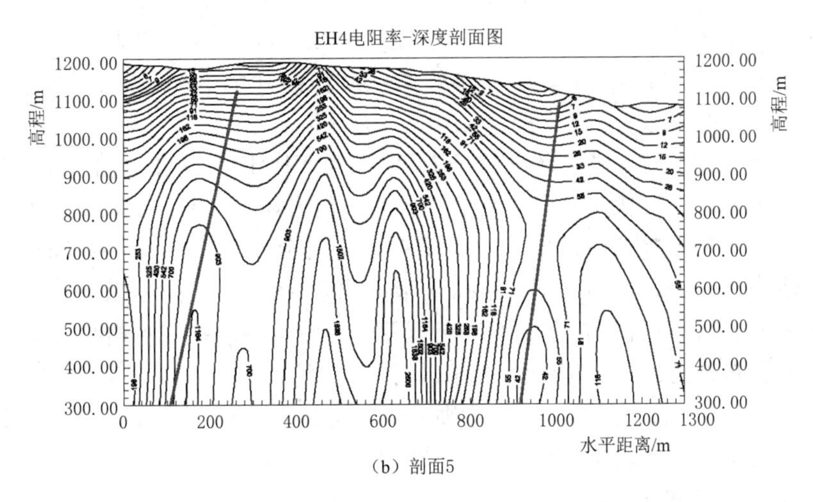

(b) 剖面5

图 7.7-3（一） 大地电磁剖面 4～剖面 6 电阻率成果

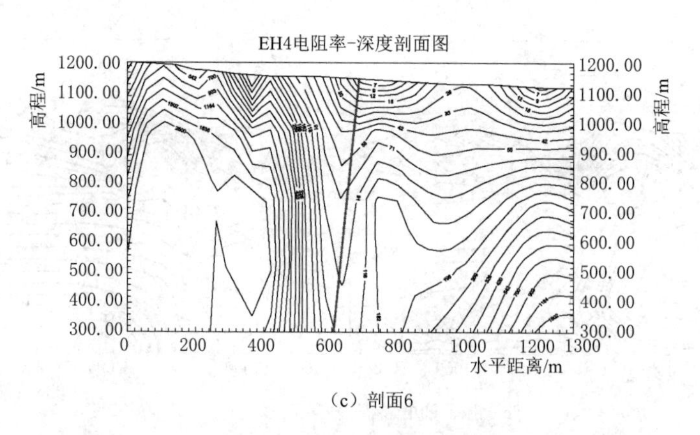

(c) 剖面6

图 7.7-3（二） 大地电磁剖面 4～剖面 6 电阻率成果

地面大地电磁物探测试成果表明，老龙山断裂规模较大，断裂倾角较陡，断裂及影响带岩体较破碎，影响带宽度一般在 300～400m 之间，断裂带两侧岩体物性差异明显，结合地质资料，图中相对高阻的为断裂上盘（河下游侧）的碳酸盐岩地层，相对低阻的为断裂下盘（河上游侧）的砂泥岩地层。

2. 勘探平洞及钻孔揭露情况

据横穿老龙山断裂带的 YRPD01 平洞（洞口高程 630.00m，长 787m，洞径 2.5～3.0m）揭露，断裂及其影响带宽度约 400m，发育多条分支断层，断裂及其影响带岩体破碎，但在探洞内除主断裂及分支断裂两个地方存在局部塌方外，其他洞段岩体挤压紧密，洞室稳定性较好，未见明显的塌方与掉块现象。整条探洞内喀斯特发育整体较为微弱，仅在分支断裂的局部洞段存在钙化结晶和溶蚀裂隙，未发现规模较大的溶洞和连通的喀斯特管道系统存在。

在 YRPD01 平洞内断裂上盘碳酸盐岩布置了 ZK463、ZK464 和 ZK466～ZK469 共 6 个钻孔。虽然钻孔岩芯较破碎，岩体挤压紧密，岩芯采取率较高，孔内光学成像显示孔壁未见有大的溶洞或溶洞充填物，钻孔压水试验揭示在 630.00m（平洞高程，即孔口高程 630.00m）高程以下，岩体透水微弱，透水率一般小于 3Lu，仅个别段透水率大 3Lu，但透水率小于 5Lu（见图 7.7-4）。

在断裂上盘 A 区在左岸远端布置了 YRZK01 和 YRZK09 钻孔（图 7.7-5），钻孔揭露断裂及其影响带岩体微裂隙发育，完整性较差，但岩体挤压紧密，喀斯特现象少见，溶蚀轻微，未见有溶洞等喀斯特现象。钻孔压水试验揭示，YRZK01 钻孔 738.00m 高程以下岩体透水性均小于 3Lu，YRZK09 钻孔正常蓄水位 789.00m 高程以下岩体透水性均小于 2Lu（见图 7.7-6），说明在左岸远端断裂及其影响带碳酸盐岩体透水性差。

在断裂上盘布置的河床 YRZK10 钻孔，全孔压水试验透水率都小于 2Lu，岩体透水微弱（见图 7.7-6）。岩芯虽然破碎，主要为微裂隙发育，连通性差，挤压很紧密，岩芯采取率高，未见明显溶蚀现象（见图 7.7-7）。

3. 长观地下水位揭示结果

地下水位长期动态观测揭示（见图 7.7-8），左岸远端靠近钻天岭北部的 YRZK01 钻孔

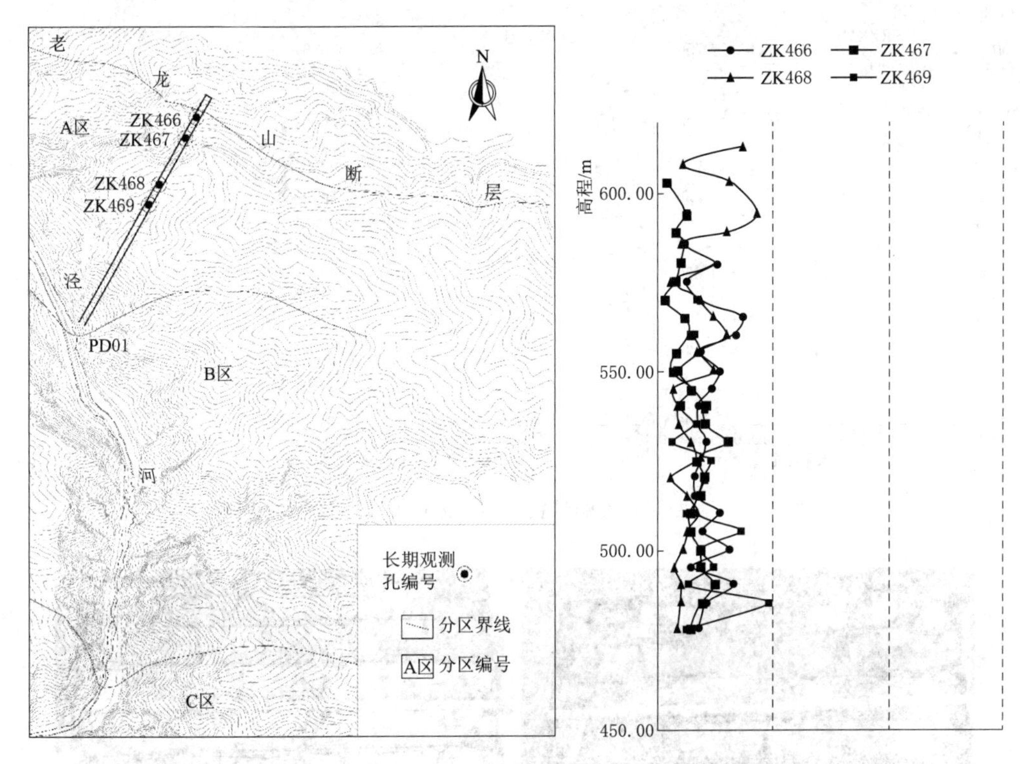

图 7.7-4　YRPD01 洞内钻孔布置及透水率成果

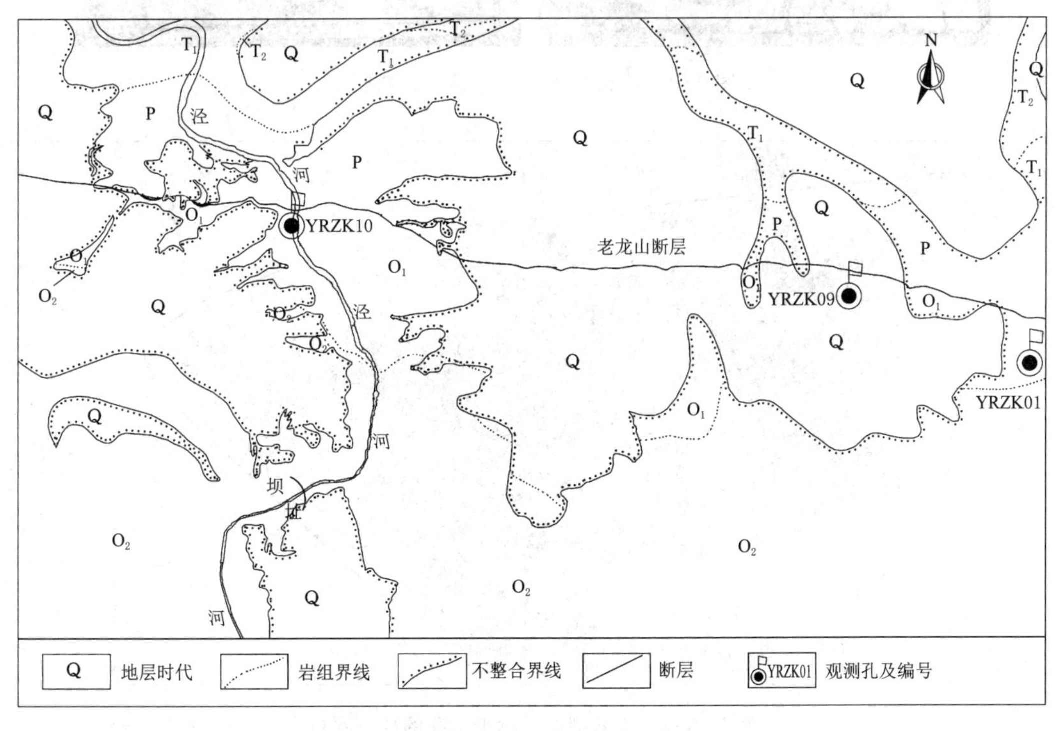

图 7.7-5　沿断层及影响带钻孔布置

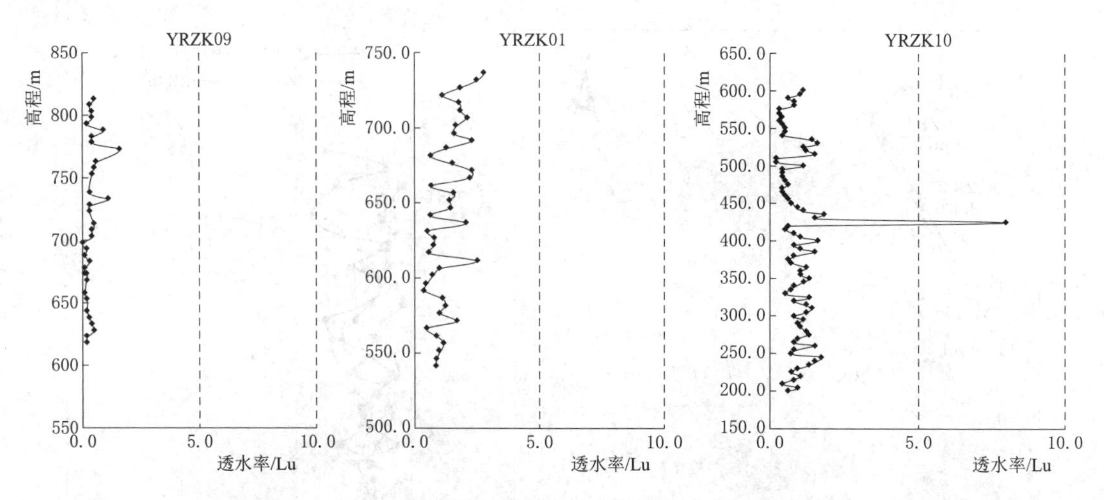

图 7.7-6 断裂及影响带钻孔的岩体透水率与高程关系图

图 7.7-7 河床 YRZK10 钻孔岩芯照片

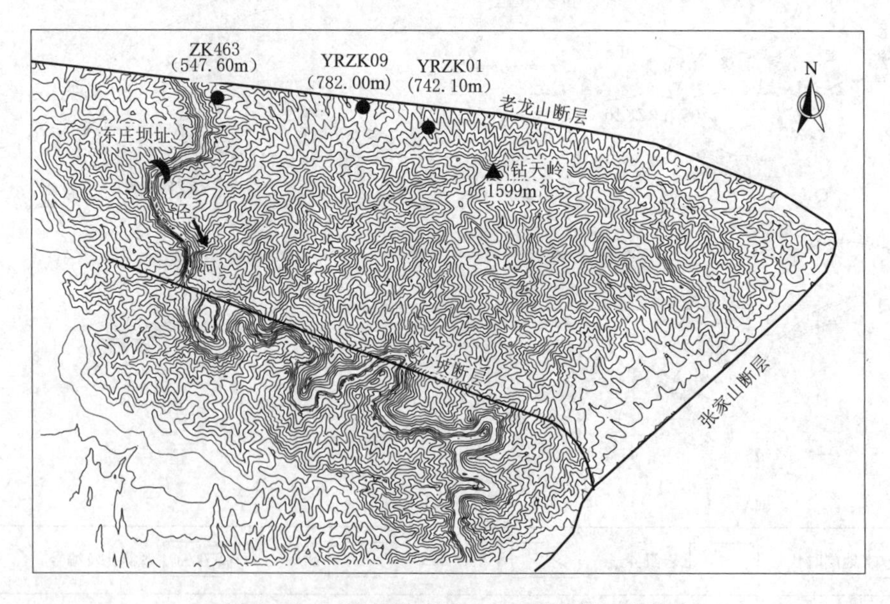

图 7.7-8 沿断裂及影响带钻孔的地下水位
(括号内数字为地下水位)

地下水位 742.10m，位于老龙山断裂及影响带部位的 YRZK09 水位 782.00m，近岸坡 ZK463 地下水位 547.60m，说明天然状态下喀斯特地下水由钻天岭一带向泾河河谷方向径流。

4. 三元大型示踪试验揭示结果

在三元大型示踪试验中，位于库坝区老龙山断层带 PD01 平洞中的 ZK461 钻孔接收到了钻天岭附近 YRZK01 孔中投放的示踪剂，这表明天然状态下，地下水由钻天岭自东向西向泾河方向径流，一方面进一步验证了钻天岭地下水分水岭的存在，另一方面也表明在水库蓄水位在不高于钻天岭的地下水位时，不会向东产生渗漏。

综上所述，老龙山断裂带虽然规模大，延伸远，但老龙山断裂及影响带 A 区岩体较破碎，岩体挤压紧密，正常蓄水位以下喀斯特发育微弱，岩体以微—弱透水为主，现状条件下远端钻天岭一带地下水位高于河水位 200 余米，水库蓄水后钻天岭一带地下水位会进一步壅高，同时泾河沿老龙山断裂带向东至山前盆地距离较远，水库蓄水后不会沿老龙山断裂及其影响带向东产生集中渗漏问题。

7.8 库坝区地下水位“异常”问题

7.8.1 坝址区“岛丘状高水位”问题

坝址区的“岛丘状高水位”主要是指在碳酸盐岩近坝段 C 区历次地下水位统测过程中，出现了河床和近岸区地下水位略高于其周边一定范围内地下水位的现象。

根据近坝库段地下水位分布特征，并结合碳酸盐岩库段地下水位统测结果（见图 7.8-1～图 7.8-3）可以看出，在坝址区附近河段，近河床部位钻孔地下水位略高于两岸钻孔地下水位，沿河道及岸坡形成“水丘”现象。如在一个水文年内，坝肩的 ZK301 和 ZK306 地下水位整体高于两岸的 ZK459、ZK439 和 ZK434。这一现象不但表现在地下水位统测结果上，在左、右岸的地下水位动态观测曲线上，也同样呈现这一现象（见图 7.8-4 和图 7.8-5）。

经分析，这一现象主要是悬托河段河水局部补给地下水强度不同造成的。碳酸盐岩库段 C 区岩性为厚层、巨厚层质纯灰岩，小断层及溶蚀夹泥裂隙、顺层剪切带、顺层大裂隙及成组节理裂隙较发育，沿构造多伴有溶蚀现象（见图 7.8-6），为河流入渗补给及地下水渗流创造了条件。从碳酸盐岩库段 A 区、B 区、C 区地下水位和河水位的对比关系图也可以看出（见图 7.8-7～图 7.8-9），A 区、B 区地下水位和河水位关系不密切，而 C 区河水和地下水的水力联系相对密切，地下水位动态曲线随河水骤升和骤降发生明显的升降，说明 C 区河水对地下水的补给作用相对明显。

从图 7.8-9 可以看出，地下水位在 6—9 月受河水位变动影响，出现明显的波动抬升，地下水位变动与河水水位变化基本同步，说明坝址区近河床的钻孔地下水与河水联系紧密。

远岸的钻孔地下水位动态变化平缓，主要随降水呈缓慢的上升或下降状态，受短期降水或河水位变动影响较小。一般在 4 月以后，随着雨季到来，远岸地下水位开始轻微波动，

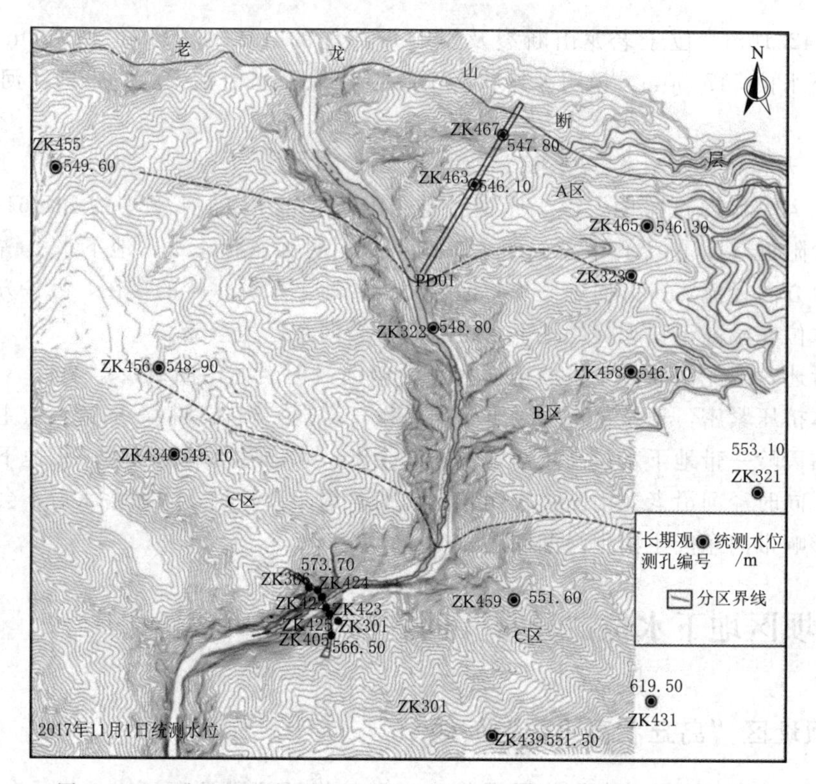

图 7.8-1 碳酸盐岩库段 2017 年 11 月 1 日钻孔统测地下水位平面图

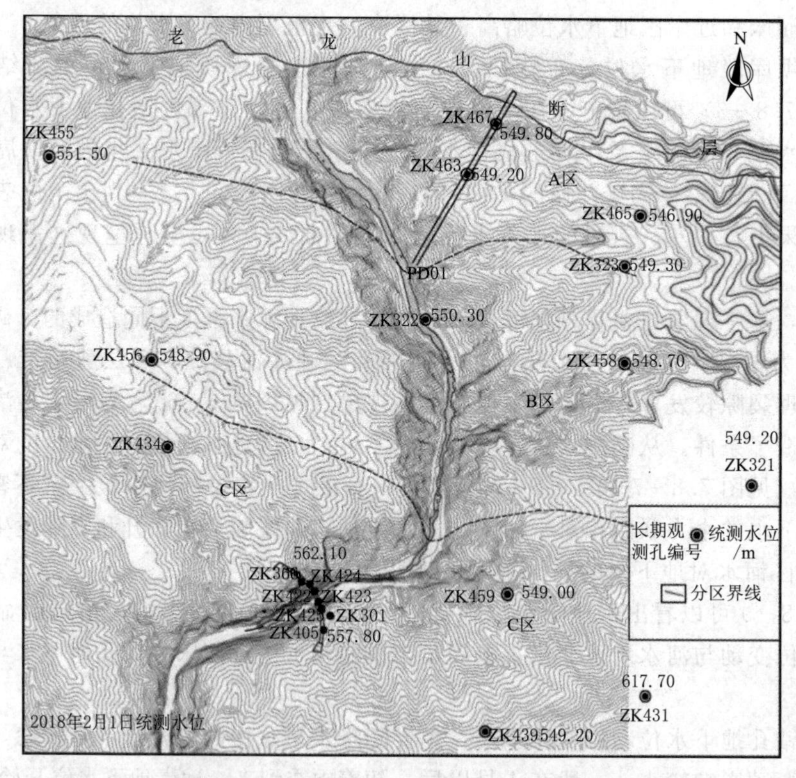

图 7.8-2 碳酸盐岩库段 2018 年 2 月 1 日钻孔统测地下水位平面图

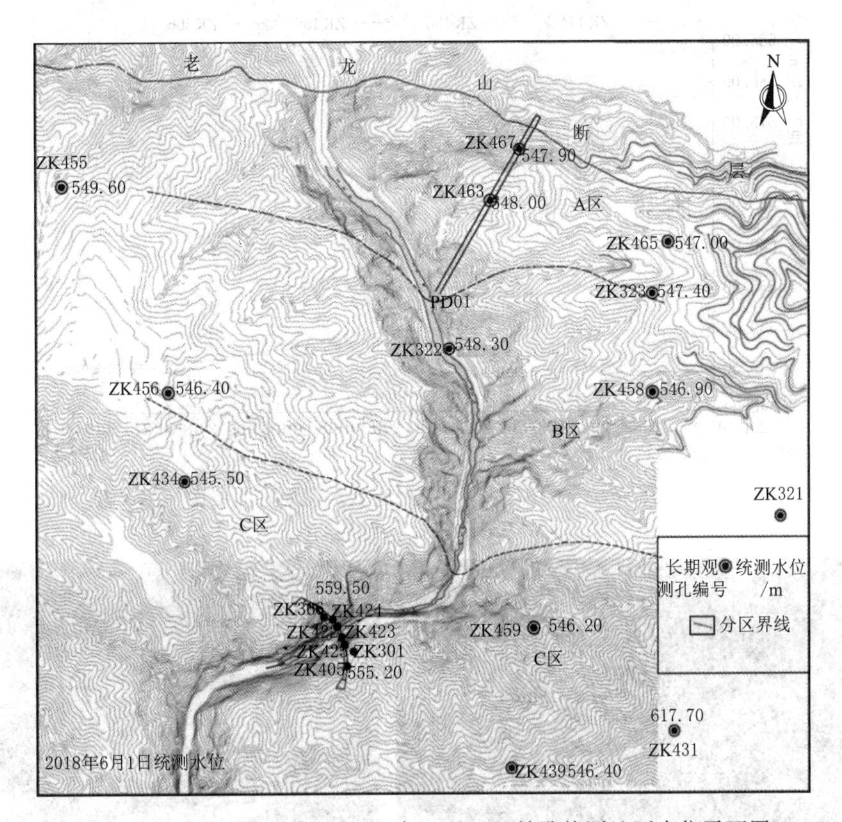

图 7.8-3　碳酸盐岩库段 2018 年 6 月 1 日钻孔统测地下水位平面图

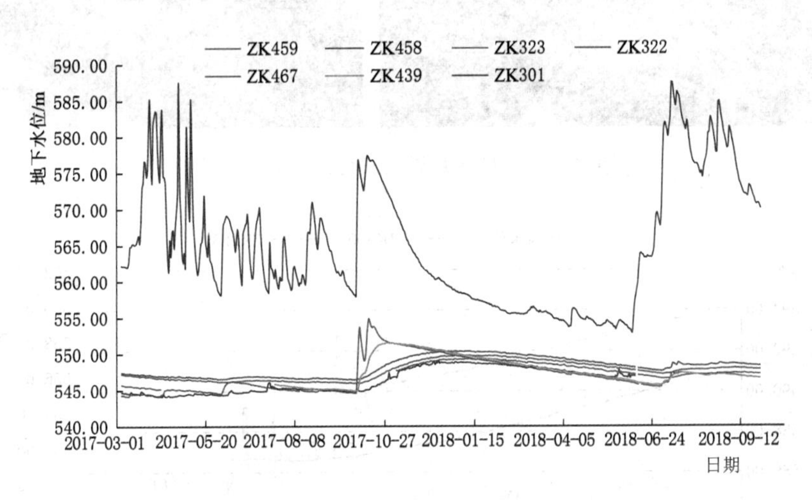

图 7.8-4　库段左岸钻孔地下水位动态曲线图

至汛后 10 月开始明显抬升，但具有滞后效应，较汛期滞后 4～6 个月，在一定程度上反映出降水及河水入渗补给地下水缓慢，地下水与河水等地表水的水力联系较弱。

“水丘”的分布范围主要受河水补给控制，呈季节性变化。库坝段 C 区岩体受裂隙及溶蚀发育影响，岩体沿裂隙及溶隙透水性较好，C 区“水丘”随季节变化水位变幅大，并

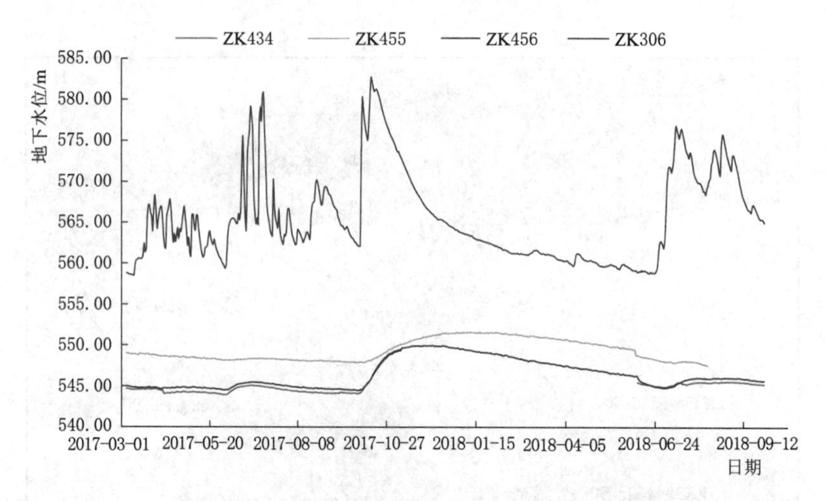

图 7.8-5 库段右岸钻孔地下水位动态曲线图

图 7.8-6 C区灰岩及发育溶蚀裂隙照片

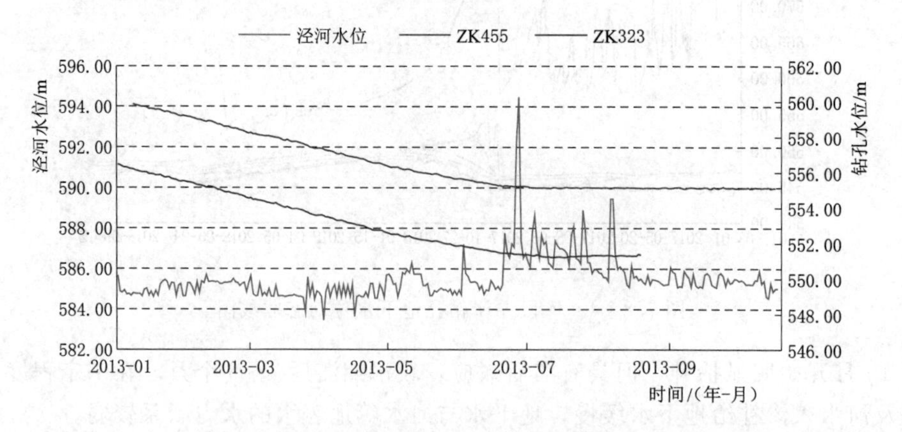

图 7.8-7 A区长观孔地下水位与河水位动态曲线

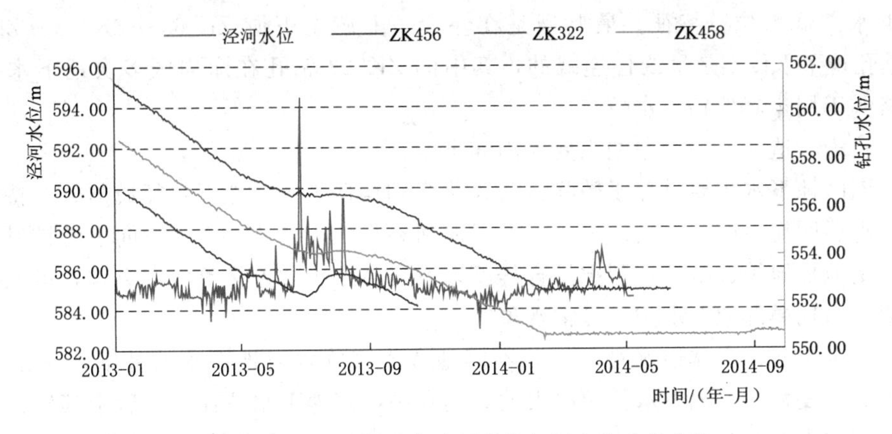

图 7.8-8　B区长观孔地下水位与河水位动态曲线

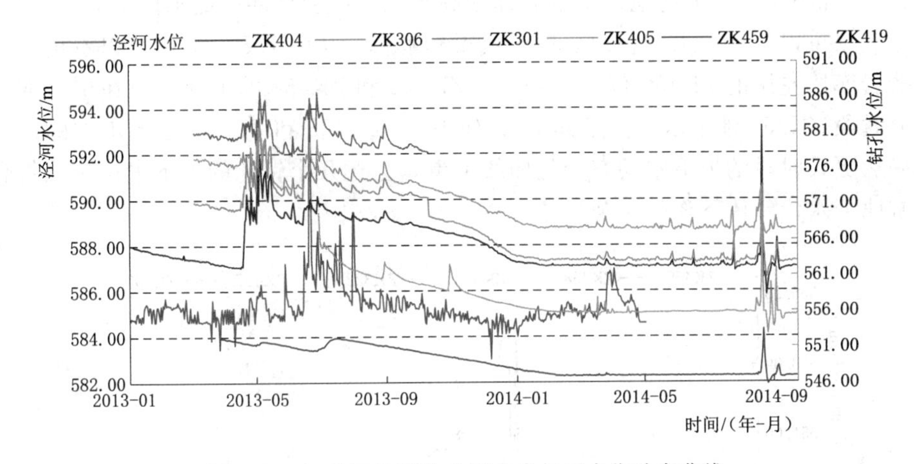

图 7.8-9　C区长观孔地下水位与河水位动态曲线

与河水呈同步调升降。在汛期及汛后 2～3 个月，"水丘"分布范围较宽，至枯水季，"水丘"分布范围随之变窄。

库坝段两岸，两岸地下水从上游总体流向下游。右岸从 2017 年 11 月—2018 年 10 月一个水文年内，统测的地下水位都揭示出地下水由 ZK455→ZK456→ZK434 径流。左岸 2018 年 6 月 1 日和 2018 年 10 月 2 日统测水位揭示出地下水由 ZK467→ZK463→ZK323→ZK458→ZK459→ZK439 径流；2017 年 11 月 1 日统测水位，受 2017 年汛期持续长及降水量偏大影响，下游 C 区的 ZK459 和 ZK439 抬升并具一定的滞后效应，造成 C 区钻孔 ZK459 和 ZK439 的地下水位暂时高于上游地下水位，至 2018 年 2 月时，水位基本恢复至与上游 A 区、B 区的地下水位相当。

7.8.2　碳酸盐岩库段局部地下水"低水位"问题

在对碳酸盐岩库段地下水位长期观测结果的分析过程中，还发现一"异常"现象，就是在钻孔地下水位平面分布图（地下水统测结果）中（图 7.8-1～图 7.8-3），同一岸的个别钻孔地下水位并未呈现出由上游到下游逐渐递减的规律，而是出现"跳跃"现象，呈现出局部地下水“低水位”特征。最典型是在左岸，上游至下游 ZK465→ZK323→ZK458→ZK459 钻孔地下水位不是呈线性递减的，其中的 ZK323 钻孔在库坝区多次地下水位统测中，均略低于周边其他钻孔水位。

分析认为，造成这一现象的主要原因如下：

（1）该区地下水主要赋存于碳酸盐岩风化壳和构造带中，地下水径流与分布特征和多孔均质含水层明显不同。区内地下水由两岸向河谷径流、整体上由上游向下游排泄是总体规律，但受地形地貌、喀斯特裂隙发育程度以及岩体透水性差异等因素影响，可能在地下水位统测时出现局部地下水位“异常现象”。

（2）埋深不同、岩体透水性不同，不同地段大气降水对地下水的补给速率是不一致的，在喀斯特发育弱、地下水位埋深大的观测孔中，其地下水位往往滞后于其他钻孔对补给的响应。在库首C区的河床与近岸，还存在河水对地下水的补给，出现“岛丘状高水位”，因此，统测时可能出现地下水位局部“高水位”或者局部“低水位”。

上述现象可以从地下水位长观数据曲线得到解释，从图7.8-10中可以看出，尽管位于碳酸盐岩库段左岸的 ZK459 位于 ZK467、ZK322 和 ZK458 的下游，但在丰水期，却出现了部分时段 ZK459 地下水位高于其上游 ZK467、ZK322 和 ZK458 地下水位的情况。然而，如果从更长时段的地下水动态变化曲线上看，上述几个钻孔的地下水位仍然符合从上游到下游地下水位整体下降的宏观规律。

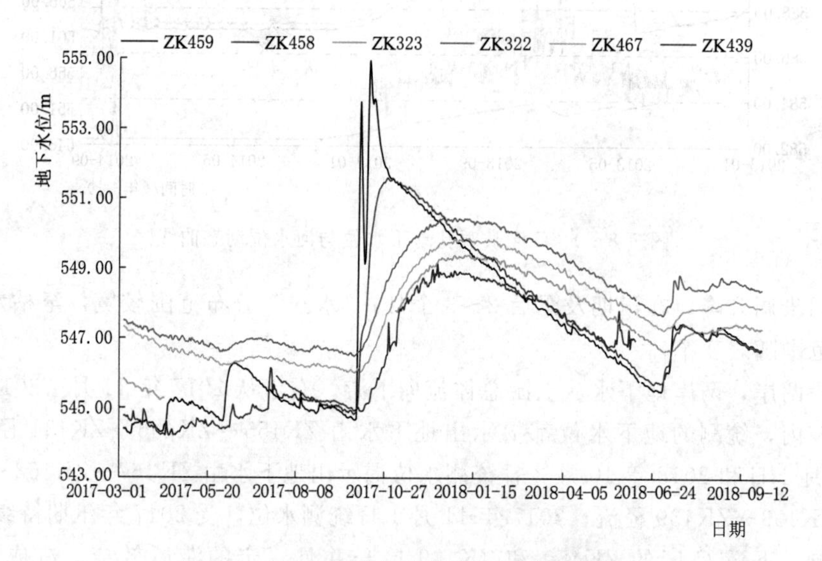

图7.8-10 库段钻孔统测水位动态变化曲线

东庄水库碳酸盐岩库段存在的局部地下水“低水位”并非其他喀斯特地区常见的漏斗状低水位，而是受喀斯特风化壳发育不均匀、距岸坡远近差异、受河水补给作用不同等因素影响而造成的局部地段、局部时段地下水位“异常”现象，其形成原因在于不同地段岩体存在入渗补给条件差异而导致的地下水超前或滞后效应。这种现象在基岩山区可能具有一定的普遍性。因此，在分析基岩区地下水位分布特征时，不宜单纯依据局部时段地下水位统测结果做出分析判断。

7.8.3 河床坝基钻孔内、外管地下水位差异问题

河床坝基的岩体透水性以及地下水位是勘察工作的重中之重。为了获取不同层位的喀斯特发育和地下水位变化特征，先后在坝址区河床部位实施的4个钻孔中进行了压水试验、光学成像和分层地下水位观测，4个钻孔分别是ZK414、ZK415、ZK420和ZK421。其中ZK414钻孔位于坝轴线上游约32m处河床，孔口高程为597.95m，孔深为211.70m；ZK415钻孔位于坝轴线下游约12m处河床，孔口高程为597.96m，孔深为216.00m；ZK420钻孔位于坝轴线上游围堰处河床，孔口高程为598.90m，孔深为281.10m；ZK421钻孔位于坝轴线处河床，孔口高程为600.49m，孔深为311.30m。

地下水位分层观测是在钻进到一定深度后，对观测段采用止水栓塞止水后，分别观测内外管水位，外管水位表示栓塞以上层位地下水位，内管水位表示栓塞下部层位地下水位。

在对4个钻孔进行分层水位观测时，发现达到一定深度后，内管水位出现了明显低于外管水位的现象，4个钻孔分层地下水位观测数据分别见表7.8-1～表7.8-4。

表7.8-1 ZK414水位分段观测记录表

段次	试验段深度/m	内管稳定水位埋深/m	外管稳定水位埋深/m	内外管水位差/m
1	16.7～21.7	4.90	5.40	0.50
2	21.7～26.7	1.80	1.80	0
3	26.7～31.7	1.45	1.45	0
4	31.7～36.7	5.05	5.05	0
5	36.7～41.7	12.05	12.05	0
6	41.7～46.7	10.34	10.34	0
7	46.7～51.7	8.60	8.58	−0.02
8	51.7～56.7	11.20	11.20	0
9	56.7～61.7	13.20	13.19	−0.01
10	61.7～66.7	13.60	13.60	0
11	66.7～71.7	18.58	18.20	−0.38
12	71.7～76.7	17.99	17.97	−0.02
13	76.7～81.7	18.09	18.07	−0.02
14	81.7～86.7	17.98	18.00	0.02
15	86.7～91.7	18.40	18.38	−0.02
16	91.7～96.7	17.12	17.72	0.60
17	96.7～116.7	24.21	23.97	−0.24
18	116.7～136.7	20.98	21.12	0.14
19	136.7～156.7	23.44	22.64	−0.80
20	156.7～176.7	19.50	19.39	−0.11
21	176.7～211.7	33.88	16.33	−17.55

表 7.8-2 **ZK415 水位分段观测记录表**

段次	试验段深度/m	内管稳定水位埋深/m	外管稳定水位埋深/m	内外管水位差/m
1	21～26	20.07	20.00	−0.07
2	26～31	21.79	21.78	−0.01
3	31～36	16.78	16.80	0.02
4	36～41	23.34	23.53	0.19
5	41～46	19.11	19.86	0.75
6	46～51	15.66	16.86	1.20
7	51～56	14.34	15.73	1.39
8	56～61	14.56	13.37	−1.19
9	61～66	12.94	11.28	−1.66
10	66～86	17.88	17.83	−0.05
11	86～136	17.64	17.39	−0.25
12	136～186	18.49	18.47	−0.02
13	186～216	30.21	19.26	−10.95

表 7.8-3 **ZK420 水位分段观测记录表**

观测试段/m	内管水位		外管水位		内外管水位差/m	观测历时/h	备注
	埋深/m	高程/m	埋深/m	高程/m			
18～48			22.65			22	综合水位
48～78	23.13	576.87	22.93	577.07	0.20	28	30m 一段
78～108	20.19	579.81	20.18	579.82	0.01	20	30m 一段
108～128	31.90	568.10	28.08	571.92	3.82	36	20m 一段
128～158	35.85	564.15	31.35	568.65	4.50	40	30m 一段
158～188	36.87	563.13	34.99	565.01	1.88	54	30m 一段
188～218	40.38	559.62	33.85	566.15	6.53	44	30m 一段
218～248	42.20	557.80	38.33	561.67	3.87	24	30m 一段
248～273	42.68	557.32	38.72	561.28	3.96	32	30m 一段
终孔水位			40.08	559.92		72	综合水位

表 7.8-4 **ZK421 水位分段观测记录表**

观测试段/m	内管水位		外管水位		内外管水位差/m	观测历时/h	备注
	埋深/m	高程/m	埋深/m	高程/m			
23～48.8			25.04			20	综合水位
48.9～78.9	24.52	575.97	25.50	574.99	−0.98	26	30m 一段
78.9～108.9	22.93	577.56	22.61	577.88	0.32	20	30m 一段
108.9～139	23.85	576.64	23.45	577.04	0.40	14	30m 一段
139～169	23.07	577.42	23.19	577.30	−0.12	30	30m 一段
169～199	33.83	566.66	21.84	578.65	11.99	48	30m 一段

续表

观测试段/m	内管水位		外管水位		内外管水位差/m	观测历时/h	备注
	埋深/m	高程/m	埋深/m	高程/m			
199～229	26.97	573.52	22.80	577.69	4.17	30	30m一段
229～259	40.82	559.67	24.26	576.23	16.56	48	30m一段
259～289	32.61	567.88	25.61	574.88	7.00	66	30m一段
289～311.3	42.96	557.53	26.27	574.22	16.69	52	20m一段
终孔水位			26.98	573.51		72	综合水位

在ZK414和ZK415钻孔的最后一个观测段以上层位（即ZK414在深度176.7m以上，ZK415在深度186m以上），内、外管地下水位差异不明显，动态变化较为同步；而最后一个观测段（即ZK414在深度176.7～211.7m，ZK415在深度186～216m）内管地下水位低于外管水位10.95～17.50m。

ZK420钻孔从孔深108～128m段开始出现内管水位低于外管现象，内外管水位差为1.88～6.53m，且内外管水位具有同步下降趋势。ZK421钻孔从孔深169～199m段开始出现内管水位低于外管现象，内外管水位差为4.17～16.69m，外管水位相对比较稳定。

钻孔内分层观测地下水位时，出现的内外管差异，原因一般有两种：一种是上部透水性弱，而下部存在强透水层或强径流带，地下水位产生“跌落”；另一种则是受补给作用不同造成的，这种情形一般发生在山区的补给区，上部岩体受风化卸荷作用透水性相对较好，地下水易接受大气降水补给作用，而随着深度增加，岩体完整性变好，透水性减弱，接受补给作用也差，因此会产生随深度增加地下水位下降的现象。

东庄水库坝址区出现的钻孔内、外管地下水位差异问题不同于上述两种情形，而是有其特殊性。

（1）内管地下水位下降不是下部存在地下水强径流带引起的。钻孔岩芯、孔内光学成像和压水试验表明，钻孔下部的岩体完整性较好，溶蚀轻微，透水性微弱，难以形成地下水强径流带。

根据4个钻孔的压水试验成果（见图7.8-11），在钻孔深度范围内，岩体透水性随深度增加总体上具有由小变大、再变小的规律，由上到下大致可以分为三段：

1）深度0～85m（高程510.00m以上），岩体透水性微弱，多小于3Lu，并分布有多段小于1Lu试段。

2）深度85～155m（高程440.00～510.00m），岩体透水性为弱—中等，多大于3Lu，并出现了较多大于10Lu的试段；据钻孔岩芯及孔内高清晰光学成像揭示，透水性中等及以上试段分布位置多与小规模断层及溶蚀裂隙分布位置一致。

3）深度155～215m（高程510.00～380.00m），岩体透水性为基本上小于10Lu，以弱透水为主。在该深度范围内，ZK415、ZK420钻孔压水试验值明显大于ZK414、ZK421钻孔，前两者透水率减小的趋势不及后两者明显。

从钻孔压水试验成果整体的统计情况看（表7.8-5），河床坝基岩体透水性均以弱—微透水为主，中等及以上透水段出现最多的是ZK414钻孔，占全部压水试验孔段的26%。

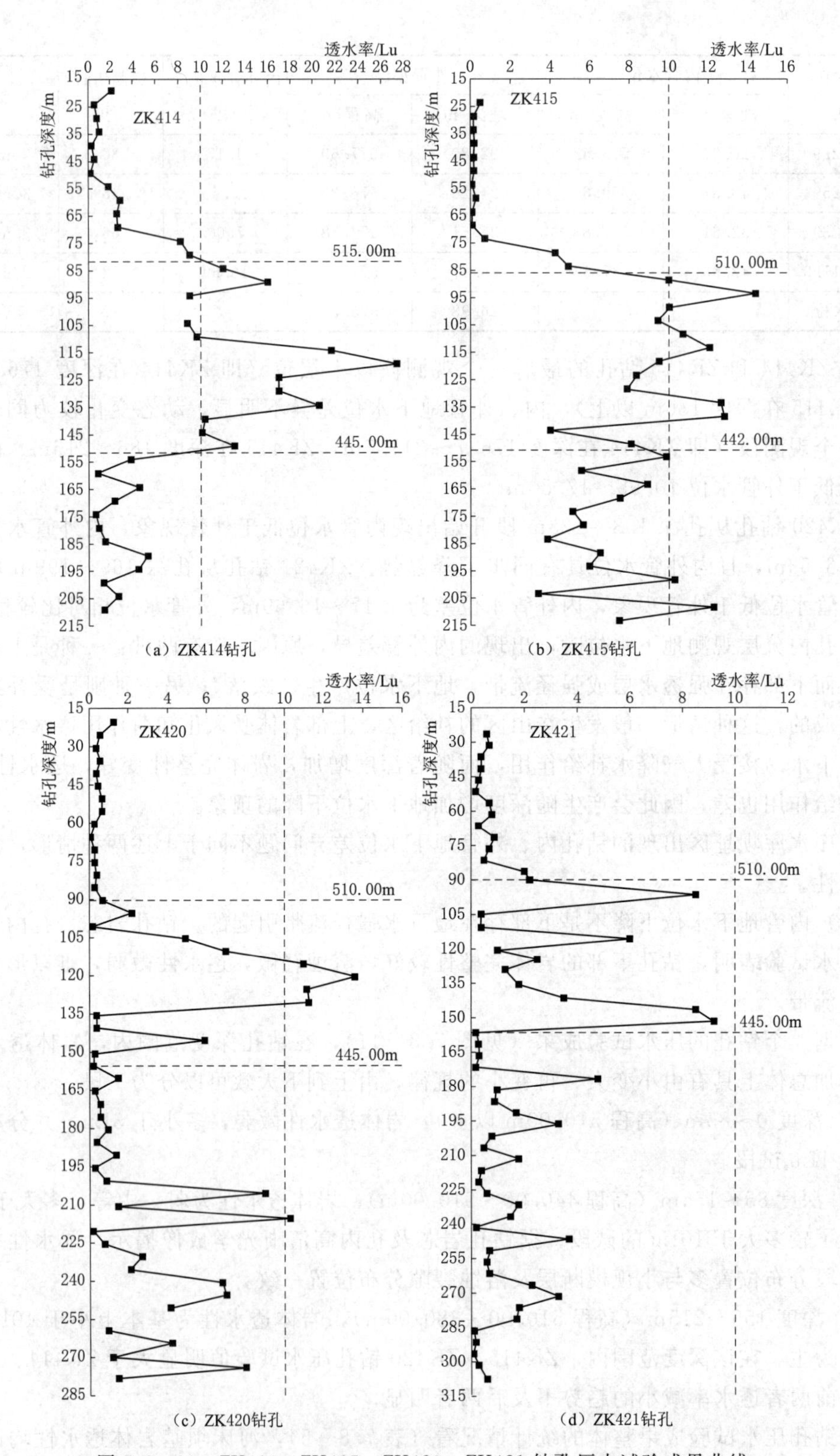

(a) ZK414钻孔

(b) ZK415钻孔

(c) ZK420钻孔

(d) ZK421钻孔

图7.8-11 ZK414、ZK415、ZK420、ZK421钻孔压水试验成果曲线

对于4个钻孔中在一定深度范围内出现的相对偏强的透水段，通过对其周边不同钻孔相同高程范围的压水试验值进行统计分析，发现周边钻孔相同高程范围岩体透水性均较小。因此，4个钻孔存在的中等透水段分布范围有限。分析认为其可能与坝轴线上游分布的 f_{55} 断层和河床部位发育的大裂隙有关。

表7.8-5　钻孔透水率统计表

钻孔压水试验统计	透水率									
	$q<1$Lu		1Lu$\leqslant q<$3Lu		3Lu$\leqslant q<$5Lu		5Lu$\leqslant q<$10Lu		$q\geqslant$10Lu	
	段数	占比/%	段数	占比/%	段数	占比/%	段数	占比/%	段数	占比/%
ZK414	8	21	11	29	3	8	6	16	10	26
ZK415	11	28	0	0	5	13	14	36	9	23
ZK420	27	52	11	21	3	6	6	11	5	10
ZK421	33	59	14	25	5	9	4	7	0	0

从上述岩体透水性的规律和发生内外管水位差异的层位可以看出，ZK414、ZK415和ZK421钻孔发生内管水位低于外管水位的深度范围并不是在透水性相对较强的试段（深度85～155m），而是在透水性弱—微弱的下部岩体中。ZK420钻孔虽然在108m深度以下存在了内外管差异，但这种差异在下部155～285m的微弱透水岩体分层观测中仍存在，因此，可以判断内管地下水位下降不是由于坝址下部岩体存在地下水强径流带引起的。

(2) 钻孔外管水位“高”于内管水位是由于上部岩体地下水受到了河水补给。坝址区为厚层灰岩，受展布于坝轴线上游为120～130m且倾向泾河下游的 f_{55} 断层（倾角50°～60°，推测与ZK414交切高程在460.00m左右）和河床部位发育的顺层大裂隙影响，使得河水和地下水在局部存在较强的水力联系，钻孔外管水位所反映的实际为栓塞上部岩体受河水下渗补给影响后的混合水位。事实上，4个河床钻孔地下水位与两坝肩4个长观孔同期地下水位相比，其水位亦基本相当。而在河床以下一定深度，钻孔栓塞以下岩体完整性较好，溶蚀轻微，透水性微弱，河水与此深度范围内的地下水水力联系不畅，河水补给能力相对减弱，因而造成内管水位“下降现象”，但其水位（ZK414钻孔内管水位为564.07m、ZK415钻孔内管水位为567.76m）仍高于坝址两岸其他长观孔同期地下水位（如坝址左岸ZK459钻孔同期平均水位为551.50m）。

综上所述，4个钻孔内管所反映的地下水位“下降现象”，并不是由于在相应深度范围内存在地下水强径流带所造成的，也不是真正的水位下降（仍高于两岸的地下水位），而是因上部岩体局部与河水水力联系相对较强、下部岩体因透水性差而与河水水力联系较弱所导致的。

7.9　小结

(1) 东庄水库、羊毛湾水库和桃曲坡水库喀斯特发育背景不同而导致喀斯特发育强度不同。桃曲坡水库喀斯特是古老喀斯特经后期改造形成的喀斯特系统；羊毛湾水库喀斯特是古喀斯特经后期改造形成的喀斯特系统；东庄水库古老喀斯特和古喀斯特多被剥蚀掉，主要为沿河谷发育的近代喀斯特，且处于初期阶段，东庄水库喀斯特发育强度远弱于羊毛湾水库和桃曲坡水库的喀斯特发育程度，蓄水后不会产生类似的严重喀斯特渗漏问题。

(2) 东庄水库库坝区左岸的钻天岭附近钻孔水位720.00～740.00m，存在地下水分水岭。

(3) 工程区所处的筛珠洞泉域子系统和渭北东部的铜川-韩城喀斯特地下水子系统（“380”喀斯特水）不存在明显的水力联系，加之库坝区左岸钻天岭存在地下水分水岭，水库蓄水后向东部铜川-韩城喀斯特地下水子系统（“380”喀斯特水）渗漏的可能性很小。筛珠洞泉域子系统与西南部龙岩寺泉地下水子系统之间存在水力联系。筛珠洞泉群除了接受系统内大气降水入渗、河水的渗漏转化的地下水补给外，还接受来自西南部龙岩寺泉域喀斯特地下水的侧向补给，泾河河水对筛珠洞泉群泉水的补给量有限。

(4) 悬托河仅出现在老龙山断层与沙坡断层之间的泾河近岸坡地段，其形成原因主要是地下水接受补给弱且径流排泄相对通畅。悬托河段地下水位分布受坝址下游风箱道泉群排泄基准控制。

(5) 四次河道测流成果虽有差异，但其实测成果资料均是有参考意义，总趋势都反映了碳酸盐岩库段渗漏量不大，属正常的喀斯特裂隙渗漏。

(6) 天然状态下，钻天岭分水岭以西地下水向泾河方向径流，老龙山断层及其影响带岩体虽破碎，但挤压紧密，正常蓄水位以下喀斯特发育微弱，岩体以微—弱透水为主，水库蓄水后钻天岭一带地下水位将会进一步壅高，可能高于东庄水库正常蓄水位(789.00m)，库水向东及东南方向产生渗漏的可能性较小，即便局部地段地下水位在水库蓄水后略低于正常蓄水位，由于渗径很长，其向远端产生的渗漏量也会十分有限。老龙山断裂带三元大型示踪试验及地下水位长期观测结果均揭示，水库蓄水后沿老龙山断裂带向东产生集中渗漏的可能性基本不存在。

(7) 坝址区的“岛丘状高水位”主要是由于C区厚层灰岩中节理裂隙发育造成近岸和河床的地下水和河水存在水力联系而形成的，A区、B区两区地下水和河水的水力联系不明显。碳酸盐岩库岸出现的局部地段、局部时段地下水位“异常”现象，其形成原因在于不同地段岩体存在入渗补给条件差异而导致的地下水超前或滞后反应。坝址区河床四个钻孔内管所反映的地下水位“下降现象”，并不是由于在此深度范围内存在地下水强径流带所造成的，而是因上部岩体局部与河水水力联系相对较强、下部岩体透水性差与河水水力联系较弱所致。

第8章 库坝区喀斯特渗漏分析及防渗处理思路

东庄水库蓄水至正常高水位789.00m，坝前库水位抬升约200m，其渗漏形式、渗漏途径及渗漏量由库岸和库盆的地形地貌、地层结构、地质构造、喀斯特发育、岩土体渗透性及地下水位等因素决定。

老龙山断裂以上长约94.3km的砂页岩库段河谷深切，两岸地形封闭，山体宽厚，泾河为本地区最低侵蚀基准面，附近无低于泾河的低邻谷及洼地；库盆基岩由砂、泥（页）岩相间组成，岩层层理平缓，其中泥岩为相对隔水层，透水性差；库区两岸存在地下水分水岭，水位高于正常蓄水位（789.00m）；库区地质构造简单，节理裂隙发育较弱，除老龙山断裂外，无其他区域性断裂通过，也无大的断裂延伸至邻谷。从地形地貌、地层岩性、地质构造、地下水等综合地质条件分析，砂页岩库段库盆封闭条件良好，不存在永久性水库渗漏问题。

老龙山断裂以下碳酸盐岩库段（长约2.7km），受老龙山断裂及次级构造等影响，靠近断裂带的小断层、裂隙、溶蚀裂隙等地质构造较发育，岩体较破碎；近岸坡岩体受风化卸荷影响，节理裂隙较发育；两侧库岸及河床以下碳酸盐岩存在溶蚀现象，河床以下无相对隔水层分布，地下水位低于河水位，水库蓄水后存在一定的喀斯特渗漏问题。

8.1 渗漏途径及渗漏形式

8.1.1 渗漏途径

从老龙山断裂至下游大坝，岩性从白云岩，白云岩、泥质白云岩与灰岩韵律地层，逐步过渡至相对质纯的灰岩，岩层走向与河流流向大角度相交，倾向下游，岩性交互变化频繁，地层岩性及结构特征不利于喀斯特的发育，也在一定程度上限制或阻隔地下水的渗流。同时远离岸坡及一定埋深下（一般埋深超过200～300m），岩体节理裂隙发育及溶蚀作用减弱，岩体完整性较好，透水性差，以弱—微透水为主。

碳酸盐岩库段左岸为连绵分布的基岩山脉，低邻谷冶峪河距大坝直线距离约12km。虽然冶峪河低于水库正常蓄水位（789.00m），但是河间地块山体浑厚，钻天岭（距坝址直线距离约7km）附近3个钻孔现状地下水位在714.00～782.00m之间，钻天岭一带存在地下水分水岭，示踪试验也指示地下水由钻天岭向泾河河谷方向径流。数值模拟分析显示蓄水后地下水位会进一步壅高，分水岭水位将高于水库正常蓄水位。因此，水库蓄水后向东及东南方向产生渗漏的可能性较小。即便局部地段地下水位在水库蓄水后略低于正常蓄水位，由于渗径很长，其向远端产生的渗漏量也会十分有限。

碳酸盐岩库段右岸山体宽厚，低邻谷三岔河距离大坝直线距离超过35km。远端河间地块滚村一带地下水位816.00～834.00m，推测五峰山一带地下水位也高于水库正常蓄水位，地下水整体自西向东（泾河河谷方向）径流。近岸端（风化卸荷带以外），右岸岩层斜交于老龙山断裂及北侧砂页岩地层，地层岩性及结构限制了地下水经右岸切层向下游绕渗。因此，水库蓄水后不会产生经右岸向西部远端一带渗漏，不存在右岸邻谷渗漏问题。

水库库首（C区）为斜向谷，岩层倾向下游偏左岸，岩性为厚层、巨厚层质纯灰岩。河床及两岸发育小断层 f_{55}、f_{56}，顺层剪切带R15、R17和顺层大裂隙L7～L20、L22等顺层构造，规模较大，延伸远，多贯穿两岸。宽大裂隙间节理裂隙发育，其中在 f_{55} 和R17间形成 f_{55}～R17裂隙带，L7和L20间形成L7～L20顺层裂隙带，岩体破碎，透水性较强。两坝肩发育陡倾的小断层 f_5 和溶蚀夹泥裂隙Rnj1～Rnj3、Lnj1等顺河向构造，规模大，延伸长，多伴溶蚀，导水性较好。J1～J6成组硬性节理裂隙走向基本呈顺向河，缓—陡倾角，倾向岸内或岸外，裂隙间距较小。顺层构造、顺河向构造和成组节理裂隙相互切割，连通性较好，破坏了岩体的完整性，也加剧了溶蚀发育程度，构成了地下水渗流及水库渗漏的前提条件；近岸坡及河床部位钻孔压水试验亦揭示，沿宽大裂隙或裂隙带存在中等透水段或强透水岩体；地下水位与河水位动态观测也显示地下水位与河水位联系密切，河水沿裂隙、溶隙等通道补给地下水。

综上所述，发生水库渗漏的重点部位是库首（C区），主要渗漏途径为坝基和绕坝渗漏。

8.1.2 渗漏形式

地表地质调查与测绘揭示，地表可见浅表型溶洞，呈孤立状，口大里小，最终渐变为溶蚀裂隙，未形成相互连通的喀斯特洞穴系统。勘探钻孔、勘探平洞，施工期开挖的9条交通道路边坡以及坝肩、水垫塘、缆机、砂石料加工系统、料场等工程边坡，横穿库区上下游和左右岸不同高程的十余条交通隧道、施工支洞和导流洞等地下洞室也都未发现喀斯特管道，揭露的喀斯特形迹主要为溶隙，溶隙宽度一般小于5mm，偶见小溶孔，孔径多小于2mm，个别大于2cm，主要沿风化卸荷带、断层、节理裂隙等位置发育。根据地层岩性、地质构造和喀斯特发育现象，综合钻孔压水试验、示踪试验和水位动态观测成果分析，水库渗漏形式以溶隙型为主，局部浅表层风化卸荷带、断层破碎带可能存在顺缝隙的脉管型渗漏。

8.1.2.1 地层结构反映的渗漏形式

库首C区岩性为厚层、巨厚层质纯灰岩，单斜构造，岩层倾向下游偏左岸，产状175°～215°∠30°～55°。总体以R15顺层剪切带为界，上部为 O_2m^{4-2} 似鲕状隐晶质灰岩，巨厚层为主，层面少见，顺层大裂隙较发育，溶蚀充泥；下部为 O_2m^{4-1} 块状含生物隐晶质灰岩，中厚层、厚层为主，层面发育，多闭合，溶蚀现象相对不发育。

地质测绘、勘探钻孔、平洞及施工期开挖边坡和地下洞室揭露发育多条贯穿两岸的顺层大裂隙，主要有 L22、L12、L14、L16、L18 等，延伸较长，沿裂隙多伴溶蚀，充填泥质或钙质，透水性较好，蓄水后沿顺层大裂隙存在溶隙性渗漏。

同时，在坝址左岸及河床部位 O_2m^{4-2} 地层揭露到 2 个节理裂隙带（图 8.1-1），透水性相对较强。裂隙带 1（L7～L20 顺层裂隙带）主要包括 L7～L12、L14、L16、L18、L20 等顺层大裂隙，集中发育在左岸 690.00m 高程以下，左岸平洞、洞内钻孔等均有揭露，顺层夹泥裂隙发育，近岸坡岩体透水性较强；裂隙带 2（f_{55}～R15 顺层裂隙带），河床钻孔、两岸洞内钻孔、导流洞及开挖施工支洞均有揭露，在 R15 和 f_{55} 间顺层裂隙发育，溶蚀较强烈，溶隙为主，伴溶孔发育，充填泥质或钙质，胶结一般，局部半胶结，透水性较强。

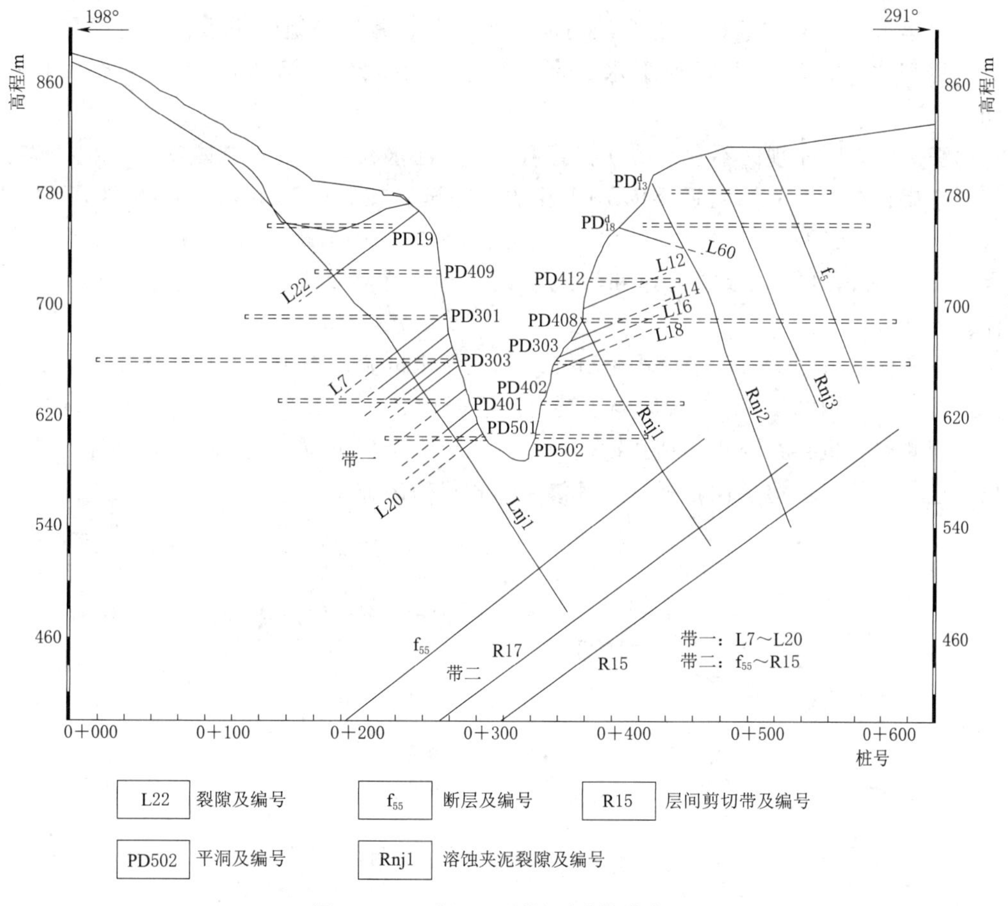

图 8.1-1 坝址区顺层裂隙带分布图

8.1.2.2 地质构造反映的渗漏形式

坝址右岸发育陡倾顺河向 f_5 断层，近南北向展布，贯穿坝肩上下游，断层带宽一般为 10～40cm，充填泥质、岩屑、角砾及方解石，挤压较紧密，泥钙质胶结，轻微溶蚀，局部伴生方解石结晶。坝址下游地表沿 f_5 断层发育 K2 溶洞，658.00～782.00m 高程平洞揭示沿断层带溶蚀形式以溶隙为主，伴溶孔发育，局部呈窝状，蓄水后沿 f_5 断层存在溶隙性渗漏，局部可能存在顺缝隙的脉管型渗漏。

勘察揭露右坝肩发育 Rnj1、Rnj2 和 Rnj3 溶蚀夹泥裂隙，产状与 f_5 断层相近，走向 35°～60°，倾向 NW，倾角 57°～85°，隙宽一般为 1～20cm，局部溶蚀较宽，沿裂隙面充填泥质和岩屑；左岸发育 Lnj1 次生夹泥裂隙，产状 330°～340°∠50°～60°，宽为 0.5～15cm，630.00m 高程以上充填泥夹岩屑，630.00m 高程以下充填方解石脉。两岸发育的溶蚀夹泥裂隙近顺河向展布，延伸远，连通性好，透水性强，蓄水后存在沿溶蚀夹泥裂隙渗漏。

此外，坝址区发育 6 组硬性节理裂隙，近岸坡受风化、卸荷和溶蚀影响，透水性较强，蓄水后也存在裂隙或溶隙型渗漏。

8.1.2.3 试验测试反映的渗漏形式

水化学分析、同位素研究表明泾河河水与钻孔、井泉等地下水水化学特征存在明显差异，泾河水与区域喀斯特地下水二者水力联系不大，泾河水渗漏补给地下水作用较弱。

示踪试验表明库坝区不存在喀斯特管道系统，河水补给地下水总体较弱，未发现有喀斯特管道流存在。钻天岭附近 YRZK01 孔的示踪试验在 ZK461 接收点检测到了示踪剂，而其他示踪点历经两年多的监测，均未接收到示踪剂。从示踪试验投放点 YRZK01 到接收点 ZK461 估算出优势渗透流速和渗透系数分析，优势渗流通道为裂隙流，不存在管道流。

左岸 603.00m 高程 PD501 洞内 ZK425 钻孔压水试验过程中，在探洞内出现沿顺层裂隙向外涌水（见图 8.1-2），说明顺层裂隙连通性较好，透水性较强；同时两岸洞内钻孔在水位观测时，也存在因相邻钻孔钻进或压水试验而出现水位近同步波动，亦能反映出顺层裂隙连通性较好，透水性较强，但其渗漏形式仍为溶隙型。

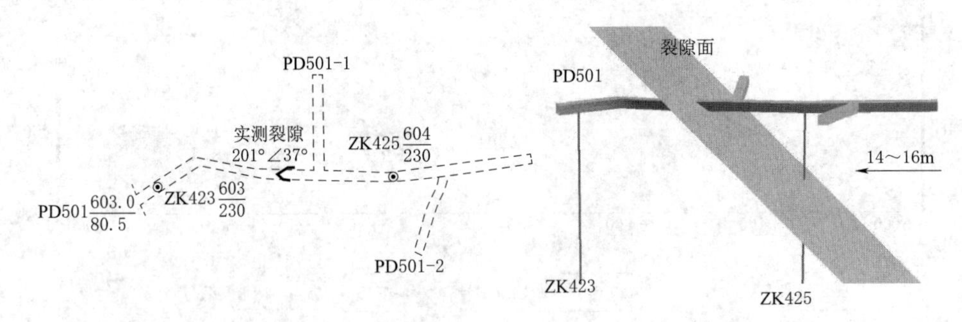

图 8.1-2 平洞 PD501 内钻孔及实测裂隙位置图

8.1.2.4 喀斯特特征反映的渗漏形式

根据现场地质调查，库坝区地表所见 48 处溶洞均为第四纪以来形成的溶洞，呈孤立状，规模小，沿断层、大裂隙等地质构造发育，洞底倾向河床，口大里小，向内渐变为溶隙或尖灭，没有形成连通的喀斯特管道系统。

勘探钻孔岩芯照片及孔内光学成像资料显示，喀斯特发育程度整体随埋深增加而减弱，喀斯特形迹以溶隙为主，溶孔次之，偶有沿裂隙发育的宽大溶隙或孤立小溶洞，喀斯特发育总体微弱。溶隙主要沿小断层、顺层大裂隙和陡倾溶蚀夹泥裂隙发育，较宽处多伴溶孔，易形成地下水渗流通道。

平洞内喀斯特现象少见，溶蚀主要发生在近岸坡风化卸荷带和构造部位。揭露的喀斯特形迹以溶隙为主，沿断层、顺层大裂隙、软弱夹层等结构面发育，个别发育的小溶洞呈孤立状，表现为局部溶隙扩溶。

交通道路开挖边坡，坝肩、水垫塘、缆机、砂石料加工系统、料场等工程开挖边坡，横穿库区上下游和左右岸不同高程的十余条交通隧道、施工支洞和导流洞等地下洞室施工开挖揭露情况与前期地质勘察认识基本一致，库坝区未发现喀斯特管道系统；碳酸盐岩库段A、B区白云岩、泥质白云岩和白云岩与灰岩韵律段地层喀斯特不发育，仅局部可见钙华和轻微溶痕；库首C区灰岩地层，主要喀斯特现象为溶隙，沿风化卸荷带、断层、节理裂隙等发育，局部宽大构造和节理裂隙密集带伴溶孔发育，溶隙也相对较宽，可达数厘米；零星发育的小溶洞主要表现为受其他构造交切造成溶隙局部扩溶，为孤立状，与溶隙相连。

地表地质调查测绘、勘探钻孔及平洞、施工开挖边坡及地下洞室等都揭露，库坝区喀斯特发育微弱，未见有连通的喀斯特管道系统，主要喀斯特现象为溶隙，集中在近岸坡风化卸荷带和小断层、宽大裂隙等构造部位。

综上所述，库坝区渗漏形式以溶隙型渗漏为主，局部浅表层风化卸荷带、断层破碎带可能存在沿断层、裂隙的脉管型渗漏。

8.2 防渗处理思路

8.2.1 已建代表性喀斯特水库防渗处理

我国已在喀斯特地区修建大中型水利水电工程50余座，从完建工程的运行情况看，绝大多数工程的喀斯特渗漏问题都能得到很好解决，渗漏量控制在容许范围内，均在正常发挥效益或经过防渗处理后能够正常发挥效益。

8.2.1.1 构皮滩水电站

1. 工程概况

构皮滩水电站位于贵州余庆县境内，是乌江干流梯级电站的第五级，距上游已建乌江渡水电站137km，具有发电、航运、防洪等综合利用效益。水库总库容64.5亿m^3，装机容量3000MW。大坝坝型为混凝土双曲拱坝，最大坝高232.5m。

2. 喀斯特水文地质条件

坝址段为坚硬灰岩形成的“V”字形对称峡谷，河谷狭窄，岸坡陡峻。出露基岩以碳酸盐岩为主，少量为黏土岩地层。岩层走向NE30°～35°（与水流方向近于正交），倾向NW，倾角45°～55°。河床覆盖层一般厚2.5～8.0m，局部厚达13.0m。坝址区主要构造类型有断层、层间错动带和节理裂隙，构造发育主方向与岩层走向一致，揭露有断层77条，规模较大的层间错动带1条，节理裂隙多分布在卸荷带及断裂构造附近。

地下水在断层、层间错动带和裂隙密集带等构造部位交替活动频繁，喀斯特发育强烈，在坝址区共揭露5个喀斯特系统，其中最大的喀斯特系统贯穿整个右岸厂房。喀斯特发育总体特征：①分布范围广，规模大。喀斯特系统沿一定的层位和断裂呈带状分布，揭露大小溶洞1250个，其中体积大于5000m^{3}的溶洞18个。②溶洞类型多样。从形态上看，包括厅状、水平管道、竖井（或斜井）等3类；从充填程度看，包括无充填、半充填、全充填3类；从地下水丰富程度看，包括无水、渗水、暗河等3类。③喀斯特系统相互独立。各喀斯特系统被非可溶或弱可溶地层阻隔，地下水基本依照各自独立的喀斯特管道和裂隙网络运移。

3. 防渗处理措施

构皮滩水电站工程区喀斯特数量多、规模大、特征各异，喀斯特发育几乎会影响到所有建筑物的安全及水库的正常运营，有效阻截喀斯特渗漏通道成为防渗工程设计的关键。

通过对渗漏途径和渗漏形式的分析，确定采用帷幕防渗系统。防渗工程主要由大坝坝基帷幕、两岸防渗帷幕和幕后排水系统等构成，同时为了避免单一处理方案难以达到理想的处理效果而采取了多种处理手段，如对喀斯特通道除采用追挖换填混凝土等常规方法外，还采用了高压灌浆、防渗墙、高压旋喷、避让等非开挖处理技术。主要工程防渗措施如下：

（1）对坝基和地下洞室等开挖过程中遇到的溶洞、溶沟和溶槽，采取回填混凝土并结合帷幕灌浆的方式进行封堵。

（2）防渗帷幕采用垂直灌浆帷幕，防渗帷幕线路在河床坝身部位沿坝基主廊道布置，左岸出坝肩向下游接至黏土岩隔水层，右岸出坝肩先绕过地下厂房上游侧再向下游折转至黏土岩隔水层，防渗线路全长1842m，防渗工程量约31万m，防渗总面积36万m^2。

（3）不同部位采取不同的防渗标准，大坝坝基及地下厂房防渗帷幕透水率小于1Lu，采用双排帷幕，孔距2.0～2.5m，其余部位帷幕透水率小于3Lu，采用单排帷幕，孔距2.0m，局部地质缺陷部位根据需要增加1～2排灌浆孔。

（4）帷幕灌浆单层最大深度195m，灌浆工艺主要采用孔口封闭法，3～6MPa高压灌浆。

4. 防渗处理效果

建在喀斯特发育较为强烈地区的构皮滩水电站采取工程防渗措施处理后基本正常运行，处理后的喀斯特管道处于库水位以下且经历了高水头考验，常规压水、渗透比降、抗压强度、耐久性、弹模、孔内电视录像、声波及电磁波、结石芯样完整性等指标基本满足设计要求。对于局部幕后渗漏量及渗压值略大于设计正常值的部位，经磨细水泥和化学材料补强灌浆处理后，渗漏量及渗压值逐渐趋于正常范围，保证了水库效益的正常发挥。

8.2.1.2 东风水电站

1. 工程概况

东风水电站位于贵州省清镇市和黔西县交界的乌江干流鸭池河段，是乌江干流梯级电站的第一级，距下游乌江渡水电站113km，工程以发电为主。正常蓄水位为970.00m，水库总库容约10.3亿m^3，装机容量510MW（后增容至695MW）。大坝坝型为混凝土双曲拱坝，最大坝高 162.3m。

2. 喀斯特水文地质条件

坝址地处高山峡谷地带，为不对称的“U”字形河谷，河床深切，岸坡陡峻。坝基和库首均为石灰岩地层，单斜构造，岩性均一。区内地质构造相对简单，厂坝区无大型构造通过，但弱构造作用相对发育，破坏了隔水层的空间分布。

坝区由可溶岩与非可溶岩相间组合，使喀斯特发育在垂直方向上表现为多层性，地下水位均高于河水位，坝基下深约 100m 有厚约 40m 的页岩作为隔水层。右岸从鱼洞至凉风洞为一弦长 2.5km 的河湾地带，绕渗长 4.8km，发育有鱼洞和凉风洞两大喀斯特系统。分析认为，鱼洞和凉风洞两大喀斯特系统在 900.00m 高程以下不连通，当水库水位达 970.00m 时，库水可沿鱼洞到凉风洞产生大规模管道型渗漏，喀斯特渗漏问题突出，封堵渗漏通道是水库防渗的主要任务。

3. 工程防渗处理

综合分析工程地质及水文地质条件，同时考虑与厂坝区帷幕的衔接、施工难度、运行维护、工程量等因素，采用帷幕防渗方案，帷幕防渗措施如下：

（1）防渗帷幕灌浆由坝基及两岸防渗帷幕构成，右岸采用接“鼻状”分水岭，再加上左岸及厂坝区的帷幕，总长 3663m，其中左岸及厂坝区全长 1323m，右岸库区 2340m，灌浆帷幕总长 33 万 m，防渗面积 55 万 m^2。

（2）坝肩采用三排帷幕，孔距为 1.0～2.0m，其他采用双排帷幕布置，孔距为 2.5m；库区为单排孔，孔距 3.0m，在断层部位加为双排。

（3）帷幕底线根据不同地质情况，分别采用接不透水层页岩和悬挂帷幕。悬挂帷幕采用接地下水位或弱透水岩体，接地下水位时帷幕深入地下水位以下 40～70m，接弱透水岩体时按 q 为 1～5Lu 控制。

（4）由于其地质条件复杂，灌浆廊道施工中常发生洞顶塌方、涌水等问题，对不同情况采用如下适当的处理措施：

1）开挖中发现的浅层半充填溶洞，靠近水工建筑物并危及永久水工建筑物的安全，则采取挖出全部溶洞充填物，布置锚杆，然后回填混凝土，再进行灌浆，其余部位进行回填混凝土及灌浆处理。

2）对于溶洞规模较大的洞段，先对其进行临时锚喷支护，然后对该段进行全断面钢筋混凝土衬砌，待该段衬砌完毕，再对溶洞进行混凝土回填。

3）在通过大的断层破碎带及溶洞带时，利用超前锚杆和超前固结，或采用钢支撑作为临时支护措施后，进行隧洞开挖和溶洞堆积物清除回填。

（5）帷幕灌浆穿溶洞区时常遭遇塌孔、漏浆等问题，遇喀斯特段时采取如下处理措施：

1）钻灌中遇黏土或流砂层时，采用扩大孔径，缩短进尺，水泥浆固壁或下花管隔离灌浆，灌浆中采用限流、限量、增加待凝次数、水泥浆中加水玻璃等反复灌注，逐步升压的综合处理方法。

2）库区钻孔遇含砂溶洞时，成孔困难，施工时采用高压喷射灌浆进行固砂处理，然后再进行高压帷幕灌浆。

3）对涌水、冒浆，灌进裂隙浆液倒流孔口处理，采用增加闭浆时间的方法。

4）遇大裂隙和溶洞时，扩大孔径进行混凝土或水泥砂浆自流式回填，填满后再扫孔进行灌浆施工。

5）对集中渗漏通道采用浇筑混凝土截水体，或扩孔回填混凝土，孔内回填粗、细骨料后施灌水泥砂浆，大掺量粉煤灰水泥浆或纯水泥浆施灌。

4. 防渗处理效果

东风水电站蓄水运行近30年来，水库巡视及监测结果表明，灌浆帷幕发挥了良好的防渗效果，水库一切运行正常。两坝肩岩体干燥，坝基廊道40个主排水孔渗水量和坝基总渗流量均满足设计要求，地下厂房蓄水前后渗水无明显变化；两岸山体防渗帷幕后水位监测孔水位测值稳定，无明显增大趋势；河道下游两岸也未见漏水点等异常现象。

8.2.1.3 万家寨水利枢纽

1. 工程概况

万家寨水利枢纽工程位于黄河北干流托克托至龙口峡谷河段，是黄河北干流上游段的一座控制性水利枢纽工程，主要任务是供水、发电、兼有防洪、防凌作用。水库总库容8.96亿m^3，电站装机1080MW。大坝坝型为混凝土重力坝，最大坝高105.0m。

2. 喀斯特水文地质条件

坝址区属峡谷区，岸坡高百余米，河谷呈“U”字形，宽300～500m。地层岩性为寒武系上中统和奥陶系中下统灰岩、白云岩、泥灰岩和砂页岩地层，岩层产状一般为走向北东，向北西倾斜，倾角多小于10°，在平缓单斜构造基础上，发育有规模大小不等、形态各异的褶皱、挠曲、断裂等一系列构造形迹，属区域构造相对稳定地区。

在碳酸盐岩类地层中，有喀斯特发育，具有一定的成层性，但连通性较差。小喀斯特比较发育，大喀斯特现象较少，主要表现为溶洞、溶隙、溶沟、溶槽、晶洞等。库区左岸喀斯特地下水补给黄河水，喀斯特地下水位高出水库正常蓄水位，附近无切割较深的沟谷，不会形成邻谷渗漏，不存在水库永久渗漏问题。库区右岸地下水位低于水库正常蓄水位，蓄水后存在喀斯特渗漏问题，渗漏形式为喀斯特裂隙式渗漏，断层部位存在集中渗漏。

3. 工程防渗处理措施

库坝区岩体渗透性差，下游排泄区渗透性强于上游的入渗区和径流区，分析认为库坝区渗入水量有限，径流区的水位抬高也有限，基本保持原来的低缓状态。低缓带即为库水入渗的直接排泄区，而靠近岸边地带约2km的宽度即为库水的渗径，经计算水库蓄水后库最大渗漏量约10m^3/s。考虑到查找喀斯特通道非常困难，勘察认为坝基下发育的局部溶洞是孤立存在的，彼此没有形成喀斯特管道系统，不构成深部的喀斯特渗漏通道，同时考虑若对水库右岸渗漏进行处理，则工程量巨大，并且估算的最大渗漏量也不大，在可接受范围内。因此，防渗方案设计时仅对坝基坝肩的渗漏做常规处理，并未对库区喀斯特渗漏做专门性处理，而是预留一部分防渗费用，在水库蓄水后根据渗漏监测情况出现渗漏时再进行处理。主要防渗措施如下：

(1) 坝基防渗处理原则：坝基（肩）岩体完整性较好，喀斯特不发育，岩体多属微至极微透水岩体，水库蓄水后产生大规模渗漏的可能性较小，坝基渗流控制采取灌排结合。

(2) 帷幕防渗标准：坝基防渗帷幕设计标准为 $q<1$Lu。

(3) 防渗帷幕设计：坝基防渗帷沿坝轴线布置，坝顶帷幕为单排，其他坝基（肩）帷幕均为双排。河床主帷幕一般深 16～28m，最大深度 44m，副帷幕一般深 14～24m。主、副帷幕孔距均为 3m，前后呈梅花形布置。

(4) 鉴于库区喀斯特渗漏问题的复杂性，为慎重起见，暂先预留一定的备用工程措施和相应概算，同时对整个库区右岸加强监测，密切关注主要渗漏段动态，必要时进一步补充勘察和采取相应处理措施。

4. 防渗处理效果

水库蓄水后，水库发生了渗漏，在阳窑子附近发现了溶洞，形成集中渗漏点，及时采取混凝土封堵措施进行处理。经防渗处理后，渗漏量得到控制，虽然渗漏量比原预计要大些，但水库运行良好。

8.2.1.4 冯家山水库

1. 概况

冯家山水库位于渭河支流千河上，东距泾河东庄水库约 120km，控制流域面积 3232km^2，多年平均径流量 4.85 亿 m^3，多年平均流量 15.4m/s。大坝坝型为均质土坝，最大坝高 73m，坝顶高程 712.00m，总库容 3.89 亿 m^3。1974 年 3 月水库正式下闸蓄水，至今已正常运用近 50 年，发挥了很大的经济效益和社会效益。

2. 喀斯特水文地质条件

库坝区地貌整体以桂家峡为界，上游段为宽阔地形，河谷宽 1000～2000m，断续发育 4 级阶地；下游至坝址段为构造侵蚀峡谷地形，岸坡较陡。古河道从坝下通过，坝址右岸古河道谷底宽 90～100m，谷顶宽 300～600m，古河道堆积物厚达 130m，顶部高程为 730.00～754.00m。

坚硬基岩主要分布在峡谷段，岩性为元古宇和古生界板岩、大理岩、石灰岩及砂页岩等，松散岩层主要分布在桂家峡以上的宽阔河谷段。地质构造上，库坝区位于祁吕贺山字型构造前弧顶部与陇西系构造体系的乌鞘岭六盘山旋扭摺带的复合部位，主要受山字型构造影响转为 NW 向，往南与汾渭断陷相接。本区发育 3 条大的东西向断层，千阳断层、桂家峡断层和汾渭断陷北部断层；2 条 NW 向大断层，黄梅山西部断层和华角堡断层。

冯家山水库库坝区发育有古喀斯特和近代喀斯特，且被第四系松散岩层大面积覆盖，出露面积小，对其特性和规律不够了解，但从地质构造特征和可溶岩中含泥岩层较多分析，古喀斯特不甚发育，溶蚀形迹为溶槽和溶蚀裂隙，溶洞少见。近代喀斯特主要是古喀斯特的进一步发育和改造，形态以溶蚀裂隙为主，垂直溶洞和倾斜溶洞少见。

3. 工程防渗处理措施

结合对河床砂卵石和古河道的防渗处理，对可溶岩层结合坝基处理采取了如下三项工程措施：

(1) 开挖结合槽，设置防渗墙。坝址处河床砂卵石层厚 4～5m，设置了主、副两道结合槽，均挖除了河床砂卵石层。主结合槽在 660.00m 高程以下宽 15m（河床高程 641.00m），深入基岩 1～2m，至 685.00m 高程以上变窄至 6m，深入基岩 3～8m，槽底浇筑 0.5m 厚的混凝土板。由于右坝肩基岩低，在 695.00m 高程以上设置了 0.8m 厚混凝土截渗墙。结合槽内之强风化破碎岩层均予以清除，对断层破碎带和溶洞都进行了掏挖回填处理。

(2) 设置灌浆帷幕。鉴于喀斯特发育特征和防渗要求，设置了悬挂式灌浆帷幕，依据建筑物的不同部位和水头的不同，采取不同的标准。

1) 在 680.00m 高程以上，透水率 q 按 5Lu 控制，680.00m 高程以下，透水率 q 按 3Lu 控制，在坝肩透水率 q 放宽至 10Lu。

2) 由于河床段岩石透水性甚弱，加之土坝也已填筑，灌浆孔过深，故不考虑灌浆。但右岸坡脚岩石裂隙发育，透水性强，采取灌浆处理。

3) 右坝肩岩石破碎，喀斯特较发育，岩体单薄，其下又设有泄洪洞，进行灌浆处理，帷幕底接入泥质板岩。

4) 对溶洞、断层、风化破碎带漏水量大的部位进行换填、固结或封堵等专门性处理。

(3) 帷幕设计一般为一排灌浆孔，孔距 3m，右坝肩孔距 1.5m。泄洪洞上方增加一排副帷幕，孔距 3m，共 15 个灌浆孔。总计完成灌浆孔 215 个，总进尺 12630m，消耗水泥 2059t。

4. 防渗处理效果

采用上述防渗处理措施后，冯家山水库自 1974 年春下闸蓄水至今，运用情况良好，多年运行水位接近正常设计水位。当上游来水量为 $0.5m^3/s$ 时，在坝前仍可见到库水位有明显上升迹象，说明水库基本没有渗漏问题，设置的防渗处理工程是有效的。同时冯家山水库由于近库段淤积了 20 余米厚的泥沙，据观测，河道渗漏量和坝下游坡脚渗漏量显著减少与此有关。

8.2.1.5 羊毛湾水库

1. 工程概况

羊毛湾水库位于陕西乾县以西 30km 漆水河上，是一座以灌溉为主，并有防洪、供水的大 (2) 型工程。控制流域面积 $1100km^2$，多年平均径流量 $2.7m^3/s$。大坝坝型为均质土坝，最大坝高 47.6m，坝顶高程 646.60m，正常蓄水位 635.90m，总库容 1.2 亿 m^3。水库于 1971 年开始蓄水，1973 年 5 月枢纽全部建成。

2. 喀斯特水文地质条件

羊毛湾水库所在地区为黄土丘陵沟壑区。坝段基底岩层为寒武-奥陶系灰岩，揭露厚度 120.3m，上覆古、新近系红土砾石层，厚薄不定，相变较大，二者呈不整合接触，局部地段古、新近系红土缺失；顶部被第四系砂卵石层、黄土状壤土、古土壤夹层及黄土层覆盖。

库坝区喀斯特发育强烈，但由于灰岩被黄土覆盖，未能见到如我国南方的喀斯特地貌景观。截流基坑槽施工中共发现喀斯特洞穴 76 个，喀斯特仅少数充填，多为半充填或未充填状，充填物多为方解石、黏土、石灰岩等。喀斯特发育特征与规模和岩性、节理、断裂及其发育程度密切相关，主要受构造裂隙和断层控制。坝基钻孔资料揭露，坝基以下喀斯特发育，其发育下限未揭穿，河床以下 150m 深处仍发育溶洞。

石灰岩及泥灰岩透水性强。据 1958—1959 年 21 个钻孔压水试验资料，透水率 q 小于 3Lu 的占 37%，透水率 q 大于 3Lu 的占 63%（含中等透水和漏水段），个别一些钻孔低于河床超过 80m（高程 515.00～508.00m）仍存在漏水段。同时，坝基地下水位低于河床，钻孔水位低于河床 80 余米。

3. 工程防渗处理措施

1959 年施工开始后，发现坝区喀斯特发育，地下水位甚低，且坝前库区有宽 1km，长 3.5km 范围内古、新近系红土层缺失，砂砾石和灰岩暴露地表。当时已认识到，必须进行防渗处理，确定以“铺盖为主，结合局部灌浆和留底孔”的防渗方案。

（1）坝前铺盖：在坝前红土缺失区，加设铺盖长 88m，在左岸坝的上游岸边红土缺失区，加设黏土铺盖长 180m，宽 35～45m。

（2）两岸防渗：对右岸龙脖子（0＋504～0＋674）砂砾石层，及左岸 1 号、2 号冲沟灰岩出事部位进行黏土铺盖包防渗，其厚度不小于 4m。

（3）截流槽固结灌浆：为使大坝置于红土层上，以截断砂砾石渗漏，而在坝上游坡脚设置截流槽。在河床部分长 124m 的范围内设固结灌浆孔，孔深 5m，排距 3.5m，孔距 4m，共 4 排，钻孔按梅花状交错排列，采取先灌外排（第一排、第四排），再灌内排，分二序孔灌浆。

（4）溶洞处理：在大坝结合槽清基过程中，发现溶洞，则清除溶洞充填物和风化破碎岩石，然后用浆砌块石或混凝土回填，共封堵溶洞 20 余个。

4. 防渗处理效果

原来的防渗设计方案，在施工时并没有完全得到实施，仅实施了部分工作，造成水库大坝建成蓄水至 629.00m 时，库内共发现 30 多个塌坑，还有几十处起泡漩涡，冬季水面冰不冻结，水库漏水严重。为减少水库渗漏，后期采取了“水中倒土”的方法欲封闭灰岩、砂卵石层漏水区，但收效甚微。

1988 年对该水库进行安全鉴定，决定对羊毛湾水库加固处理。认为羊毛湾水库渗漏主要是坝前古、新近纪红土层缺失的灰岩地段和左岸 1 号、2 号冲沟内及岸坡地段裸露灰岩喀斯特发育造成严重渗漏。采取补救处理措施如下：

（1）对副坝上游坡全面护坡。从桩号 0＋644～1＋084 段，全长 440m，高程在 620.00～630.00m 之间出露的砂砾石层做填土铺包，厚 3～5m，铺盖下铺两层反滤布。

（2）对主坝左坝端上游 1 号、2 号冲沟内及岸坡出露石灰岩露头进行全面铺盖土封闭。其中，对左岸坝端上游 1 号、2 号冲沟段长 263m，高程在 618.00～635.20m 之间，近坝端长 93m 范围内出露的石灰岩，采用 C20 混凝土全面封堵，远坝段桩号 0＋093～0＋263 长约 170m 范围内，采用黄土夯填铺盖，厚 2～6m，填土之上铺有混凝土框架围护的干砌石护坡。

（3）库区河床段主要靠天然淤积铺盖。20 世纪 90 年代又对左岸灰岩铺包，同时水库淤积又加厚 4m，淤积厚度达到 20m 之后，水库基本不再渗漏，切断了喀斯特地下水的水库补给源，水库基本运行正常。

8.2.1.6 桃曲坡水库

1. 工程概况

桃曲坡水库位于石川河支流沮水河下游，距耀县城 15km。坝址以上控制流域面积 830km^2，多年平均径流量为 2.1m^3/s。大坝坝型为均质土坝，坝高 61m，坝顶长 294m，水库正常蓄水位 784.00m，总库容 4300 万 m^3，是一座以灌溉为主，兼有城市供水、防洪、多种经营等综合利用的中型水库。

2. 喀斯特水文地质条件

库坝区地形系典型的“口小腹大”地貌。坝址区为灰岩构成的峡谷地形，河谷狭窄，地形陡峭。库区由碳酸盐岩、砂页岩构成河谷地层结构，发育有多级堆积基座阶地。出露地层从下至上依次为中奥陶统深灰色灰岩、上石炭统杂色页岩、下二叠统碎屑岩和第四系松散岩层。在地质构造上，库坝区位于祁吕贺山字型前弧东翼内侧，鄂尔多斯台向斜与渭河地堑交界地段。库区近坝地段砂页岩区发育 4 条正断层和两组棋盘格式高角度裂隙。

在坝区 0.5km^2 范围内，发现各种喀斯特洞穴达 149 个（不包括补充查漏揭示的），洞径大者可达 10m，地表和地下均有发育。主要为古老喀斯特和现代喀斯特，其中 90% 以上为古老喀斯特。现代喀斯特主要发育河谷两岸及河床附近，以浅小的溶槽和宽浅的溶洞为主，多为蛤蟆咀溶洞，口大里小，分布于河床附近，倾向河床，深一般不大于 3m，一般无充填，与裂隙相连，多有水流痕迹。

坝址灰岩如无裂隙和喀斯特发育时，透水率 q 一般小于 1Lu，但只要有裂隙及喀斯特存在，透水率 q 较大，基本是中—强透水，或是无压漏水。坝址深 100m 左右钻孔未见到地下水位，根据区域资料分析，库坝区地下水位可能在 385.00～395.00m，即低于现库底 330m 左右，该水库为一“悬托型”库盆。

3. 工程防渗处理措施

1974 年初水库基本建成，3 月 9 日封堵蓄水。根据观测资料，发现水库漏水，蓄水位高程在 747.80～754.70m 时，平均漏水量为 4.54 万～5.77 万 m^3/d，占河道来水量 57.4%，说明漏水严重。水库漏光后，发现库内有 36 个溶洞，14 个煤窑，4 条宽大裂隙，水库漏水的主要原因是水库建设时未进行系统的防渗处理，古溶洞和废弃的煤井、巷道、通风井等被库水击穿，造成水库漏水严重。

水库发生渗漏后，曾先后进行过 5 次工程处理，共完成土石方 20.8 万 m^3，混凝土 2620m^3，堵塞大溶洞 14 个，煤窑 10 个，漏水点 7 个，塌坑 37 个，铺盖了裸露灰岩、砂卵石层和裂隙发育破碎的砂页岩段库岸长 3062m。前后 5 次防渗处理情况见表 8.2-1。

表 8.2-1　历次防渗处理及效果分析表

次序	处理时间	补漏处理范围	补漏处理方案	处理前后漏水量对比	评价意见
第一次	1974 年 10 月至 1975 年 3 月底	①对坝前区出现的十四处溶洞及左一支沟口（右岸）一处废弃煤窑处理；②对坝前区石灰岩及砂卵石覆盖部分（包括左一支沟底和岸坡）进行大面积处理	①对溶洞及废弃煤窑，用 200 号混凝土填塞，深度不小于洞径的 1.5 倍；②对坝前区大面积采用黄土铺盖，铺盖总长度 490m，厚度为 2～5m	处理前，损失水量占来水量的 57.4%，当库水位在 751.09～754.76m 时，日平均漏水 5.77 万 m^3，处理后损失水量占来水量的 26.8%，当水位在 752.95～758.31m 时，日均渗量 4.18 万 m^3，与处理前同水位比较，漏水量有所减少，但漏水仍严重，1975 年 10 月 7—22 日，15d 内漏水超过 3255m^3	漏水量虽有减小，但效果不明显

续表

次序	处理时间	补漏处理范围	补漏处理方案	处理前后漏水量对比	评价意见
第二次	1975年11月—1976年6月	重点是石沟以北集中漏水区（即M_3和M_4煤井附近）	在石沟北集中漏水区作了围堰，开挖处理了7处煤窑及溶洞，采用混凝土填塞，上部用黄土铺盖至地面	本次处理后，于1976年6月20日蓄水，库水位在755.70～757.41m时，日平均漏水量3.35万～5.65万m^3，与处理前同水位相比，相差不大，但据6月28日和7月8日观测，库水位由757.41m下降至756.75m，漏水在围堰内	采用开挖回填的方案处理集中漏水区，易出现顾此失彼现象
第三次	1977年1—8月	石沟以北480m范围的库段，包括第二次所做的三角围堰	再次对废弃煤窑开挖回填混凝土，并在上部做砂砾反滤，顶部人工铺土3～5m。对围堰内铺土至756.00m高程，同时对480m的岸坡以1∶3的边坡铺土至768.00m高程	处理后于1977年8月17日—8月31日观测，库水位在755.84～757.78m时，日平均渗水量为1.16万m^3，于1977年10月25日—1978年4月5日，水位在756.00～762.22m，日平均渗水量为1.2万～1.8万m^3，说明三次处理后，收效较大。1978年7月—1979年2月观测，库水位在763.72～772.47m，日平均漏水量为1.96万～3.80万m^3，说明较高水位时漏量仍较大	三次处理之后，效果明显，但在较高水位运行时漏量仍较大
第四次	1979年10—12月	①左岸于一支沟口至M_5煤窑，全长1100m；②右岸上放水洞口向上游155m至末端，全长404m；③南湾沟上游F_1、F_2断层位置，全长250m	①全面进行黏土铺包，756.00m以下为水中抛土，756.00m以上分层碾压，于760.00～784.00m高程间设30cm厚砂卵石层保护层；②黄土铺包到765.00m高程；③人工抛土到高程760.00m，边坡未修整	本次处理后于1980年3月1日—7月24日观测，库水位为760.47～766.33m时，日平均渗水量0.294万～0.552万m^3；库水位为766.40～770.20m时，日平均渗漏量在0.56万～0.82万m^3	本次处理之后，770.00m高程以下的漏水明显减小
第五次	1982年7月至8月19日	①位于左岸4号钻孔南的Ⅲ级阶地上，高程768.00m；②处理R_{27-28}、R_{28-82}、R_{29-82}溶洞	开挖至基岩或砂卵石层后，灌水泥浆或砂浆，再做铺砂反滤，并回填土至原地面		局部灌浆处理效果不明显

4. 防渗处理效果

水库渗漏主要是存在发育的古溶洞及废弃的煤井被水库击穿，虽然处理过程比较曲折，但从最终的处理效果看是成功的。经过防渗处理后，加之水库的自然淤积，水库防渗效果显著，渗漏量从5.2万m^3/降至0.56万m^3/d，水库渗漏量到正常范围内，渗漏得到了有效控制。

8.2.1.7 泾惠渠首电站

1. 工程概况

泾惠渠首电站位于老龙山断裂下游泾河峡谷段，上距东庄坝址直线距离约11km。大坝坝型为混凝土重力坝，最大坝高约35m。

2. 喀斯特水文地质条件

坝址位于泾河峡谷出口上游约1km，河道狭窄，两岸山体陡峻，呈“V”字形河谷。出露的地层有：寒武系灰岩和白云岩，奥陶系灰岩、页岩，古、新近系砾岩和第四系松散沉积物等。在构造上处于渭河地堑之边缘地区，构造复杂，构造的形成与燕山运动有关，并与六盘山逆断层的影响及渭河地堑的形成有密切关系，前者造成了大的逆掩断层及岩层的倒转，后者产生了正断层。该区地下水多出露于山坡裂隙及断层线附近，泉水活跃，区内可见广泛分布的泉点及各涌水与断层现象的配合。

喀斯特现象主要是浅表的现代喀斯特，所见到的溶洞多沿断层裂隙发育，并以其交会处为甚。这些喀斯特的形成显示了构造作用对岩体破碎及地下水沿构造裂隙发育的影响，但其多分布于河谷两旁地下水面以上。在泾惠渠首坝段，钻探过程未发现溶洞，且富含承压水，区域内喀斯特发育较弱。

3. 工程防渗处理措施

勘察未发现溶洞等明显喀斯特现象，坝基岩体透水性差，下部为承压水，因此仅对大坝采用了常规的帷幕灌浆防渗处理，局部与混凝土防渗墙相结合，主要防渗措施如下。

(1) 坝基防渗及排水。考虑到坝前淤积可以起到防渗作用，故仅对坝基河床进行帷幕灌浆。在459.00～474.00m高程范围的两岸坝肩上做宽1m，深入岸坡3m的混凝土防渗墙。

(2) 岩石固结灌浆。对坝体以外的坝基范围进行固结灌浆，孔距、排距均为3m，梅花形布置，断层破碎带及两侧面影响带部位适当加强固结灌浆，对坝基顶部及周围岩石加强固结灌浆。

(3) 断层破碎带处理。坝基内存在的断层破碎带或较弱夹层，根据开挖情况采取了适当的处理措施，主要是对规模小者进行一般的开挖回填，规模大者采取专门的处理措施。

4. 防渗处理效果

从泾惠渠首电站建设及大坝运行情况看，没有出现明显的喀斯特渗漏问题，按正常岩体进行的防渗处理满足工程安全要求，也未发生明显的水库渗漏问题。

总体上看，虽然上述各工程的喀斯特水文地质条件差异较大，水库渗漏形式及渗漏途径各不相同，处理阶段及采取的防渗处理工程措施也不一样，但最终都在查清工程区喀斯特发育特征以及渗漏形式、渗漏途径的基础上，采取阻、截、堵等工程措施，有效阻断或限制了水库渗漏，从而使工程得以发挥正常效益。

8.2.2 泥沙淤积防渗作用

河流上修建水利水电工程，蓄水后将淤积一定厚度的泥沙。泥沙淤积对水库防渗起到一定的积极作用，尤其对高泥沙河流，淤积达到一定厚度其防渗效果显著。下面介绍几座水库泥沙淤积防渗效果的工程实例。

1. 羊毛湾水库

该水库建设时，设计的防渗方案未能得到很好实施，河床段近坝段灰岩也未采取处理措施，仅靠水库天然淤积防渗。在蓄水初期（1971年），水库渗漏量很大，当水库蓄水至高水位运行时，因淤积层厚度不够被库水击穿，出现了溶洞塌陷，造成水库大量漏水。后来对漏水点做了针对性的处理，而其他地段仍未进行处理，但随着水库淤积的增厚（至1986年水库淤积1800万 m^3），水库渗漏量明显减少。到1997年水库加固处理全面完成后，此时坝前水库淤积厚已达20m，水库基本不再漏水。由此可见，泥沙天然淤积对水库防渗具有明显作用，尤其是淤积到一定厚度后对水库防渗效果十分显著。

2. 洛河党家湾电站

该工程为一低坝径流电站，坝高20m。库坝区位于奥陶系灰岩上，喀斯特发育，河床及岸坡溶洞到处可见，施工未做任何防渗处理。水库蓄水运行后，引水渠道电站厂房漏水严重，但经第一个汛期高含沙浑水淤堵后，漏水量大大减小，到第二个汛期后，渗水情况基本消失，泥沙淤积在减小党家湾水库渗漏中发挥了重要作用。

3. 冯家山水库

冯家山水库蓄水后，水库的渗漏量随着近坝库段淤积泥沙层的增厚而逐渐降低，尤其是淤积泥沙厚度达到20余米时，河道渗漏量和坝下游坡脚渗漏量发生显著减少，泥沙淤积发挥了重要作用。

4. 小浪底、三门峡和巴家嘴水库

对黄土地区已建小浪底、三门峡、巴家嘴等水库泥沙淤积层调查分析，泥沙淤积层渗透性微弱，渗透系数在 $1\times10^{-5}\sim1\times10^{-7}$ cm/s之间，对水库渗漏有明显的减弱作用。有文献对含泥沙较高的浑水淤积作用进行了专门研究，认为泥沙淤积对原地层起到充填挤压、渗透固结和改良地层等作用。

工程经验及研究表明，泥沙不仅在河床沉积，同时在孔隙、裂隙等渗流过程中被带入地层中，逐渐沉积压实并形成渗透凝结层，改变岩土结构，提高其抗渗透破坏能力，对防渗具有积极作用，尤其是当淤积层达到一定厚度对水库防渗效果显著。但是，在库区存在管道型渗漏通道时，在高水头运用条件下泥沙淤积层易被击穿而发生渗漏。同时水库淤积层达到一定厚度需要较长时间，蓄水初期单靠泥沙淤积的防渗效果有限。

8.2.3 防渗处理方案优化

工程区喀斯特水文地质条件十分复杂。随着勘察研究的不断深入，对东庄水库喀斯特渗漏问题的认识得以逐步完善，防渗处理思路也随之得以逐步调整与优化。

1. 项目建议书阶段

2010年重启东庄水利枢纽工程项目建议书修编工作后，把水库喀斯特渗漏问题列为一个重要专题开展研究，在对前期资料分析的基础上，进行地表喀斯特水文地质调查与测绘，库段A区、B区布置3个深钻孔，坝址和库首C区补充6个勘探钻孔，进行地下水位观测，取河水、地下水和泉水水样进行水化学测试分析，并开展了区域喀斯特发育背景专题研究以及库坝段河水与地下水补排关系二元大型示踪试验，取得以下几个方面的主要认识：

(1) 东庄水库的喀斯特发育背景及渗漏条件与羊毛湾水库、桃曲坡水库存在明显差异，蓄水后不会产生类似于桃曲坡、羊毛湾水库的严重渗漏问题。

(2) 东庄水库处于渭北中部岐山-泾阳喀斯特地下水系统的筛珠泉喀斯特地下水子系统这一独特的水文地质单元内，北部以老龙山断层及断层北侧的砂页岩为隔水边界，西南部以唐王陵向斜核部砂泥质碎屑岩为相对隔水边界，东南边界以北东走向的张家山断裂为潜流渗水排泄边界。沙坡断层及其北侧连续分布页岩构成单元内部阻水边界。西部滚村一带地下水位（816.00m）高于水库正常高水位（789.00m）。

(3) 筛珠洞泉域区内地下水总体由西向东、东南方向径流，并向筛珠洞泉群和山前张家山断裂带排泄。在泾河河谷，部分水流受沙坡断层阻隔，在风箱道以泉的形式补给泾河。

(4) 东庄水库所在的泾河峡谷段，未发现大规模古老喀斯特和古喀斯特，勘察揭露古喀斯特仅为充填的小规模溶洞或溶孔，没有形成连通的管道系统。发育的喀斯特主要为近代喀斯特，规模小，深度浅，喀斯特形迹以溶隙为主。在地表老龙山断裂等构造部位，喀斯特较发育，易形成地下水赋存、运移通道，沿老龙山断裂带可能存在集中渗漏问题。

(5) 老龙山断裂及其影响带库段（A区）岩性以白云岩为主，受断裂构造影响，岩体破碎，喀斯特较发育；白云岩夹泥质白云岩（B区）岩性以白云岩夹泥质白云岩为主，喀斯特发育微弱；坝址及库首灰岩段（C区）岩性为质纯灰岩，喀斯特发育较弱，主要为沿构造裂隙或断层发育的溶隙。

(6) 库坝区地下水位平缓，水位总体在550.00m上下，低于现状河水位约40m，形成悬托河。但多种勘察研究成果表明，悬托河段河床以下存在厚几十米至百余米溶蚀轻微、透水性微弱的岩体，河水与地下水联系不畅。水库蓄水后不会产生严重渗漏问题。

(7) 水库喀斯特渗漏形式以溶隙型为主，局部可能存脉管型渗漏。主要渗漏途径包括坝基及绕坝渗漏、库首河湾渗漏、沿老龙山断裂及其影响带渗漏等。

基于以上对工程区喀斯特水文地质条件的认识，本阶段选择垂直防渗、表面防渗及表面防渗与垂直防渗相组合的三种防渗形式进行了比选。

1) 垂直防渗。以帷幕灌浆防渗为主，合理选择帷幕轴线和底界高程及帷幕主要设计参数。

2) 表面防渗。表面防渗型式主要有黏土铺盖、土工膜、喷混凝土、沥青混凝土、混凝土面板等。

3) 表面防渗与垂直防渗组合。即在岩体较为破碎的老龙山断裂及其影响带采用混凝土面板做表面防渗，其余库段岩体条件较好、岸坡较陡部位采用帷幕灌浆防渗方案，混凝土面板与帷幕间有效连接，形成封闭的防渗体系。

综合考虑库坝区两岸地形地貌、地层结构、地质构造、喀斯特发育、地下水位等基本地质条件，结合水库渗漏途径和渗漏形式，从帷幕灌浆和防渗面板的施工条件、成功经验、防渗效果和补救维护措施等方面综合比较，推荐采用帷幕灌浆垂直防渗处理措施。

鉴于项目建议书阶段工作深度有限，特别是未针对钻天岭一带地下水位分布情况及老龙山断层深部喀斯特发育状况专门布置勘探工作，尚无法最终确认钻天岭地下分水岭是否存在，也无法完全排除库水沿老龙山断裂及其影响带渗漏向东产生集中渗漏的可能，加之碳酸盐岩库段为悬托河且地下水位低缓，钻孔压水试验揭露在较低高程仍存在较多的中等透水或漏水段，因此从稳妥的角度出发，选择了碳酸盐岩库段两岸全包垂直防渗方案（见图 8.2-1），即对 2.7km 长的碳酸盐岩库段两岸均设置防渗帷幕，帷幕穿过老龙山断裂延伸至砂页岩库段一定距离，帷幕防渗底高程接地下水位一定深度，两岸形成相对封闭的帷幕防渗系统。库区全包帷幕线总长度约 4430m，其中左岸帷幕轴线长 2340m，右岸帷幕轴线长 2090m。

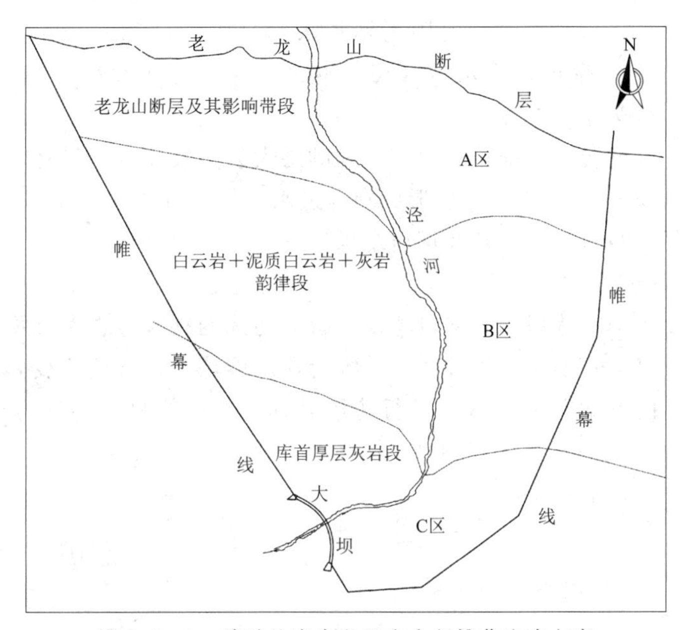

图 8.2-1　碳酸盐岩库段两岸全包帷幕防渗方案

2. 可行性研究阶段

在项目建议书勘察研究工作基础上，补充开展了大量喀斯特水文地质勘察工作，并在碳酸盐岩库段 A 区、B 区分别布置了勘探平洞 YRPD01（长度 787m）和 YRPD02（长度 350m）；在钻天岭一带布置了深钻孔，进行了钻孔地下水位长期观测。联合中国地质科学院岩溶地质研究所及中国地质科学院水文地质环境地质研究所、河海大学、中国地质大学、长安大学、华北水利水电大学、西安石油大学、河南省地质环境监测院等单位，采用岩相与矿化分析、水物理化学测试、喀斯特地下水动态、光释光测龄、地下水同位素、三元大型示踪试验等综合技术方法手段，重点围绕库坝区喀斯特发育及岩体透水性分布规律、悬托河成因、左岸钻天岭一带是否存在地下水分水岭以及沿老龙山断裂及其影响带是否存在集中渗漏可能等关键问题开展了一系列喀斯特渗漏专项问题研究，主要取得以下几个方面的认识：

（1）库坝区喀斯特发育主要集中在岸坡浅表风化卸荷带和构造部位。近岸坡沿结构面溶蚀相对明显，随着远离岸坡和埋深的增大，溶蚀作用减弱，并多被黏土、岩屑、钙质充填。

（2）岩体透水性总体上随埋深增加而降低，局部透水性增大，但仍以弱透水为主。

（3）老龙山断裂及其影响带虽然岩体较破碎，但主要为闭合的微裂隙，喀斯特发育微弱，喀斯特形迹少见，未发现喀斯特管道系统，沿老龙山断裂及其影响带不存在地下水低水位和强透水通道。

（4）库段B区为白云岩、泥质白云岩和灰岩韵律地层，岩性交互频繁，泥质白云岩分布层位多，单层厚度大，共揭露泥质白云岩23层，累计厚度约为74m。此外，在泥质白云岩和白云岩、灰岩的交界面，常发育有厚度1～10cm的泥化夹层。泥质白云岩和泥化夹层透水性弱，垂层方向相对隔水作用明显。

（5）地下水动态揭示左岸钻天岭附近钻孔水位720.00～740.00m，存在地下水分水岭，现状水位虽低于水库正常高水位（789.00m），但高于河水位（590.00～600.00m）120～150m，对防渗较为有利。

（6）河床坝基以下岩体局部顺层剪切带和顺层大裂隙较发育，伴有溶蚀，连通性和透水性较好，在379.00～526.00m高程形成中等透水岩体，透水率以5.0～30.0Lu为主。

（7）库水主要渗漏途径为坝基及坝肩绕坝渗漏、库首河湾渗漏。沿老龙山断裂及其影响带向东渗漏的可能性很小。

基于可研阶段取得的认识，对项目建议书阶段初选的碳酸盐岩库段两岸全包防渗方案进行了优化调整，提出了半包防渗方案，即维持左岸帷幕防渗长度不变，取消右岸A区、B区防渗，仅对C区（库首灰岩区）进行防渗处理，右岸帷幕下游端与坝基坝肩帷幕相接，上游端深入到B区一定深度范围（见图8.2-2）。

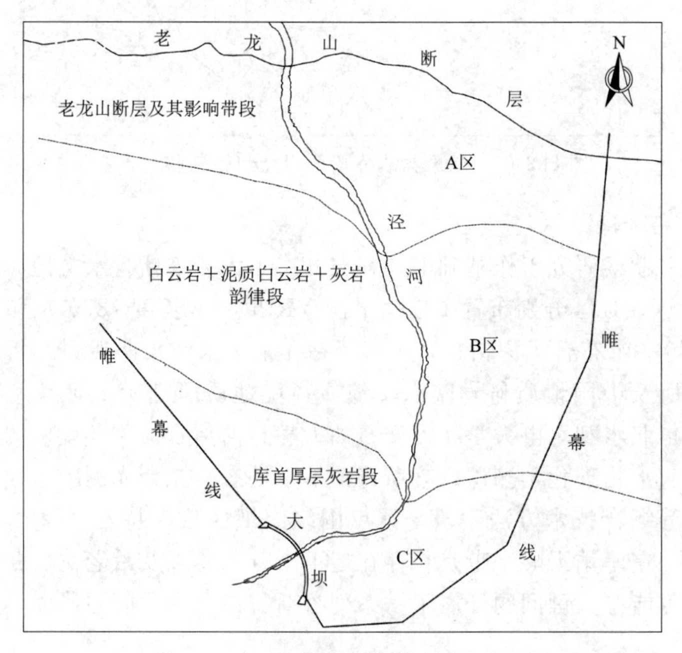

图8.2-2 库区半包帷幕防渗方案图

库区半包帷幕线总长度约3340m，其中左岸帷幕轴线长2340m，右岸帷幕轴线长1000m。进行优化调整的主要依据如下：

1）右岸存在高于水库正常高水位（789.00m）的地下水位分水岭（远端滚村一带民井地下水位816.00m），中间五峰山地下水位也高于正常蓄水位，水库蓄水后，地下水不会向西产生永久渗漏。

2）右岸A区、B区岩体透水性总体上比较微弱。右岸A区初拟防渗帷幕线ZK455钻孔高程810.00～490.00m间62段压水试验成果，透水率最大值7.1Lu，最小值为0.7Lu，透水率一般小于3～5Lu，透水性微—弱；B区初拟防渗帷幕线ZK456钻孔压水试验结果显示，高程790.00～515.00m间岩体透水性微—弱，透水率一般小于3.0Lu，仅高程770.00～765.00m、630.00～625.00m和580.00～575.00m段透水率大于5.0Lu，但也都小于10.0Lu。

3）B区为中倾横向或斜向谷，岩性为白云岩、泥质白云岩、灰岩互层，泥质白云岩累计厚度约74m。泥质白云岩和泥化夹层透水性弱，垂层方向相对隔水作用明显。

4）渗流数值模拟计算结果表明，取消右岸A区、B区的防渗帷幕后，水库渗漏量增加有限。

同时，考虑到库坝区地下水位虽然低缓，但除库岸浅表风化卸荷带外，岩体透水性总体上微弱，地下水位以上大部分岩体透水率都小于3.0～5.0Lu，因此防渗帷幕底界可按接相对微透水岩体进行控制，兼顾地下水位等其他因素。

此外，基于可研阶段对钻天岭地下水分水岭及老龙山断层取得的新认识，分析认为库区左岸防渗方案具有进一步优化空间，并提出了“两坝肩防渗帷幕外延接弱透水岩体”的防渗新思路。

3. 初步设计阶段

针对可行性研究阶段提出的库区防渗优化新思路，进行了喀斯特专项补充地质勘察工作。在库段地表和探洞内完成钻孔18个，总进尺5962.2m；持续开展喀斯特地下水动态和分层水位观测等测试分析，查明了老龙山断裂隙带喀斯特发育及岩体透水性，复核了左岸钻天岭一带相对分水岭的可靠性，进一步查明了防渗帷幕线弱透水岩体分布特征。取得的主要认识如下：

（1）老龙山断裂及影响带岩体较破碎，但挤压紧密，正常蓄水位以下岩体喀斯特发育微弱，压水试验揭示岩体以微—弱透水为主。位于左岸远端老龙山断层及影响带的YRZK09钻孔地下水位为782.00m，孔内789.00m高程以下岩体透水性均小于1.6Lu，河床部位YRZK10钻孔压水试验全孔透水率也小于2.0Lu，近岸坡YRPD01平洞内ZK466～ZK469四个钻孔压水试验揭示在孔口高程630.00m以下透水率基本都小于3Lu。因此，沿老龙山断裂及其影响带向东不会产生集中渗漏。

（2）左岸远端钻天岭附近的YRZK01、YRZK05和YRZK09钻孔地下水位为714.00～782.00m，地面高程分别为1138.00m、1193.00m和1168.00m，距离钻天岭最高处（1599m）1～2km，推测钻天岭部位存在更高的地下水位，同时三维数值模拟分析成果显示水库蓄水后地下水位会进一步壅高，壅高后钻天岭一带地下水位高于水库正常蓄水位，水库蓄水后不会经左岸向远端产生渗漏。即便局部地段地下水位在水库蓄水后略低于正常蓄水位，由于渗径很长，水力坡降很小，其向远端产生的渗漏量也会十分有限。

（3）库坝区岩体透水率整体上随埋深的增加而减弱，埋深超过200m，岩体透水率基本在5Lu以下，埋深超过300m，岩体透水率基本小于3Lu。

(4) 库段A区、B区地下水向两岸远端的渗漏受到限制，主要通过近岸裂隙岩体向下游C区绕渗，蓄水后水库渗漏的主要部位为库首C区。

(5) 水库渗漏途径为坝基及绕坝渗漏（含库首河湾渗漏）。

基于上述认识，进一步细化了两坝肩防渗帷幕外延接弱透水岩体防渗方案，即坝基坝肩以外防渗帷幕在左、右岸均沿山脊布设，帷幕端点接入B区地层一定深度，见图8.2-3。鉴于坝基及两岸无隔水地层，采用悬挂帷幕进行防渗，帷幕底界接相对弱透水岩体，在大坝渗透变形安全和渗漏量可接受的前提下，不同工程部位分别接不同透水率岩体。库区两岸的防渗帷幕底界高程按透水率3Lu进行控制，坝基坝肩防渗帷幕底界高程主要参考1～3Lu界线确定。

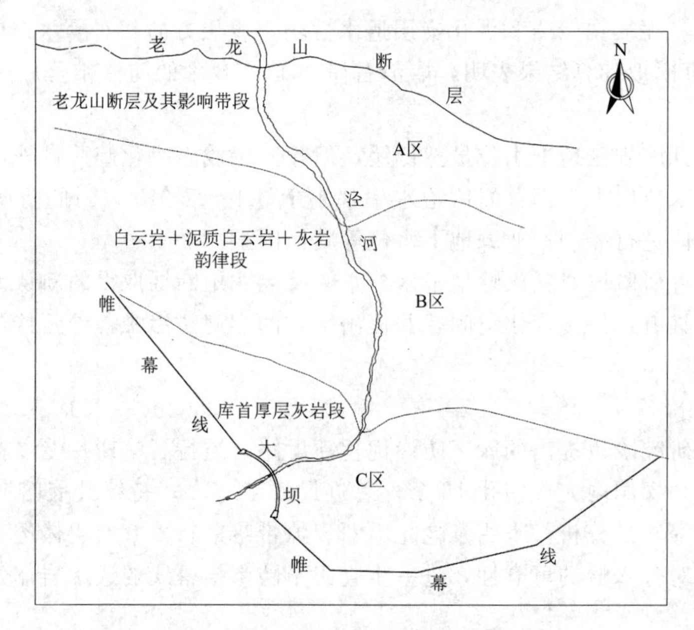

图8.2-3 两坝肩延伸帷幕防渗方案

该方案防渗帷幕线总长度约3148m，其中左岸帷幕轴线长1980m，右岸帷幕轴线长1168m。

分析认为，库区半包防渗方案及两坝肩防渗帷幕外延接弱透水岩体方案均可行。比较而言，坝基坝肩防渗帷幕向两岸延伸接弱透水岩体方案工程量相对较小。最终帷幕防渗方案的选择，应在对防渗效果、工程投资、施工条件等因素进行综合比选后确定。

8.3 小结

(1) 老龙山断裂以上长约94.3km的砂页岩库段不存在永久性渗漏问题。

(2) 老龙山断裂以下长约2.7km碳酸盐岩库段河床以下无相对隔水层分布，地下水位低于河水位，水库蓄水后存在一定的喀斯特渗漏问题。

(3) 东庄水库碳酸盐岩库段两岸均存在地下水分水岭。水库蓄水后，右岸地下水分水岭远高于水库正常蓄水位，不存在侧向渗漏问题；左岸钻天岭一带壅高后的地下水位高于东庄水库正常蓄水位，库水向东及东南方向产生渗漏的可能性较小，也不可能沿老龙山断裂带向东产生集中渗漏。综合分析判断，水库蓄水后产生渗漏的主要部位是库首C区，主要渗漏途径为坝基及绕坝渗漏，渗漏形式以溶隙型为主，局部浅表层风化卸荷带、断层破碎带可能存在顺缝隙的脉管型渗漏。采取防渗处理措施后，东庄坝址具备成库条件。

（4）从东庄水库喀斯特水文地质条件考虑，防渗帷幕方案优于其他方案。在初步优化比选基础上提出的库区半包防渗方案及两坝肩防渗帷幕外延接弱透水岩体方案均可行。最终帷幕防渗方案的选择，应在对防渗效果、工程投资、施工条件等因素进行进一步综合比选后确定。

第9章 碳酸盐岩库坝区防渗方案

为减少库坝区水库渗漏量，降低地下水渗流对坝基及库区两岸边坡稳定产生的不利影响，防止渗漏或渗流对地下水环境等外部因素产生次生灾害，工程上需要采取一定的防渗措施。常用的工程防渗措施有土工膜、防渗面板铺盖等水平防护和截渗墙、防渗心墙、防渗帷幕等地下垂直防渗。从库坝区基本地质条件、工程安全、水库综合效益发挥、周边地下水生态环境敏感性等因素出发，常采用表面防渗、垂直防渗中的一种或二者相结合的防渗形式。

根据东庄水库碳酸盐岩库坝区地层岩性、喀斯特发育特征、地下水位、岩体透水性、水库渗漏途径及其渗漏形式，系统比较表面防渗、垂直防渗及表面防渗与垂直防渗相组合防渗形式，最终根据东庄工程项目技术特点、大坝安全及水库容许渗漏量，并参考以往工程防渗经验等因素，选取以帷幕灌浆垂直防渗为主的防渗处理方案，对浅表及深部施工开挖过程中遇到的溶洞等局部漏水部位先进行封堵，然后再进行帷幕灌浆处理，同时把泥沙淤积形成的水平铺盖层作为安全储备，并加强蓄水初期调度运行方式，促进泥沙的有效淤积。

9.1 帷幕灌浆标准

防渗标准的高低直接关系到工程造价和投资，也决定着水库效益能否正常发挥。在查明库坝区工程地质与水文地质条件的基础上，只有明确了工程防渗标准，才能确定合理的工程防渗处理范围，进而确保工程大坝安全及水库功能发挥。

9.1.1 坝基帷幕

早在1932年，法国地质工程师吕荣就提出，当基岩在吕荣试验（压水试验）中得出的透水率大于1Lu时，才需要进行防渗灌浆处理。目前，法国大多数工程仍在采用这个标准，但对较低的大坝和一些不太重要的部位标准可适当放宽。

日本相关技术规范中要求，防渗帷幕灌浆设计时，灌浆帷幕的透水率，对混凝土坝按1～2Lu控制，对堆石坝按2～5Lu控制，两岸和深部岩体可适当放宽，取大一些的值。

美国编制的混凝土拱坝和重力坝设计准则等文件，虽并未对帷幕灌浆的防渗标准做出明确的规定，但在具体的工程设计和实施中，通常按3～4Lu的标准进行控制。

澳大利亚和欧洲一些国家，也基本都是采用1Lu的控制标准，对不重要的部位和低坝适当放宽，同时结合水库渗漏损失的经济价值综合确定。

我国在《混凝土拱坝设计规范》（SL 282—2018）和《混凝土重力坝设计规范》（SL 319—2018）等混凝土坝相关设计规范中，均以强制性条文的形式予以明确，大坝帷幕体防渗标准和相对隔水层的透水率应根据不同坝高采用不同的控制标准。

（1）坝高在100m以上，透水率 q 为1～3Lu。

（2）坝高在50～100m之间，透水率 q 为3～5Lu。

（3）坝高在50m以下，透水率 q 不大于5Lu。

根据东庄水库大坝坝基基本地质条件，岩体透水性主要受节理裂隙及溶蚀发育控制，由于构造发育的复杂性和溶蚀发育的随机型，坝基微弱透水界线（1Lu线）埋深较大。因此，结合坝高、库容、渗漏途径、渗流形式、帷幕深度和地下水位等因素，大坝坝基灌浆帷幕的防渗标准总体上按透水率不大于1～3Lu进行控制。

9.1.2 库区帷幕

相关规程规范对水库区防渗标准并没有明确的规定，但在水库建设时，一般要求库盆相对封闭，不产生向外集中渗漏或形成较大的渗流，不影响水库效益的正常发挥，不会造成边坡失稳或产生地下水环境严重恶化等问题。因此，在库区工程防渗时，基本按照上述要求，确定合适的防渗标准，选择适宜的防渗结构，与坝基防渗形成封闭的防渗系统。

库区设置防渗帷幕时，帷幕体要同库区岩体与大坝防渗体形成相对封闭的防渗系统，帷幕两端端点及帷幕底界接入相对隔水层或伸入地下水位以下或相对弱透水岩体一定深度。帷幕防渗的控制标准由水库的容许渗漏量决定，主要由岩体透水性、水资源宝贵程度、水环境敏感程度和技术经济条件等综合因素控制。综合考虑库坝区两岸基本地质条件和水资源宝贵程度，库区防渗标准与大坝坝基相比适当降低，总体按透水率不大于3Lu控制。

9.2 防渗方案比选

9.2.1 比选方案

水库主要渗漏途径为坝基和绕坝渗漏，主要渗漏部位和防渗范围为库首C区。根据库坝区渗漏分析成果，对库区半包防渗方案（方案一）和两坝肩防渗帷幕外延接弱透水岩体防渗方案（方案二）进行技术经济比选。两方案帷幕线平面布置见图9.2-1。

9.2.1.1 库区半包防渗方案（方案一）

库区半包防渗方案防渗范围为：坝基坝肩防渗＋左岸全防渗＋右岸C区接弱透水岩体防渗，右岸端点伸入B区一定深度。帷幕防渗底高程接相对弱透水岩体，同时兼顾地下水位等其他因素。

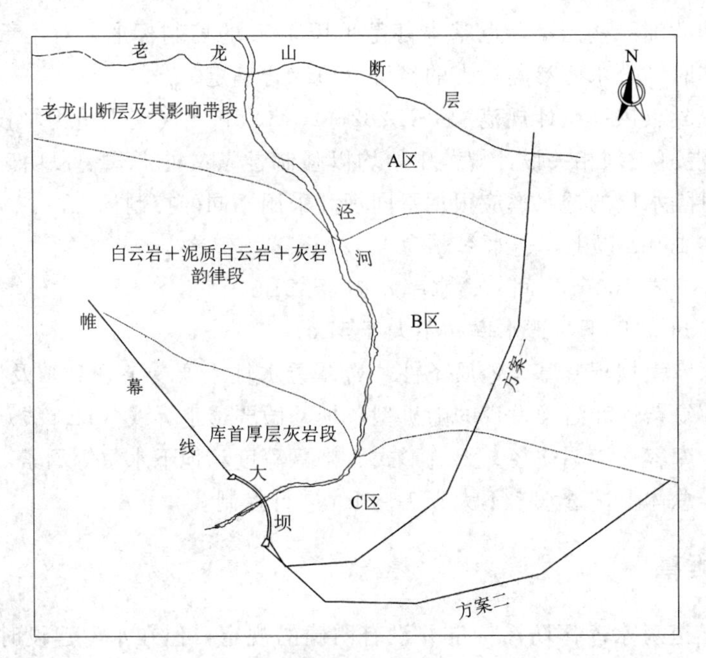

图 9.2-1 比选防渗帷幕线平面布置图

1. 坝基坝肩防渗帷幕

坝基坝肩防渗帷幕包括坝基 488m 长帷幕和左岸坝肩长 288m、右岸坝肩长 258m 的帷幕。

河床及左岸坝基岩体连续 1Lu 界线埋深大，鉴于河床坝基上部岩体存在厚 60～90m 的微—弱透水岩体，坝基及坝肩两岸岩体总体透水较弱，因此，综合考虑地下水位、岩体透水率和帷幕深度等因素，在确保大坝渗透稳定及水库渗漏量总体可控的前提下，防渗帷幕穿过河床及左岸坝基中等—弱透水岩体伸入至 3Lu 线下 5m，河床坝基帷幕控制底高程为 373.00m，帷幕最大深度达 219m。两岸坝肩防渗帷幕幕底深入岩体透水率 q＝3Lu 线以下 5m，并与河床坝基和库区防渗帷幕相衔接。

2. 左岸库区防渗帷幕

左岸库区防渗帷幕线长 2340m，从左坝肩出发向上游折，贯穿 A 区、B 区、C 区，穿过老龙山断层延伸至砂页岩库段 50m，形成左岸库区帷幕的全包方案。

(1) A 区：A 区钻孔压水试验表明，在 585.00m 高程以下，压水试验透水率均小于 3Lu，同时考虑到老龙山断裂带岩体比较破碎，左岸 A 区幕底高程总体上按 530.00～550.00m 控制。

(2) B 区：钻孔压水试验资料显示 567.00～585.00m 高程以下岩体透水性微弱，多小于 3Lu，最大值为 3.6Lu；在 550.00m 高程以下，透水率均小于 3Lu。左岸 B 区幕底高程控制在 540.00～550.00m。

(3) C 区：左岸现有钻孔（ZK459、ZK460）揭露在 637.00m 高程（埋深 201m）以下，透水率均小于 3Lu，C 区幕底高程适当低于 637.00m 高程，并与上游 B 区和下游坝肩帷幕相连接。

3. *右岸库区防渗帷幕*

右岸库区防渗帷幕线长1168m，从右坝肩沿山脊线向西北方向延伸，端点伸入B区地层一定深度。

根据右岸透水率统计，岩体透水率随着埋深的增加呈减小趋势，埋深大于270m时，压水试验值基本上小于3Lu（仅个别孔段出现3Lu$<q<$10Lu）；同时岩体透水率随着远离河床减小，右岸距离河床1100m以远，720.00m高程以下钻孔压水试验值小于3Lu。根据透水率随埋深和距离河床远近的关系并结合已有钻孔压水试验成果，右岸由坝址沿地表的山脊线向西北方向延伸约1168m，正常蓄水位789.00m高程以下的透水率均小于3Lu，并深入B区地层约218m，因此将其作为右岸帷幕线的上游端点，下游端点的幕底高程根据3Lu界线与右坝肩防渗帷幕相接。

9.2.1.2 两坝肩防渗帷幕外延接弱透水岩体防渗方案

该方案防渗范围为：坝基坝肩防渗＋库首C区接弱透水岩体进行防渗，端点伸入B区一定深度。

（1）坝基坝肩防渗帷幕。与库区半包防渗方案的坝基坝肩防渗帷幕布置一致。

（2）两坝肩外延防渗帷幕。两坝肩外延防渗帷幕均沿山脊布设，帷幕端点分别接入B区地层一定深度，左岸防渗帷幕线长2098m，右岸防渗帷幕线长1168m。帷幕底界接弱透水岩体。

两坝肩以外山脊山体宽厚，钻孔揭示3Lu透水线顶面高程由近岸到远岸随地形增高而抬升。左岸库区与坝肩帷幕衔接部位高程约417.00m，向远端逐渐抬升，然后深入B区地层长约445m；右岸库区与坝肩帷幕衔接部位高程约496.00m，向远端逐渐抬升，然后深入B区地层长约218m。

9.2.2 渗漏量估算

9.2.2.1 计算方法

目前关于裂隙介质中地下水渗流的研究，主要有以下三种解决方法。

（1）裂隙、喀斯特发育比较均匀，认为水流服从达西（Darcy）定律，可以用和孔隙水流相同的等效介质模型来研究。

（2）孔隙-裂隙岩层中，地下水主要储存在孔隙中，水的运动主要沿裂隙进行，孔隙和裂隙的分布是连续的，在同一点上孔隙和裂隙各有一个水头，水的运动服从达西定律，这种模型通常被称为双重介质模型。

（3）针对裂隙的具体分布建立相应的模型，水流或服从达西定律或服从Chezy公式，这类模型中比较通用的是交叉裂隙模型。

东庄水库库坝区水库渗漏形式以溶隙型渗漏为主，局部沿裂隙可能形成脉管型渗漏，蓄水后岩体中地下水流速不大，认为运动服从不可压缩流体的饱和稳定达西渗流规律，因此，可把坝体及岩土体按等效连续各向异性介质来进行处理，采用等效介质模型进行计算分析。

9.2.2.2 计算边界条件

根据库坝区喀斯特水文地质条件确定模拟计算分析边界条件。北部以老龙山断裂及北侧连续分布的砂泥岩构成隔水边界，西南部以唐王陵向斜核部碎屑岩构成相对隔水边界，东南侧以北东走向的张家山断裂构成弱潜流边界。

9.2.2.3　计算参数

岩体渗透系数根据区域及库坝区水文地质资料、钻孔压水试验、钻孔平洞及施工开挖揭露的喀斯特现象以及示踪试验测试分析等成果综合分析确定。考虑到平面、垂向上渗透性的差异，对计算模型范围内的渗透介质进行分层分区。渗透系数垂向分区示意图见图9.2-2，平面分区根据地形地貌特征、水文地质条件并结合模拟情况综合确定，各分区分层渗透系数见表9.2-1。

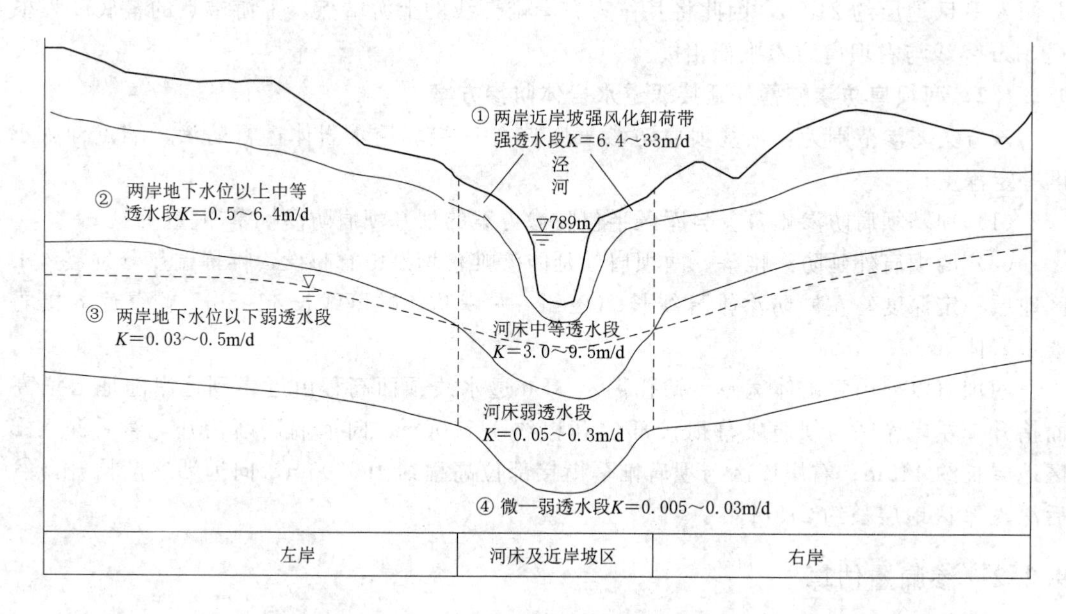

图9.2-2　河床及两岸渗透系数垂向分区示意图

表9.2-1　　各分区渗透系数取值表

分区及分层		渗透系数取值范围/(m/d)	渗透系数建议值/(m/d)	取值依据
区域	老龙山断层及其影响带	0.5～6.0	1.0～3.0	压性断层，影响带宽度根据YRPD01号平洞中的破碎段长度（430m），最大宽度按500m计算；YRPD01平洞揭露的岩体总体上较为破碎，未发现连通的管道系统。另据断层带压水试验表明，岩体透水性整体较弱，从计算安全的角度出发，对断层及影响带按中等透水考虑
	张家山断裂带	10.0～50.0	20.0	山前张性断裂，岩体破碎，总体上判断其渗透性要强于老龙山断裂及其影响带
	沙坡断层及北侧页岩	0.001～0.015	0.003	沙坡断层及其北侧分布有约数十米至百余米宽度的页岩，深度约200m，页岩垂层方向的渗透性小

续表

分区及分层		渗透系数取值范围/(m/d)	渗透系数建议值/(m/d)	取值依据
库段两岸	浅表及岸坡风化卸荷带强透水层	6.4～33.0	10.0	风化卸荷带，透水性强，敏感性分析范围主要是参考前期示踪试验成果中对文泾电站—风箱道泉的渗透系数分析
	地下水位以上中等透水层	0.5～9.3	1.0～5.0	根据压水资料统计，总体上为中等透层，取值还考虑了示踪试验成果
	地下水位以下弱透水层	0.03～0.50	0.20	依据压水试验资料分析
	深部微—弱透水层	0.005～0.030	0.02	总体上小于3Lu
河床	上部中等透水	3.0～9.5	3.0～5.0	从地表、地下水活动强度分析，透水性相对较强
	中深部弱透水层	0.05～0.30	0.10～0.20	根据钻孔资料和压水试验资料确定，个别压水试验段出现10～20Lu，但多小于5Lu，向深部有减弱趋势
	深部微—弱透水层	0.005～0.030	0.020	

9.2.2.4 计算工况

为了分析不同防渗帷幕条件下水库渗漏量的变化情况，本次模拟设定以下几种不同工况进行水库渗漏量的计算（见图9.2-3）：

工况1（方案一：库区半包防渗方案）：坝基坝肩设置防渗帷幕，左岸A区、B区和C区均设置防渗帷幕，右岸C区接弱透水岩体。

工况2（方案二：两坝肩防渗帷幕外延接弱透水岩体防渗方案）：坝基坝肩设置防渗帷幕，两坝肩防渗帷幕外延接弱透水岩体。

工况3：仅坝基坝肩设置防渗帷幕（坝基坝肩防渗帷幕包括坝基488m长帷幕和左岸坝肩长288m、右岸坝肩长258m的帷幕，和工况1和工况2的坝基坝肩防渗帷幕一致）。

9.2.2.5 渗漏量计算

1. 网格剖分

本次三维数值模拟计算同中国地质大学，采用Visual Modflow 4.1软件系统，MODEFLOW计算采用三维有限差分方法，六面体单元。模型中的网格间距为200m，在碳酸盐岩库段加密为50m间距，垂直方向上分五个模拟层，网格剖分图见图9.2-4。模型顶板高程根据1∶5万数字地形图确定，模型底板高程为280.00m。模拟层的厚度依地形高度变化。

2. 参数识别

本次模拟以地下水流场为基础，用模拟区控制点的实测水位与计算水位吻合程度来校准模型。由于模型无法模拟天然状态下地下水位以上的干单元格的参数，因此地下水位以上的模型参数不调整，仅对地下水位以下的含水层参数进行调整。

为了提高参数的精度以及考虑帷幕的布置方式，地下水位以下的含水层进一步划分为

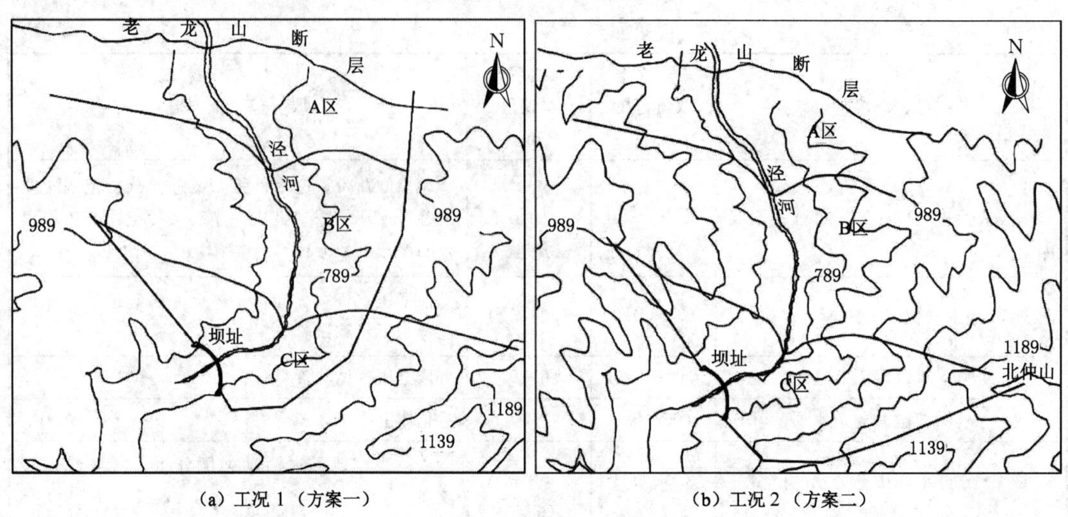

(a) 工况 1（方案一） (b) 工况 2（方案二）

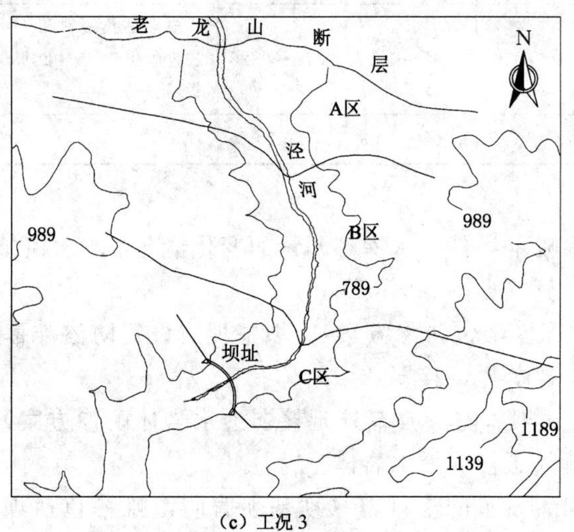

(c) 工况 3

图 9.2-3 不同方案防渗帷幕设置示意图

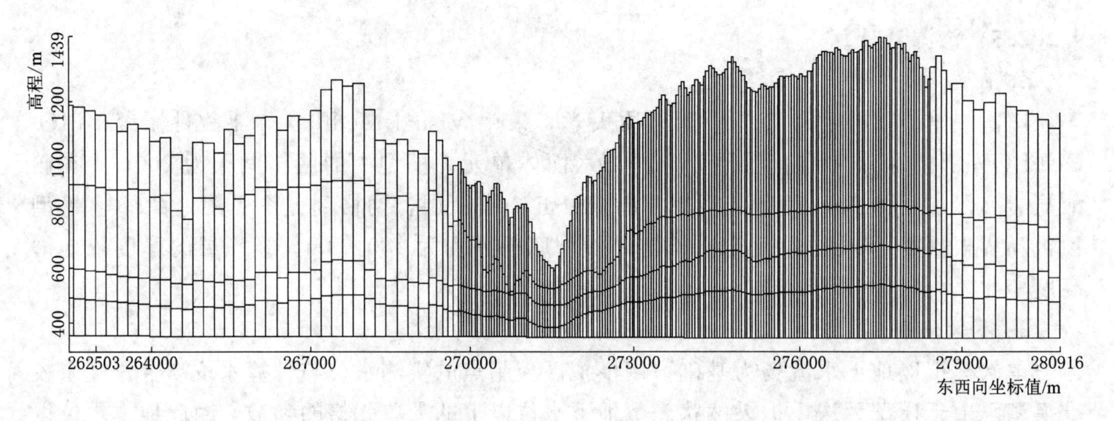

图 9.2-4 研究区网格垂向剖分示意图（坝址区东西向剖面）

四层进行参数识别，将渗透系数代入模型，并通过不断调整水文地质参数及源汇项，使得区内控制点的实测和计算水位达到拟合要求，从而完成模型的校正。图 9.2-5 即为校正后模型计算出的地下水等水位线图。

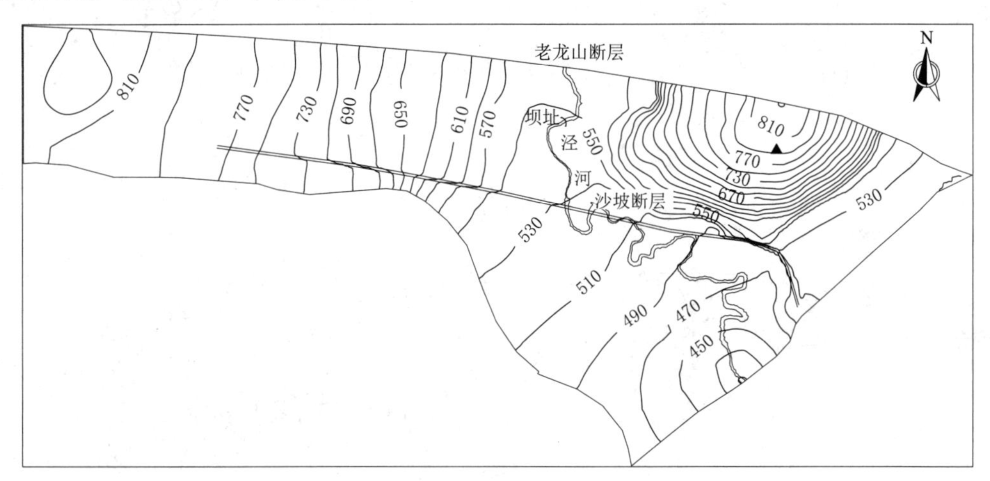

图 9.2-5 校正后模型计算出的地下水等水位线图

各观测孔实测水位与计算水位拟合情况见图 9.2-6。

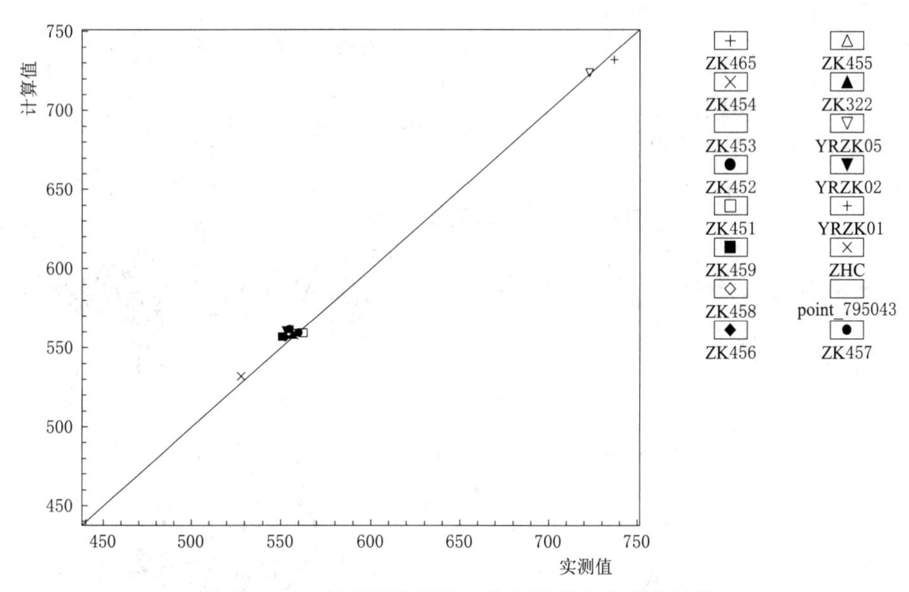

图 9.2-6 各观测孔实测水位与计算水位拟合结果

3. 模型识别结果

根据模型识别结果，碳酸盐岩裸露区降水入渗系数取 0.2，碳酸盐岩裸露河谷区降水入渗系数取 0.15，黄土覆盖区降水入渗系数取 0.016（见图 9.2-7）。工程区多年平均降水量为 560mm（降水强度为 0.0015m/d），三种类型区的降水入渗补给强度分别为 0.00032m/d、0.00023m/d 和 0.000025m/d。

根据参数识别的结果，模型中各层渗透系数分区示意图见图 9.2-8～图 9.2-11。

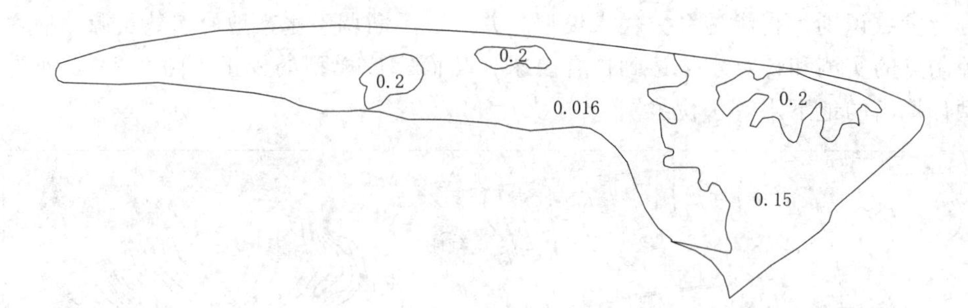

图 9.2-7 研究区降雨入渗分区图

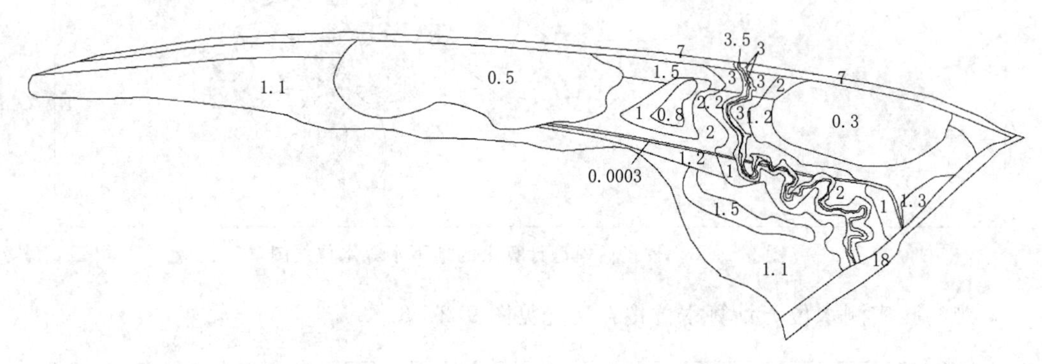

图 9.2-8 第一层渗透系数分区示意图（单位：m/d）

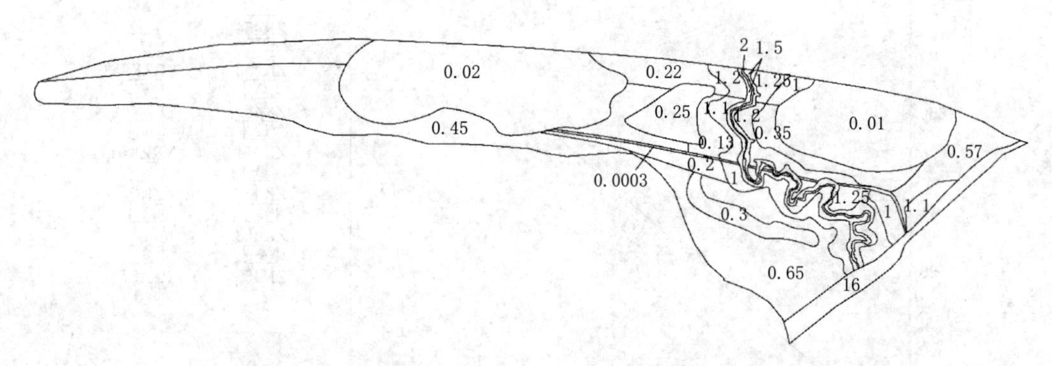

图 9.2-9 第二层渗透系数分区示意图（单位：m/d）

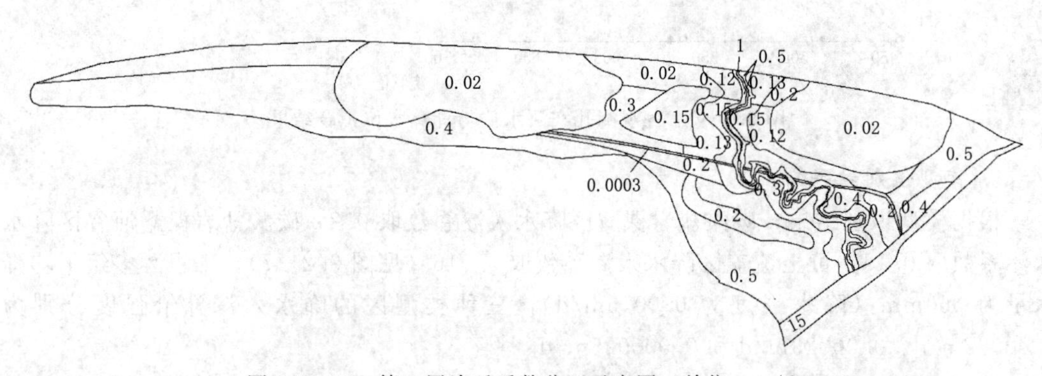

图 9.2-10 第三层渗透系数分区示意图（单位：m/d）

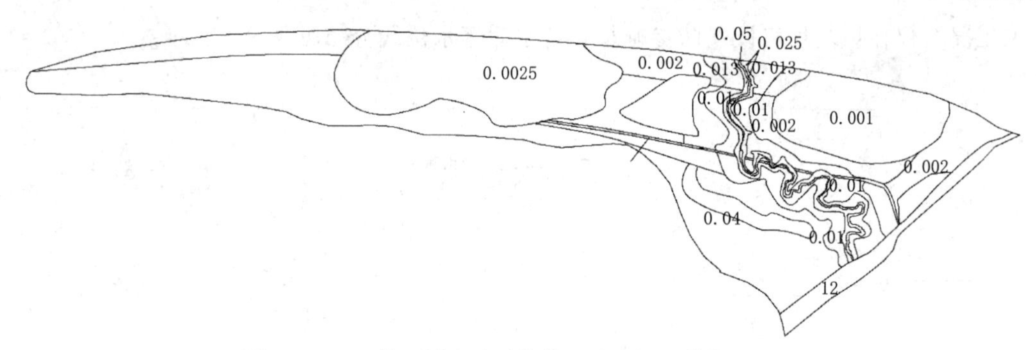

图 9.2－11　第四层渗透系数分区示意图（单位：m/d）

9.2.2.6　计算结果及对比分析

利用建立的三维数值渗流模型，对不同防渗方案的渗漏量进行了模拟计算。

工况 1（方案一）蓄水后地下水位等水位线分布见图 9.2－12。

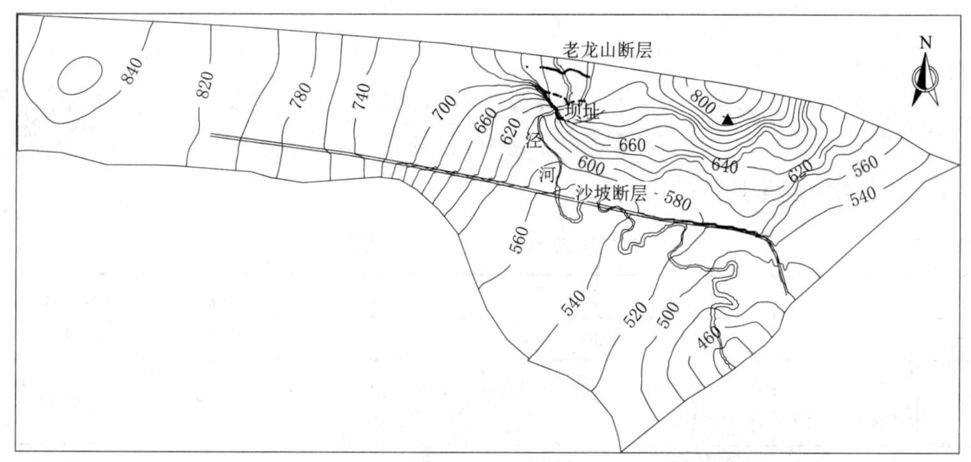

图 9.2－12　工况 1（方案一）蓄水后地下水位等水位线分布图

工况 2（方案二）蓄水后地下水位等水位线分布见图 9.2－13。

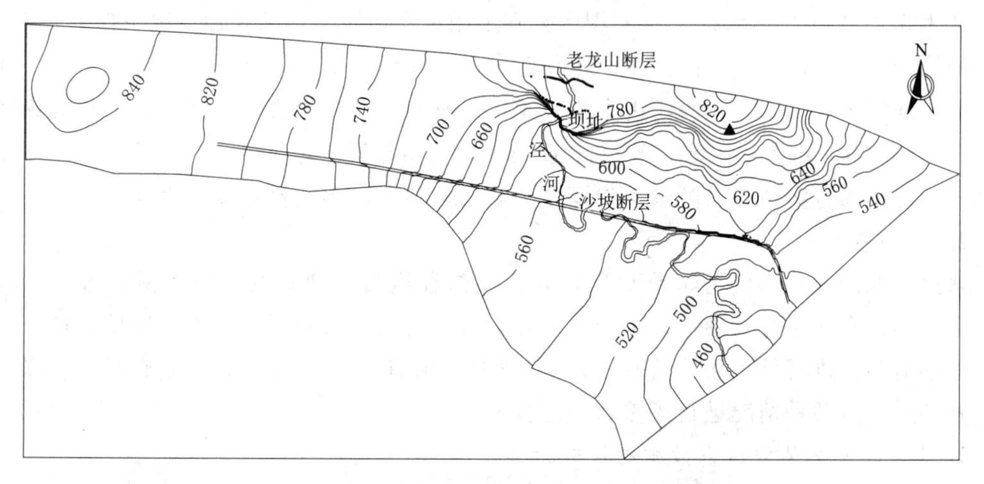

图 9.2－13　工况 2（方案二）蓄水后地下水位等水位线分布图

工况3仅在坝基坝肩设置防渗帷幕，蓄水后等水位线分布见图9.2-14。

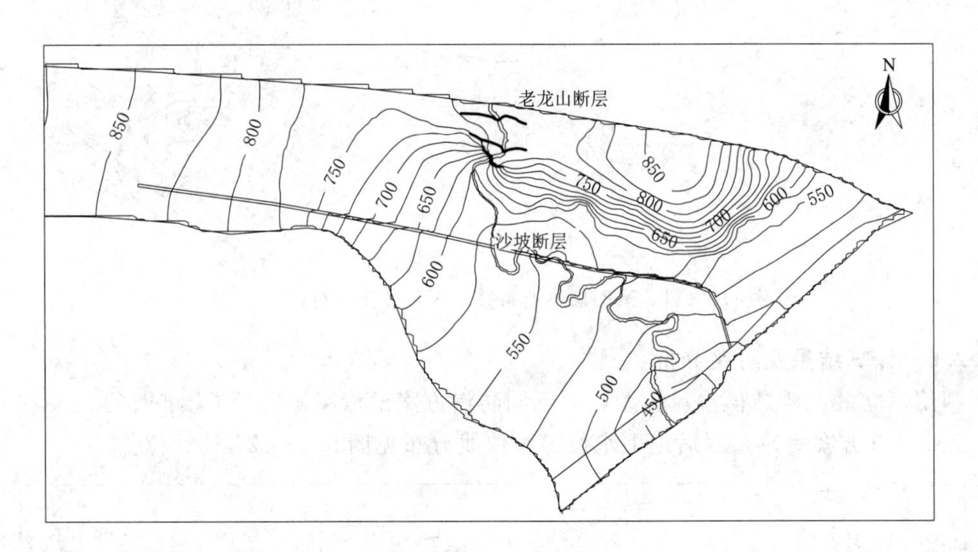

图9.2-14 仅坝基防渗蓄水后地下水位等水位线分布图

不同方案的渗漏量计算结果见表9.2-2。

表9.2-2 各工况渗漏量对比分析一览表

计算工况		渗漏量/(万 m^3/a)	占多年入库径流量百分比/%
工况	说明		
工况1	坝基坝肩+左岸向上游接穿过老龙山断层接非可溶岩地层，右岸C区接微弱透水岩体（方案一）	2948	2.44
工况2	坝基坝肩防渗帷幕向两岸延伸接微弱透水岩体（方案二）	2215	1.83
工况3	坝基和左右坝肩防渗	6530	5.40

从表9.2-2中可以看出，在库坝区分别采用不同防渗措施的3种工况条件下，工况3的渗漏量为6530万 m^3/a，占多年入库径流量的5.40%，渗漏量超过5%。工况1（方案一）的渗漏量为2948万 m^3/a，占多年入库径流量的2.44%；工况2（方案二）的渗漏量为2215万 m^3/a，占多年入库径流量的1.83%。从渗漏量估算成果可知，除工况3外，其他两种工况防渗方案估算出的最大渗漏量均属轻微渗漏，渗漏量相差不大。

9.2.2.7 敏感性分析

水库渗漏的主要部位是库首C区，其主要渗漏途径为坝基及绕坝渗漏。考虑到坝基坝肩下部局部存在中等及中等以上透水岩体，可能对水库渗漏影响较大，因此，针对方案二（两坝肩防渗帷幕外延接弱透水岩体），对左右坝肩、河床及两岸一定范围内下部存在中—强渗透带这两种情况进行了参数敏感性分析。

1. 左右坝肩岩体渗透系数敏感性分析

左右坝肩四层岩体渗透系数敏感性分析结果见表9.2-3。

表 9.2-3　方案二左右坝肩参数敏感性分析计算结果未防渗的参数敏感性分析表

敏感性分析部位	参数变化范围	渗漏量/(万 m^3/a)			
		第一层	第二层	第三层	第四层
左坝肩	2 倍	3006	3118	3101	3078
	5 倍	3080	3483	3409	3331
	10 倍	3153	3983	3808	3671
右坝肩	2 倍	2987	3051	3058	3070
	5 倍	3016	3229	3236	3272
	10 倍	3036	3445	3443	3515
左坝肩＋右坝肩	2 倍	3029	3203	3197	3180
	5 倍	3132	3732	3682	3619
	10 倍	3227	4408	4281	4180

从表 9.2-3 中可以看出，两坝肩各层渗透系数在原来的基础上分别增大 2 倍、5 倍和 10 倍时，渗漏量最大分别增至 3203 万 m^3/a、3732 万 m^3/a 和 4408 万 m^3/a，增幅分别 44.6%、68.5%和 99.0%。因此，左右坝肩均为参数敏感区。相对而言，第二层参数较敏感，左坝肩参数较右坝肩参数敏感。

2. 河床及两岸一定范围内下部岩体渗透系数敏感性分析

由于河床部位的 ZK414、ZK415、ZK421、ZK422、ZK423、ZK424、ZK425 等钻孔在深度 70～80m 以下出现了局部中—强透水现象，在敏感性分析时，假定在河床高程以下一定深度范围内，沿河床和两岸各 500m 范围内在一强渗透带，渗透带由坝址区向下游延伸至沙坡断层处。本次假定三种情况进行敏感性分析：①强渗透带位于模型的第二层；②强渗透带位于模型的第三层；③最不利情况：前三层均为强渗透带。将模型中强渗透带渗透系数分别增大 2 倍、5 倍和 10 倍，渗漏量计算结果见表 9.2-4。

表 9.2-4　河床下部强渗透带参数敏感性分析计算结果表

敏感性分析部位	参数变化区间	第二层	第三层	前三层
		渗漏量/(万 m^3/a)	渗漏量/(万 m^3/a)	渗漏量/(万 m^3/a)
河床＋左、右坝肩	2 倍	3475	3472	4505
	5 倍	4314	4231	8493
	10 倍	5351	5252	15041

从表 9.2-4 中可以看出，在渗透系数在原来的基础上分别增大 2 倍、5 倍和 10 倍的情况下，强渗透带位于第二层和第三层时渗漏量变化情况基本相似。当前三层均为强渗透带时，渗漏量最大分别增至 4505 万 m^3/a、8493 万 m^3/a 和 15041 万 m^3/a，增幅分别为 103.4%、283.4%和 579.1%。因此，强渗透带无论位于第二层还是第三层均为敏感区。在最不利条件下，即假设河床部位前三层均为强渗透带的条件下，强渗透带参数最为敏感。

9.2.2.8　泥沙淤积对水库防渗作用分析

水库蓄水初期，泥沙淤积层较薄，主要为淤泥，呈流塑状态，对防渗的有利影响主要表现在淤积泥沙对原地层起到充填挤压等作用；水库蓄水一定时间后，泥沙淤积层逐渐增厚，并在自重及水压力作用下固结压实，逐渐形成渗透固结淤积泥沙层。根据不同工程蓄水初期泥沙淤积层渗透试验，其渗透系数一般在 $1\times10^{-4}\sim1\times10^{-5}$cm/s；从中长期看，泥沙淤积层厚度可以达到几十米甚至上百米，底部淤积层有效固结压实压密，渗透系数可达 $1\times10^{-5}\sim1\times10^{-7}$cm/s，可以达到人工防渗铺盖的作用。

泾河河水含沙量高，年均含沙量为 144kg/m^3，泥沙粒径分布特征见表 9.2-5。统计张家山站 1964—2008 年实测颗粒级配资料，中数粒径为 0.021mm，黏粒（粒径小于 0.005mm）含量达 20%以上。

表 9.2-5　　张家山站悬移质粒径级配表

年份	小于某粒径的沙重百分数/%								中数粒径/mm
	0.005mm	0.01mm	0.025mm	0.05mm	0.1mm	0.25mm	0.5mm	1mm	
1964—2008	20.7	31.3	56.2	85.3	97.7	99.6	99.9	100	0.021

根据东庄水库运行期泥沙淤积预测计算成果（见表 9.2-6），在汛期蓄水，半年时间泥沙淤积层厚度将达到 20～36m，可快速形成有效淤积层。随着泥沙淤积层厚度增加，在自重和渗透压力共同作用下，淤积层会明显压密，形成的天然淤积铺盖主要由壤土和黏土组成，其中黏土为主体，渗透系数可达 $10^{-5}\sim10^{-7}$cm/s，具有良好的防渗性能。

表 9.2-6　　东庄水库泥沙淤积面高程年变化表

时　间	泥沙淤积高程/m			
	坝址断面	距坝 1.69km	距坝 3.51km	坝前库水位
起始	590.31	599.67	609.02	756.00
半年	626.90	627.24	627.60	783.51
第一年终	629.24	629.58	629.95	766.63
第二年终	640.69	641.03	641.40	763.05
第三年终	668.88	669.22	669.58	767.80
第四年终	671.02	671.36	671.72	756.00
第五年终	673.87	674.13	674.50	756.00

各工况条件下的无淤积渗漏量与考虑淤积后的渗漏量对比见表 9.2-7。两坝肩延伸防渗方案下，淤积后的渗漏量比无淤积的渗漏量减小了 7.21%，说明泥沙淤积对于水库防渗的有利作用较为明显。

表 9.2-7　　有、无淤积条件下渗漏量对比

分　析　工　况		渗漏量/(万 m^3/a)	淤积后渗漏量/(万 m^3/a)	减少量/(万 m^3/a)	减少百分比/%
工况 1	坝基坝肩+左岸向上游接穿过老龙山断裂接非可溶岩地层，右岸接微弱透水岩体（方案一）	2949	2785	164	5.50
工况 2	坝基坝肩向两岸延伸接弱透水岩体外延防渗方案（方案二）	2212	2051	161	7.21
工况 3	仅坝基坝肩防渗	6530	5106	1424	21.81

由于水库淤积层达到一定厚度需要一定时间，蓄水初期单靠泥沙淤积的防渗效果较为有限，应采取必要的工程措施对重点部位进行防渗处理。同时在水库蓄水初期，可采用合理的水库调度运行方式，加快泥沙的有效淤积。

9.2.3 工程投资对比

方案一与方案二在坝基坝肩和右岸库区防渗帷幕设置基本相同，其中坝基坝肩帷幕轴线长1034m，右岸库区帷幕轴线长1168m。方案一库区左岸帷幕线长2340m，方案二库区左岸帷幕线长2098m。主要工程量及投资对比见表9.2-8。

表9.2-8 两方案主要工程量及投资对比表

序号	项目	单位	方案一		方案二	
			坝基坝肩防渗工程量	库区防渗工程量	坝基坝肩防渗工程量	库区防渗工程量
1	石方明挖	万m^3	—	3.11	—	—
2	石方洞挖	万m^3	14.13	19.05	14.23	14.43
3	混凝土	万m^3	5.62	8.39	5.59	6.02
4	回填灌浆	万m^2	3.23	5.40	3.27	3.84
5	固结灌浆	万m	4.17	2.82	4.23	1.66
6	帷幕灌浆	万m	77.21	81.17	80.02	52.28
7	锚杆	万根	1.76	1.37	1.78	1.35
8	锚索	根	—	100	—	—
9	钢筋、钢筋网	t	7994	7205	8121	5124
合计		万元	63416	108550	64962	69706
总计		万元	171966		134668	

从比较结果看，方案二工程投资比方案一减少37298万元。

9.2.4 施工方法比较

库区防渗工程方案一（库区半包防渗方案）与方案二（两坝肩防渗帷幕外延接弱透水岩体防渗方案）相比，河床、右坝肩、右岸库区段帷幕轴线相同，帷幕端点沿山脊外延连接微弱透水岩体；左岸库区段帷幕轴线不同。方案一左岸库区帷幕轴线终点穿过老龙山断层延伸至砂页岩库段，帷幕线较长，地形起伏大，施工设置永久通风竖井、排水设施等工程量较大，施工条件差，难度相对较大。方案二左岸坝肩帷幕端点沿山脊外延连接微弱透水岩体，帷幕线较短，地形起伏相对较小，施工条件相对简单。

9.2.5 防渗方案比选

综合考虑水库渗漏量、防渗工程量、工程投资和施工难易程度等因素，确定采用两坝肩防渗帷幕外延接弱透水岩体防渗方案（方案二）。

9.3 渗控体系设计

9.3.1 坝基渗控体系

9.3.1.1 防渗体系设计

1. 帷幕轴线

坝基及坝肩帷幕灌浆与库区防渗帷幕有效衔接，在平面布置上，轴线近似平行于坝轴线，贴近上游坝坡布设。同时为尽早截断渗水，减小渗压对拱座抗力体的影响，在左岸坝顶附近，帷幕线折向上游约45°，然后再折向上游37°；在右岸坝顶附近，帷幕线折向上游约25°。帷幕线总长度1034m，防渗帷幕线平面布置图见图9.3-1。

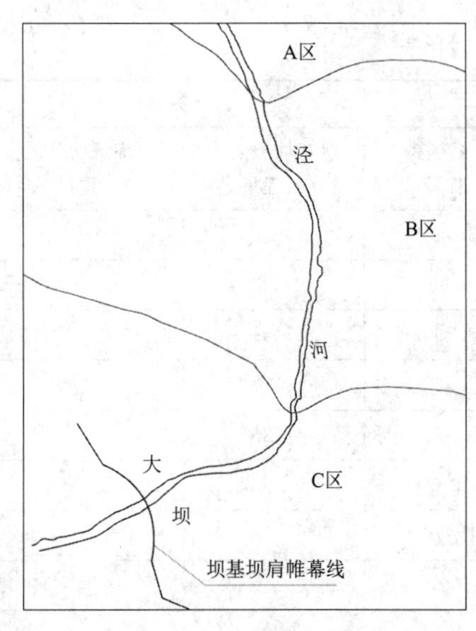

图9.3-1 坝基坝肩防渗帷幕线平面布置图

2. 帷幕灌浆深度

河床及左岸坝基岩体连续1Lu界限埋深大，鉴于河床坝基上部岩体存在厚60～90m的微一弱透水岩体，坝基及坝肩两岸岩体总体透水较弱，因此，综合考虑地下水位、岩体透水率和帷幕深度等因素，在确保大坝渗透稳定及水库渗漏量总体可控的前提下，防渗帷幕穿过河床及左岸坝基中等一弱透水岩体伸入至3Lu线下5m。

河床坝段帷幕控制底高程为373.00m，592.00m高程以下帷幕深度最大达219m。对两种实施方案进行了比较。方案一为从592.00m高程基础灌浆廊道内直接向下钻孔灌浆；方案二为在河床坝段517.00m高程增加一条灌浆平洞，在平洞两端分别设置一条竖井，与592.00m高程灌浆平洞相接。灌浆分两层进行，592.00～517.00m高程的灌浆在592.00m高程灌浆廊道内进行，517.00m高程以下的灌浆在517.00m高程灌浆平洞内进行。两方案比较见表9.3-1。

表9.3-1 方案一与方案二的优缺点对比表

施工方案	优点	缺点
方案一	(1) 施工简便； (2) 节省投资	单层最大灌浆深度达219m，钻孔要求精度高，施工质量控制难度大
方案二	单层最大灌浆深度为144m，施工质量相对容易控制	(1) 517.00m高程灌浆平洞及竖井施工困难； (2) 增加投资； (3) 水库运行期，517.00m高程灌浆平洞内渗水较多，若将平洞封堵，则后期下部高程帷幕检修困难

根据现有施工水平，参照构皮滩（单层帷幕最大深度约195m）、乌江渡（左岸部分地段单层最大灌浆深度达220m）等工程灌浆实例，综合考虑帷幕施工的难易程度和工程投资，

推荐使用方案一，在592.00m高程基础灌浆廊道内进行下部高程的帷幕施工。

3. 帷幕参数

帷幕厚度根据帷幕本身所承受的最大水头和帷幕的容许水力坡降，结合水文地质条件及地质构造特性等因素综合确定。

638.00～804.00m高程布置两排帷幕，两排帷幕等深度，相互错开梅花形布置，排距1m，孔距2m。638.00m高程以下布置三排帷幕，三排帷幕等深度，相互错开梅花形布置，排距1m，孔距2m。

4. 帷幕搭接

在河床坝体内设置灌浆廊道，在两岸坝肩设置灌浆平洞，共五层，分别位于804.00m、752.00m、684.00m、638.00m、592.00m高程，左、右岸各层廊道灌浆轴线采用同一条轴线，684.00m高程以上（含684.00m高程）各相邻层灌浆平洞水平间距为7m，684.00m高程以下各相邻层灌浆平洞水平间距为8m。灌浆廊道及灌浆平洞均为城门洞形，804.00m、752.00m高程两层灌浆廊道及灌浆平洞尺寸为3m×3.5m（宽×高），684.00m、638.00m、592.00m高程灌浆廊道及灌浆平洞尺寸为4m×4.5m（宽×高）。

帷幕在灌浆廊道内完成。在638.00m高程以上，帷幕分三序孔施工；在638.00m高程以下，帷幕分两序孔施工。帷幕钻孔为垂直孔，相邻两层竖向帷幕搭接采用水平搭接方式。638.00m高程以上帷幕的搭接采用两排帷幕，两排搭接帷幕钻孔方向分别向上和向下倾斜5°；638.00m高程与592.00m高程两层竖向帷幕的搭接采用三排帷幕，三排水平搭接帷幕钻孔方向从上到下分别为向上倾斜5°、水平、向下倾斜5°，搭接帷幕钻孔深度均超过上层竖向帷幕上游排钻孔2m。防渗帷幕灌浆帷幕搭接见图9.3-2。

9.3.1.2 排水系统布置

1. 排水孔布置

为充分降低坝基渗透压力并排除渗水，在坝址区范围（包括坝基及左、右岸坝肩帷幕）帷幕下游设置排水孔。排水孔孔深为帷幕深度的0.65倍，最大深度147m，相应孔底高程445.00m。排水孔孔距3m，孔径均为110mm。

2. 排水方式

804.00m、752.00m、684.00m、638.00m等高程左、右岸灌浆平洞自防渗末端侧至坝址区纵坡均为0.1%，坝体廊道自中间向两坝肩纵坡为0.1%，两岸灌浆平洞和坝体廊道内的排水以自流为主，每层渗水汇到两岸坝肩，沿坝体下游贴脚排向下游水垫塘。592.00m高程左、右岸灌浆平洞自防渗末端侧至坝址区纵坡均为0.1%，灌浆平洞渗水汇入坝体廊道，坝体基础廊道自两坝肩向坝体集水井纵坡为0.1%，渗水最后汇入坝内集水井，通过坝内设置的抽排设施排向坝下水垫塘。

3. 排水泵房

为排除592.00m高程两岸灌浆平洞及坝体基础廊道内渗水，在坝体内设置排水系统。坝基排水系统主要由坝内集水井、抽水泵室、5台排水泵等组成。集水井位于11号坝段基础廊道下部，尺寸为12m×10m×5.5m（长×宽×高），底板高程为586.00m，顶高程为591.50m。抽水泵室位于集水井上部，与基础廊道相结合，长12m，断面为城门洞形，尺寸为10m×8m（宽×高），底高程为592.00m，顶高程为600.00m。坝基渗漏水量为

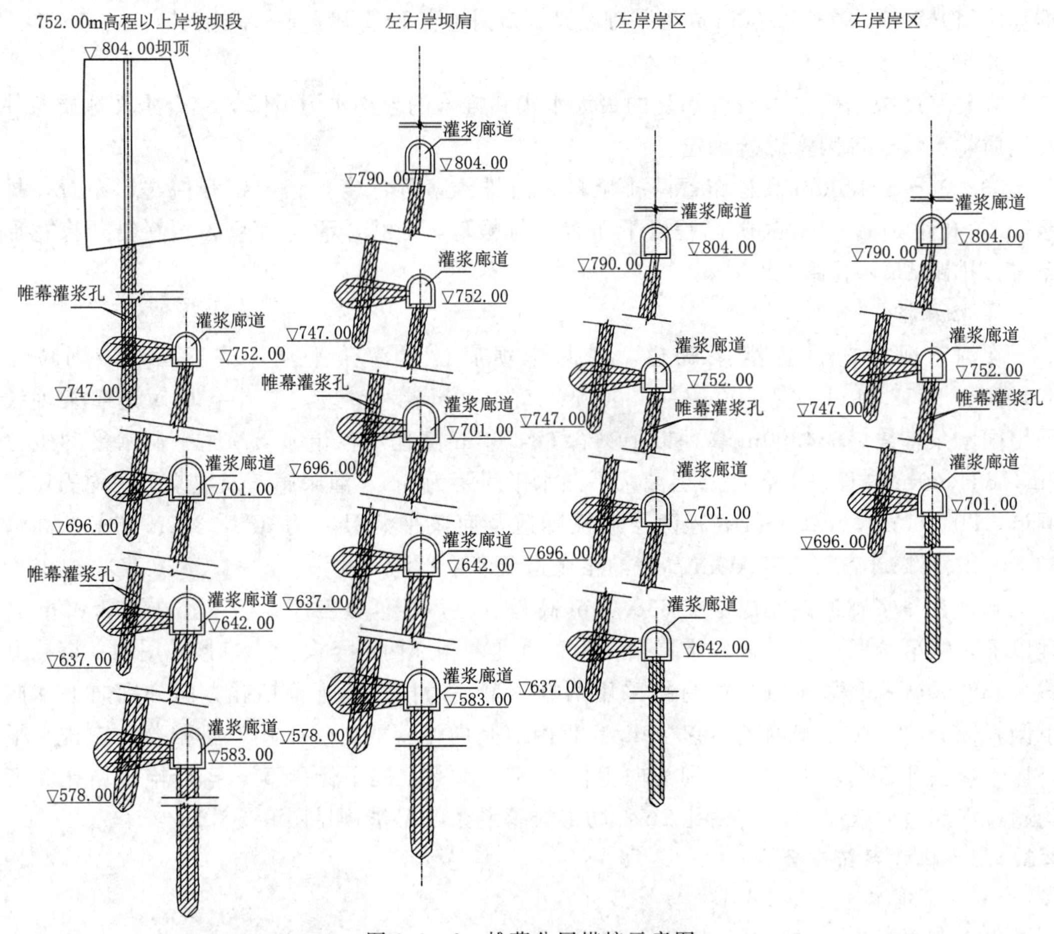

图 9.3-2 帷幕分层搭接示意图

400m³/h，集水井内设置4台自耦式潜水排污泵，其中2台工作、2台备用；另外设置1台移动式潜水排污泵，检修主泵时使用。

9.3.1.3 坝基接触灌浆

为防止坝体与基础接触面渗漏，使二者更好地结合，在坝基岸坡部位进行接触灌浆。

1. 固结灌浆部位

(1) 坡度大于50°的建基面。拱坝建基面坡度基本都超过50°，因此考虑对全建基面进行接触灌浆。

(2) 坝体底部混凝土垫座顶面。

2. 固结灌浆方式

(1) 结合固结灌浆。在需进行接触灌浆的部位，先进行2.0m基岩以下的固结灌浆，2.0m以上的固结灌浆在浇筑坝体混凝土前进行。采用预埋1英寸[1]钢管引至坝体下游贴脚，待坝体混凝土浇筑一定高度，且当混凝土冷却到稳定温度后，再按固结灌浆压力或稍

[1] 1英寸 (in)=0.0254m。

大于固结灌浆压力进行浅层固结和接触灌浆。

（2）结合帷幕灌浆。帷幕轴线部位的固结灌浆孔可不采用引管灌浆。在需进行接触灌浆部位的帷幕灌浆轴线上，待坝体形成基础廊道后，上部坝体混凝土浇筑一定高度，且混凝土冷却到稳定温度后，在基础廊道内实施帷幕灌浆，其浅表段可以作为接触灌浆，灌浆压力按帷幕灌浆压力即可。

9.3.2 库区渗控体系设计

9.3.2.1 防渗体系设计

1. 帷幕轴线

按照帷幕轴线布置原则，坝址区范围平面上帷幕线近似平行于坝轴线，为尽早截断渗水，减小渗压对拱座抗力体的影响，在左岸坝顶附近，帷幕线折向上游约50°，在右岸坝顶附近，帷幕线折向上游约34°。

拱坝坝肩两岸山体雄厚，山脊的最高高程高于正常蓄水位200m以上，通过库区钻孔资料分析，两岸岩体的风化深度在200～400m之间，风化壳体下为弱透水岩体，其顶部高程由近岸到远岸随地形增高而抬升，左、右岸坝肩帷幕沿两岸山脊布置，可有效减小防渗帷幕长度及底界高程。

根据坝肩岩体水文地质条件，左岸坝肩外延防渗帷幕线沿山脊折线布置，总长度为2098m；右岸坝肩外延防渗帷幕线沿山脊直线布置，轴线长度1168m。库区帷幕灌浆布置见图9.3-3。

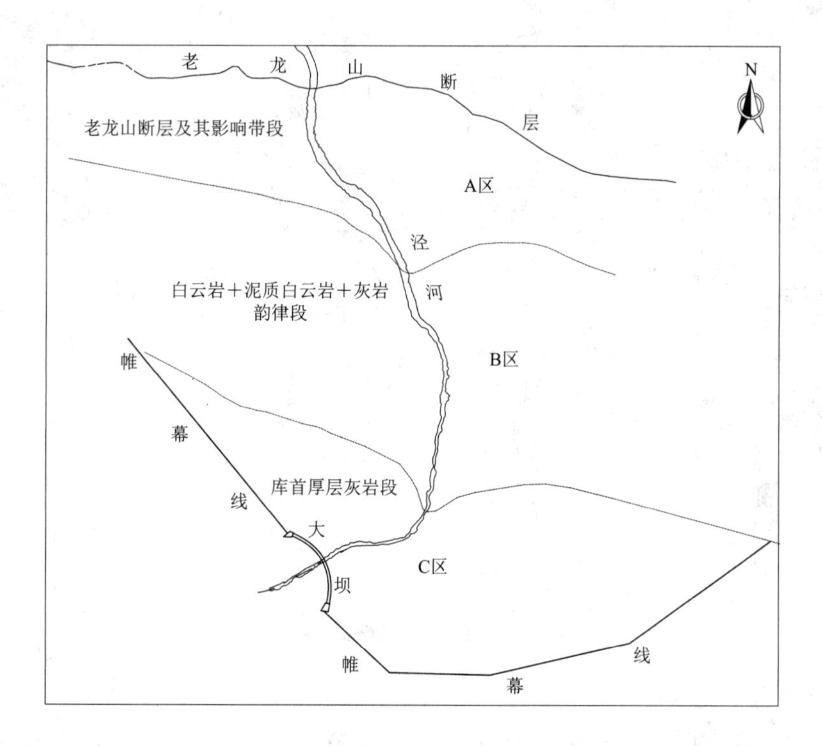

图9.3-3 库区帷幕灌浆布置示意图（方案二）

2. 幕底高程

综合考虑库区钻孔的岩体透水率、喀斯特发育特征等因素以及库区帷幕与坝址区帷幕的衔接，左右岸防渗帷幕幕底深入岩体透水率 q 为 3Lu 线下 5m。

3. 帷幕厚度

帷幕厚度根据帷幕本身所承受的最大水头和帷幕的容许水力坡降，结合水文地质条件及地质构造特性确定。库区防渗帷幕：638.00m 高程以上布置两排，638.00m 高程以下布置三排，孔距 2m，排距 1m。

4. 帷幕搭接

帷幕搭接采用分层搭接式的帷幕，搭接长度为 5m。左、右岸各层廊道灌浆轴线采用同一条轴线，各层廊道灌浆采用直斜式搭接型式。各层帷幕搭接情况见图 9.3-4。

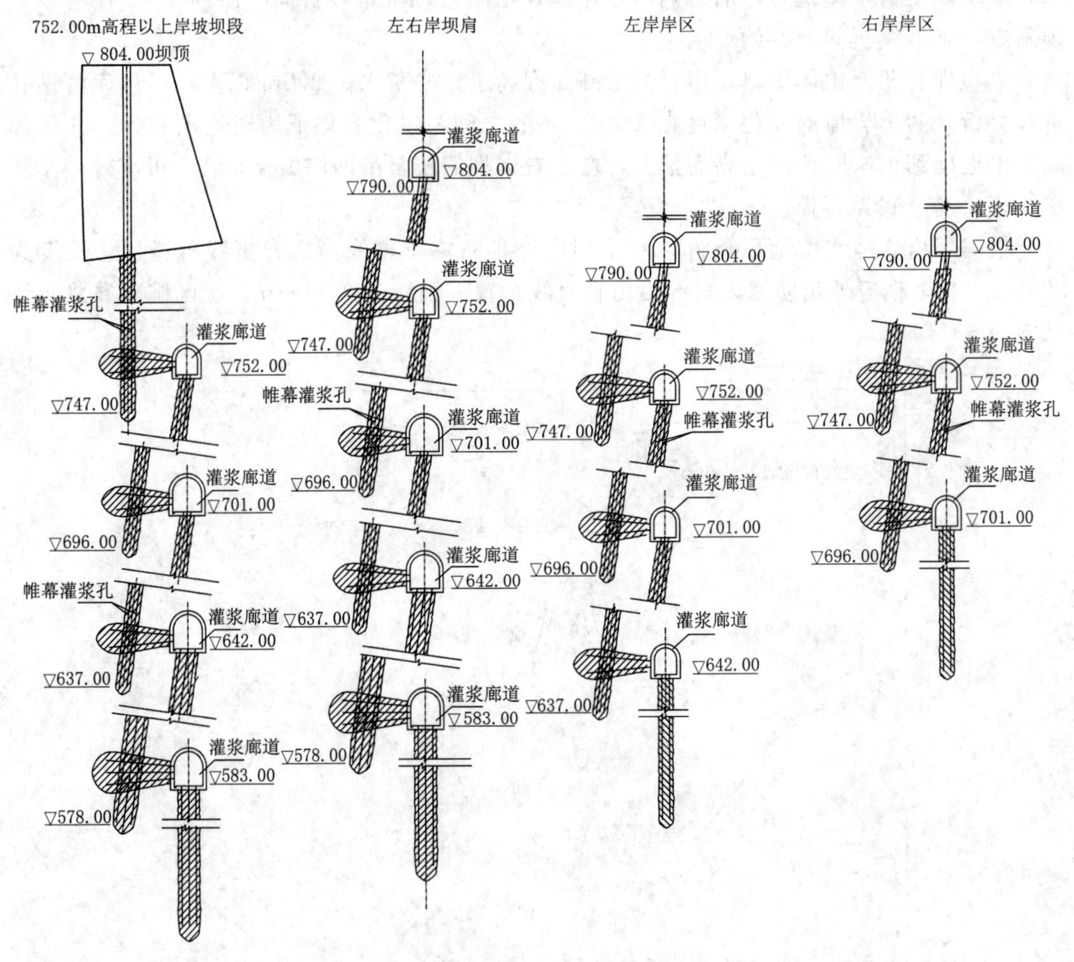

图 9.3-4　帷幕灌浆孔分层搭接示意图（方案二）

5. 帷幕灌浆平洞布置

帷幕灌浆竖直方向深度左岸最大值为 356m、右岸最大值为 225m，考虑钻孔施工偏差以及施工技术等因素，库区防渗布置五层帷幕灌浆廊道。左右岸起点防渗帷幕底部高程分别为448.00m和579.00m，左右岸终点防渗帷幕底部高程均为799.00m。由于两岸库区帷幕线较短，廊道高程布置与坝址区一致，各层廊道高程为804.00m、752.00m、684.00m、638.00m和592.00m。根据施工、交通要求，804.00m、752.00m、684.00m 3层灌浆廊道断面为3m×3.5m（宽×高）的城门洞形，638.00m、592.00m两层灌浆廊道断面为4m×4.5m（宽×高）的城门洞形。

9.3.2.2 通风竖井

为方便后期运行管理、观测和补灌，根据灌浆廊道需风量、灌浆设备尺寸大小及地质地形条件等因素综合分析确定通风设计。

804.00m高程以下各层灌浆平洞经过通风竖井衔接联合通风，804.00m高程再利用永久水平通风平洞与外界连通。

两岸灌浆廊道各布置一条直径3m的永久通风竖井。灌浆洞轴线左岸0+1050和右岸0+200处分别布置一条永久通风竖井。左岸通风竖井从顶层804.00m廊道下穿四层灌浆廊道至592.00m高程廊道，右岸通风竖井从顶层804.00m廊道下穿三层灌浆廊道至638.00m高程廊道。通风竖井中心线与下层廊道不相交时，通过廊道所在高程设置水平洞连接。通风竖井采用C30钢筋混凝土衬砌，衬砌厚度0.5m。

左岸804.00m高程通过设置一条永久水平通风平洞与外界连通，该通风平洞与7号道路连接，连接位置路K0+190.00，路面高程839.10m。洞长540m，断面为3m×3.5m（宽×高）的城门洞形，纵坡比为6.5%。采用C30钢筋混凝土衬砌，底板衬砌厚度0.45m，侧墙和顶拱衬砌厚度0.35m，灌浆平洞分缝长度12m，缝面止水采用一道铜止水，厚12mm，缝间采用聚乙烯泡沫板填充。底部设置排水沟，尺寸为0.25m×0.25m（宽×高）。

右岸804.00m高程通过设置一条永久水平通风平洞与外界连通，该通风平洞与4号道路连接，连接位置路K0+580.00，路面高程804.33m。洞长165m，断面为3m×3.5m（宽×高）的城门洞形，纵坡比为0.2%。平洞体型设计与左岸通风平洞相同。

9.3.2.3 排水布置

左岸各层灌浆廊道自防渗末端侧至坝址区纵坡均为0.1%，廊道内的排水以自流为主，每层灌浆廊道将渗水排至坝体各层灌浆廊道，再通过坝体排水系统排至下游河道。

右岸各层灌浆廊道自防渗末端侧至坝址区纵坡均为0.1%，廊道内的排水以自流为主，每层灌浆廊道渗水汇入坝址区灌浆廊道，再通过坝体排水系统排至下游河道。

592.00m高程廊道渗水汇入坝体廊道，通过坝内设置的抽排设施排向坝下水垫塘。

9.4 小结

(1) 东庄水库大坝坝基灌浆帷幕的防渗标准总体按不大于1～3Lu，帷幕线以下没有连续透水性较大（透水率大于3Lu）岩体分布进行控制。库区两岸防渗帷幕底界高程按透水率3Lu进行控制。

(2) 经综合比选，确定采用两坝肩防渗帷幕外延接弱透水岩体防渗方案。地下水三维渗流数值模拟计算结果表明，该方案下水库渗漏量约2215万m^3/a，占多年入库径流量的

1.83%，属轻微渗漏。

(3) 水库蓄水一定时间后，泥沙淤积层逐渐增厚，并在自重及水压力作用下固结压实，逐渐形成渗透固结淤积泥沙层，可以达到人工防渗铺盖的作用，减渗效果比较明显。水库蓄水初期，可采用合理的水库调度运行方式，加快泥沙有效淤积。

(4) 坝基及坝肩防渗帷幕轴线近似平行于坝轴线，贴近上游坝坡布设，两岸帷幕线分别折向上游，帷幕线总长度1034m。河床坝基帷幕控制底高程为373.00m，592.00m高程以下帷幕最大深度219m。638.00～804.00m高程按梅花形布置两排等深帷幕，排距1m，孔距2m。638.00m高程以下按梅花形布置3排等深帷幕，排距1m，孔距2m。

(5) 库区防渗帷幕在638.00m高程以上布置两排，638.00m高程以下布置3排，孔距2m，排距1m。左右岸起点防渗帷幕底部高程分别为448.00m和579.00m，左右岸终点防渗帷幕底部高程均为799.00m。由于两岸库区帷幕线较短，廊道高程布置与坝址区一致，各层廊道高程为804.00m、752.00m、684.00m、638.00m和592.00m。

第10章 东庄水库蓄水对地下水环境的影响

东庄水库蓄水后，水库水位最大抬升近230m，改变了库区及库区周边一定范围内地表水和地下水的补给、径流和排泄关系，导致地下水流场和地下水化学场发生变化，可能产生地下水环境问题。

10.1 水库蓄水影响范围

东庄水库库区在地貌上以老龙山断层为界分为两个地貌单元。老龙山断层以北水库区处于黄土高原南缘，河谷深切，冲沟众多，河曲发育，呈黄土丘陵地貌，基岩地层为砂页岩；老龙山断层以南，为基岩中低山地貌，基岩地层主要为碳酸盐岩。

东庄水库正常蓄水位789.00m高程时，水库沿河道回水距离约97.0km至枣渠电站。水库区按照岩性划分为两个库段，大坝至上游2.7km老龙山断层处是以碳酸盐岩为基岩的碳酸盐岩库段；老龙山断层至库尾94.3km以砂页岩为基岩的砂页岩库段。

根据库区及周边地形地貌条件、地下水流场特征，东庄水库蓄水后对地下水环境影响范围主要包括水库正常蓄水后回水可能影响的范围和蓄水后地下水与库水的补、径、排关系密切的区域。评价区范围上游至彬县水帘洞，下游至泾河与渭河交会处；泾河左岸边界为沿高陵县、三原县、蒋路乡、口镇、淳化县城、铁王乡、土桥镇、旬邑县城以南、新民镇一线西南；泾河右岸边界为南草店、马庄镇、烟霞镇以南、乾县城关镇、羊毛湾水库以南、南甘井镇至水帘洞以东一线。

10.2 评价区分区

根据评价区水文地质特征以及库水与地下水的补、径、排关系，为便于评价将整个评价区分成3个评价分区，分别为Ⅰ区、Ⅱ区和Ⅲ区，详见图10.2-1。

1. 老龙山断层以北砂页岩库段（Ⅰ区）

Ⅰ区范围以水库回水线为边界向两侧外延3km为界，面积为410km^2。

根据水文地质调查结果和地下水流场特征分析，老龙山断层以北砂页岩库段的黄土孔

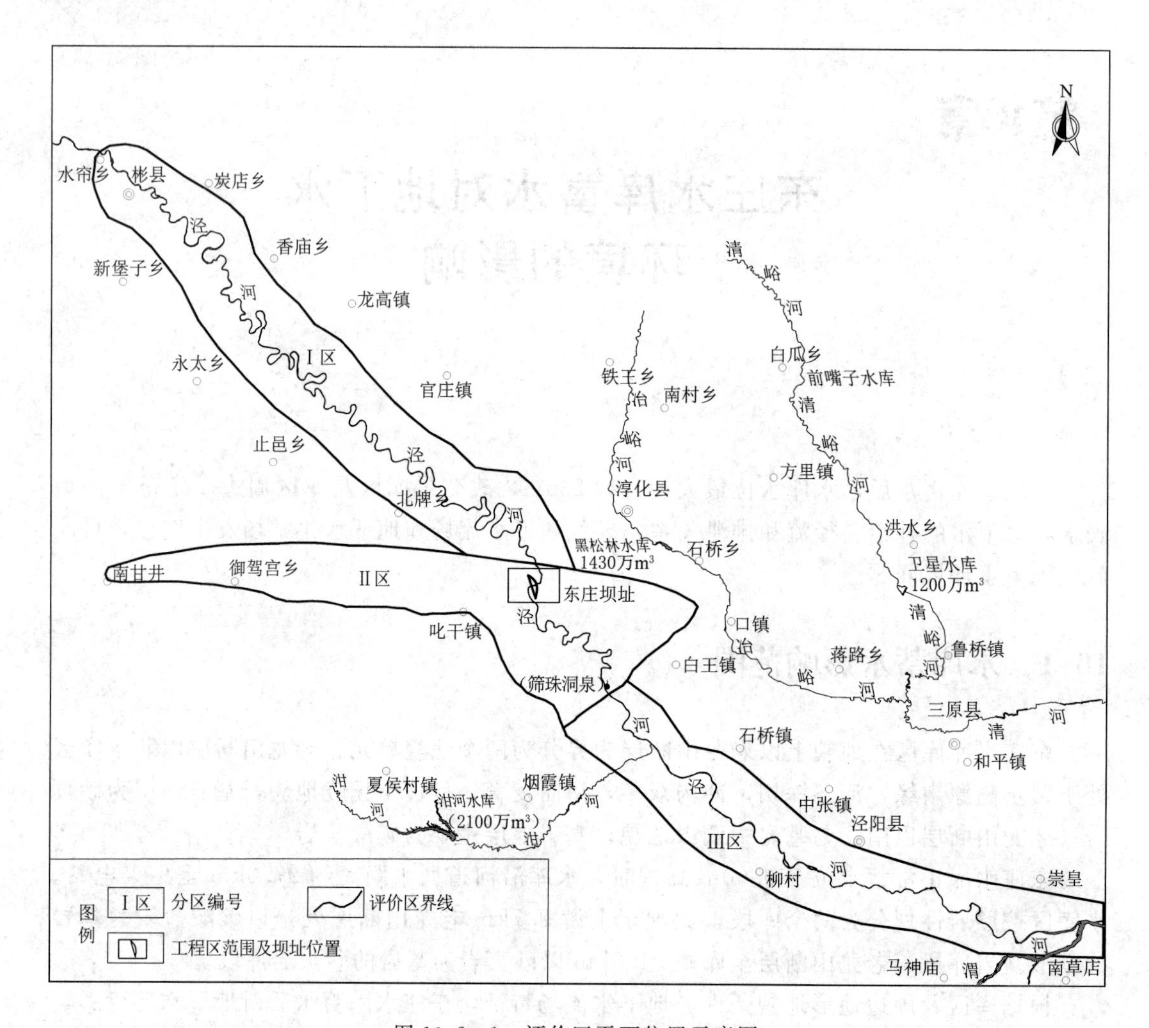

图10.2-1 评价区平面位置示意图

隙裂隙水和基岩裂隙水水位均高于水库正常回水位，在Ⅰ区仍是地下水补给河水。

2. 老龙山断层至张家山断裂段（Ⅱ区）

Ⅱ区范围为老龙山断层、张家山断层和唐王陵向斜核部组成的区域，即整个筛珠洞泉泉域，面积约330km²。

根据水文地质调查结果和地下水流场特征分析，老龙山断层至张家山断裂段基岩裂隙水水位均低于水库正常回水位，在Ⅱ区河水补给地下水。

3. 张家山断裂至泾渭交会段（Ⅲ区）

Ⅲ区范围以河床外边界为边界向两侧外延3km为界，面积为350km²。

根据水文地质调查结果和地下水流场特征分析，张家山断裂至泾渭交会段孔隙裂隙水水位多数高于河水位，仅在局部滩地河水位高于地下水水位。水库蓄水后只改变地表水的来水过程，但总体上不改变地表水和地下水的补排关系。

10.3 水库蓄水对地下水环境影响分析

10.3.1 对老龙山断裂以北砂页岩库段（Ⅰ区）的影响

1. 地下水开发利用现状

根据调查区的水文地质资料和现场调查情况，该区内开采的地下水主要为松散岩类孔隙水、碎屑岩孔隙-裂隙水。当地生活用水主要以开采地下水为主，地下水未用作灌溉用水和工业用水。地下水年开采量为470万m^3，其中机井264眼，泉水泵站28处，见表10.3-1。

表10.3-1 砂页岩库段（老龙山断层以上）现状地下水利用情况统计表

行政区划	井数/眼	现状开采能力/(m^3/d)	备注
彬县	122	5294	19个泉水泵站
旬邑	34	1659	
淳化	79	4185	
永寿	27	1570	7个泉水泵站
礼泉	2	170	2个泉水泵站

2. 地下水水质现状

根据水文地质测绘结果和水质分析成果进行评价，在老龙山断层以北砂页岩库段的Ⅰ区内，地下水位高于水库正常回水位，评价区内基本没有具备供水能力的水源地，因此该区不存在地下水环境敏感点。现状条件下，地下水水质为Ⅲ类或者优于Ⅲ类。

3. 对地下水水位的影响

该段库盆基岩由砂、泥（页）岩相间组成，岩层厚度大，层面平缓，其中泥岩为微透水或不透水地层，岩体透水条件差，不利于地表水与地下水的交换。根据对该库段现状地下水位调查和地下水等水位线图分析，现状条件下，库区两侧地下水分水岭远高于泾河的正常蓄水位，地下水补给河水；水库蓄水后，地下水的流场形态变化不大。同时通过对泾河河谷近岸区的地下水位调查，近岸区内泉水出露点高程均在800.00m以上，河道两岸地下水补给河水，水库蓄水将继续保持现状的补排条件，不会对地下水流场产生影响。在水库库区周边存在分散的民井水源地，水源地的取水层位均高于正常蓄水位，不会改变现状的流场，水库蓄水后不会对分散供水民井产生影响。

4. 对地下水水质影响

东庄水利枢纽建成蓄水后，Ⅰ区地下水位仍高于水库正常蓄水位（坝前为789.00m，库尾回水位为810.00m），没有改变地下水补给河水的关系，对Ⅰ区地下水水质基本无影响。

10.3.2 对老龙山断层至张家山断裂段（Ⅱ区）的影响

在老龙山断裂下游至沙坡断层之间的近岸河段，地下水位普遍较低，低于现状的河水位。水库蓄水后，库水补给地下水，将会导致地下水流场和水化学场发生变化，从而对地下水环境产生影响。

1. 地下水开发利用现状

据调查资料，该区内开采的地下水主要为碳酸盐岩喀斯特水，开采地段主要沿张家山断裂带。灰岩喀斯特水为当地村民的主要生活用水水源。地下水年开采量为1300.0万m^3，其中筛珠洞泉为946.0万m^3。

2. 地下水水质现状

根据水文地质测绘和调查结果分析，在老龙山断层至张家山断裂之间的Ⅱ区内，即筛珠洞泉域，地下水位低于水库的正常蓄水位和下游泾河水位。筛珠洞泉域内有风箱道泉、筛珠洞泉、百井村民井、张宏村民井和王家坪村民井5个喀斯特水供水水源地。

对各供水水源地枯、平、丰现状水质进行监测并按照《地下水质量标准》（GB/T 14848—2017）进行地下水类别评价，现状条件下筛珠洞泉、风箱道泉、张宏村供水井、百井村供水井、王家坪供水井的地下水类别为Ⅱ类。

3. 对地下水流场的影响

根据中国地质科学院水文地质环境地质研究所编制的《陕西省泾河东庄水库工程地下水环境影响评价数值模型预测分析研究》的成果，水库蓄水后存在库水渗漏及绕坝侧渗，导致水位和水质发生变化。在水库采取帷幕防渗的情况下，库水渗漏及其绕坝侧渗没有改变地下水的总径流方向，但导致风箱道泉与筛珠洞泉流量不同程度的增加，其变化见图10.3-1和图10.3-2。通过模型预测分析，在采取帷幕防渗方案下，风箱道泉、筛珠洞泉在蓄水后第20年年末泉水溢出量与现状泉水溢出量对比分别增加了69%和5%。

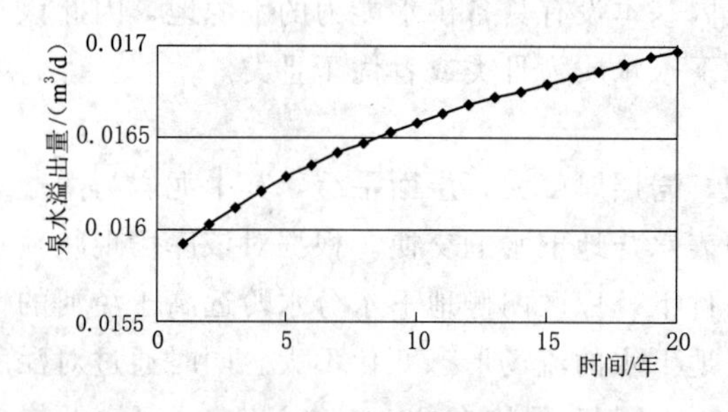

图10.3-1 采取帷幕防渗方案下风箱道泉溢出量历时曲线

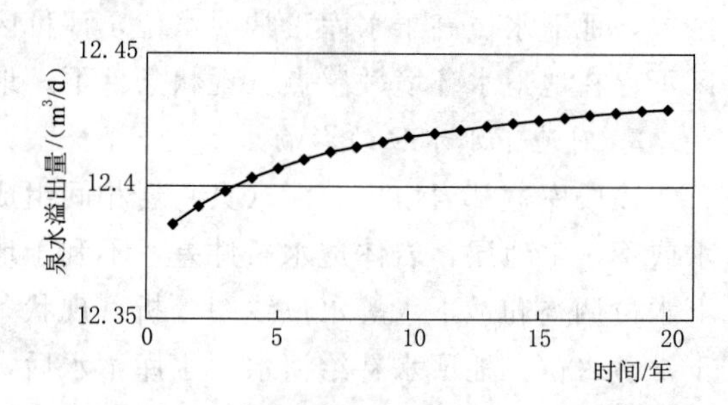

图10.3-2 采取帷幕防渗方案下筛珠洞泉溢出量历时曲线

通过对筛珠洞泉域现状地下水流场和采取帷幕防渗工况下第20年年末地下水流场进行对比，在坝址区附近水位变化较大，第20年年末库区地下水位大幅上升，但地下水上升区范围基本上被限制在沙坡断层以北的库坝区及其附近区域。

4. 对地下水水化学场的影响

对库水中4种溶质（NH_4^+、SO_4^{2-}、TDS、COD_{Mn}）的浓度值以及地下水中该溶质的初始浓度代入数值模型。绘制了筛珠洞泉地下水中溶质的初始浓度场（见图10.3-3）与20年年末预测浓度场（见图10.3-4）。预测了5个典型位置第20年年末地下水溶质运移的变化情况，见表10.3-2。

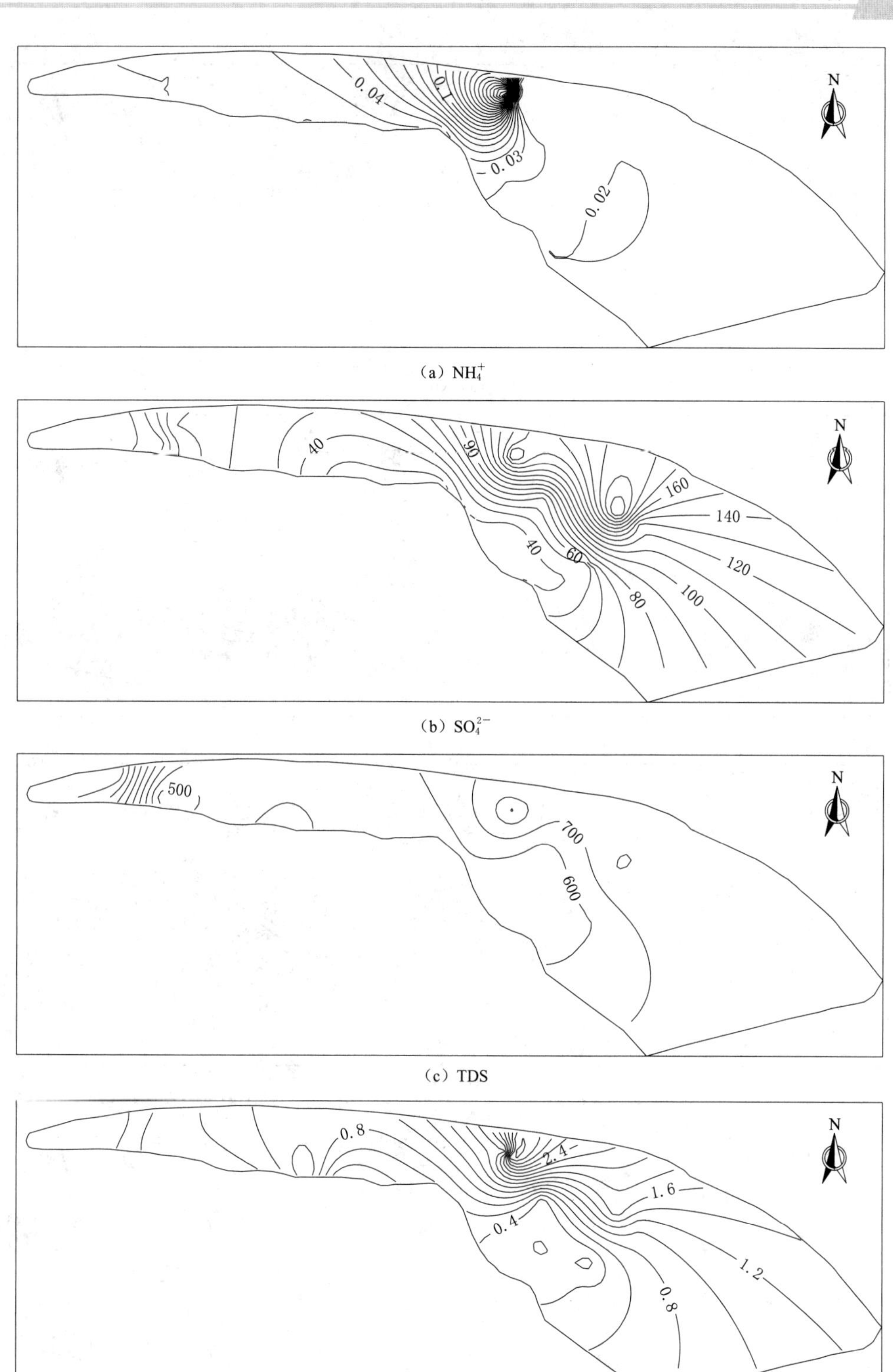

(a) NH_4^+

(b) SO_4^{2-}

(c) TDS

(d) COD_{Mn}

图 10.3-3 天然工况下平水期地下水溶质初始浓度场梯度图

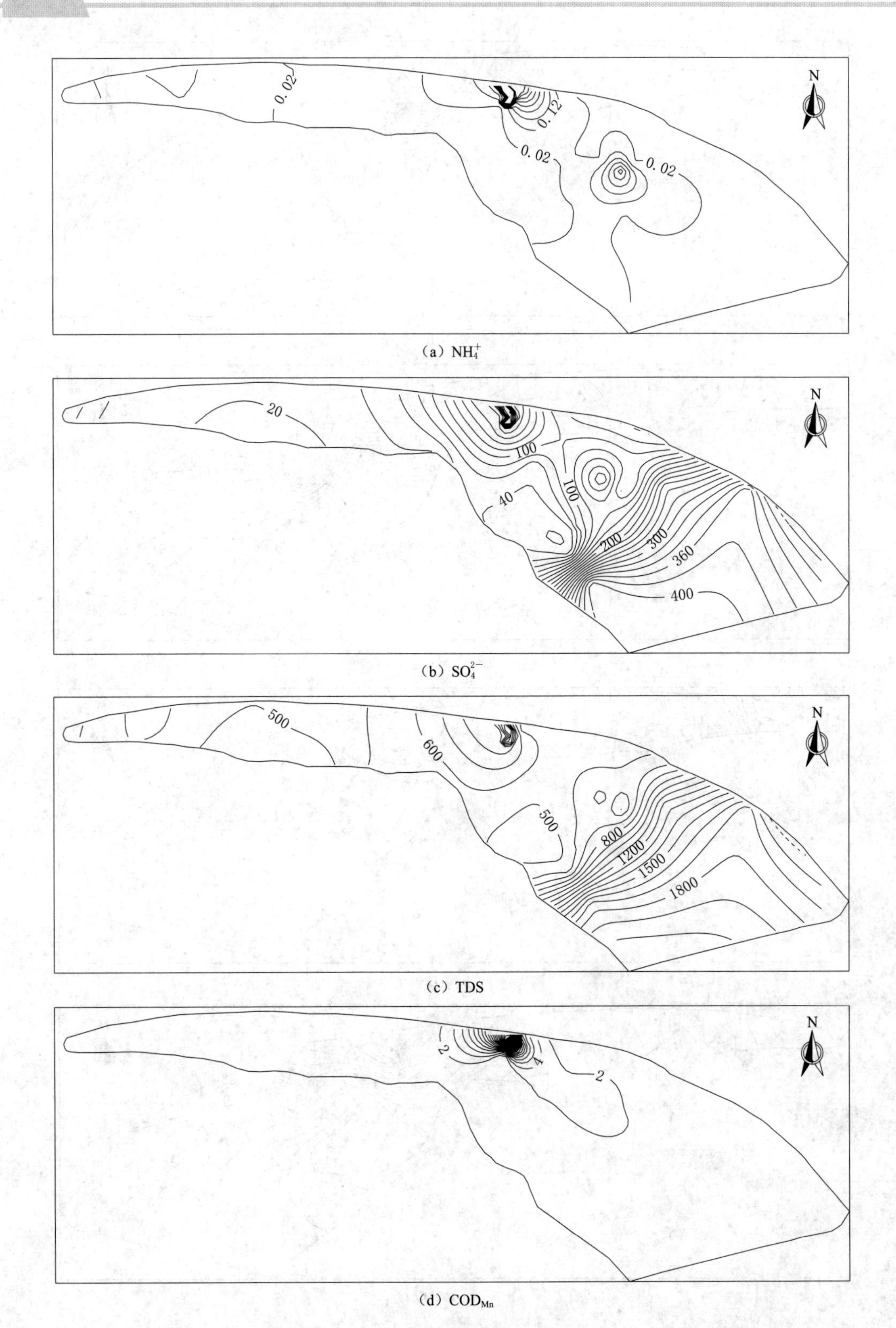

(a) NH_4^+

(b) SO_4^{2-}

(c) TDS

(d) COD_{Mn}

图 10.3-4 采取防渗帷幕第 20 年年末的溶质运移因子浓度场梯度图

表 10.3－2 采取防渗帷幕条件下典型点特征指标浓度变化成果统计表 单位：mg/L

名称	氨氮浓度		硫酸盐浓度		TDS浓度		高锰酸钾指数浓度	
	初始	第20年年末	初始	第20年年末	初始	第20年年末	初始	第20年年末
筛珠洞泉	0.028	<1.0E－08	59.28	<1.0E－08	605.76	<1.0E－08	0.493	6.2E－07
风箱道泉	0.023	1.1E－06	77.69	0.000145	592.57	0.000372	0.227	<1.0E－08
百井村水井	0.015	<1.0E－08	42.91	<1.0E－08	520.07	<1.0E－08	0.264	<1.0E－08
张宏村水井	0.033	<1.0E－08	104.48	<1.0E－08	636.47	<1.0E－08	0.695	<1.0E－08
王家坪水井	0.021	<1.0E－08	49.67	<1.0E－08	636.29	<1.0E－08	0.592	<1.0E－08

根据上述图10.3－4和表10.3－2的模拟结果，库水中四种溶质下渗后对地下水中溶质运移的影响范围大致相近。水库蓄水后，会引起库区和坝址区附近地下水位上升，但不改变地下水的总径流方向，对地下水水质影响的范围集中在库区及其附近，并对筛珠洞泉水质有轻微影响，不会导致地下水质量级别发生变化。

10.3.3 对山前冲洪积平原（Ⅲ区）的影响

1. 地下水开发利用现状

根据调查区的水文地质资料和现场调查情况，该区内开采的地下水主要为松散岩类孔隙水，主要用于当地的生活用水和农业灌溉用水。地下水年开采量约为1750.0万m^3。

2. 地下水水质现状

根据水文地质测绘和调查的结果分析，在张家山断裂带至泾渭交会处属于Ⅲ区，区内的集中供水井有马家崖供水井、西苗村供水井和官苗水源地。对供水井枯水期现状水质进行监测并按照《地下水质量标准》（GB/T 14848—2017）进行地下水类别评价，现状条件下马家崖集中供水井地下水水质类别为Ⅴ类，超标指标为总硬度、TDS、硫酸盐、铁、氯化物和氟化物；西苗村供水井的地下水水质类别为Ⅳ类，超标的指标主要为氟化物和六价铬；官苗水源地的地下水水质类别为Ⅴ类，超标指标为总硬度、TDS、硫酸盐和氯化物。3处的TDS均大于1g/L，为微咸水。

3. 对地下水水位的影响

根据现状地下水位调查和地下水等水位线图分析，泾河两侧地下水分水岭高于泾河的正常水位，河道两岸地下水补给河水。水库建成蓄水后，仅改变了上游来水过程，没有改变地下水补给河水的关系，仍为地下水补给河水，基本不会对区内少量的分散式供水水源地产生影响，因此，水库蓄水将继续保持现状的补排条件，不会对地下水流场产生大的影响。

4. 对地下水水质的影响

根据预测成果水库蓄水后指标增加值与背景值相比是极其微小的，对百井村供水井、张宏村、王家坪和马家崖村供水井水质影响微弱。

10.4 小结

（1）东庄水库蓄水后对地下水环境影响范围为水库正常蓄水后回水可能影响的范围和

蓄水后地下水与库水的补、径、排关系密切的区域。

（2）东庄水库蓄水后，Ⅰ区地下水位仍高于水库正常蓄水位，没有改变地下水补给河水的关系，不会对区内少量的分散式供水水源地产生影响，水库正常蓄水后对Ⅰ区水质、水位基本无影响。

（3）东庄水库蓄水后，Ⅱ区坝址区附近水位变化较大，库区地下水位大幅上升，但地下水上升区范围基本上被限制在沙坡断层以北的库坝区及其附近区域；对地下水水质影响的范围集中在库区及其附近，对筛珠洞泉水质有轻微影响，不会导致地下水质量级别发生变化。

（4）东庄水库蓄水后，Ⅲ区仍为地下水补给河水，水库虽然改变了上游来水过程，但不会对区内地下水流场产生大的影响，对区内分散式供水水源地的水质影响轻微。

参 考 文 献

[1] 白海峰，马占荣，刘宝宪. 鄂尔多斯盆地南缘下奥陶统马家沟组马六段成藏潜力分析 [J]. 西北地质，2010，43 (1)：107-114.

[2] 白选义，韩光，陈博，等. 鄂尔多斯盆地南缘岩溶水系统探析 [J]. 地下水，2005 (1)：29-30，38.

[3] 彬风. 陕西的"三峡工程"——东庄水库 [J]. 陕西水利，1992 (4)：41.

[4] 曹金舟，冯乔，赵伟，等. 鄂尔多斯盆地南缘奥陶纪层序地层分析 [J]. 沉积学报，2011，29 (2)：286-292.

[5] 曾峰，蔡金龙，万伟锋，等. 东庄水库岩溶渗漏三维数值模拟 [J]. 资源环境与工程，2015，29 (5)：538-542.

[6] 陈诚. 鄂尔多斯盆地南缘上奥陶统沉积特征及地质意义 [D]. 北京：中国地质大学（北京），2012.

[7] 陈强. 鄂尔多斯西南缘下古生界岩相古地理研究 [D]. 西安：西北大学，2011.

[8] 陈若缇，李靖. 冯家山水库环境影响后评价 [J]. 人民黄河，2006 (12)：66-68.

[9] 陈晓晖. 羊毛湾水库渗漏与龙岩寺泉水复现 [J]. 水文地质工程地质，1989 (1)：48-52.

[10] 党学亚，张茂省，喻胜虎. 陕西渭北东部寒武纪—奥陶纪岩相古地理与岩溶水赋存关系 [J]. 地质通报，2004 (11)：1103-1108.

[11] 张永军. 东庄水库 70 年的 6 次规划 [J]. 西部大开发，2019 (8)：65-66.

[12] 张永军. 东庄水库 70 年的梦想 [J]. 西部大开发，2019 (8)：64.

[13] 杜朋召，雷春荣，高平. 东庄水库碳酸盐岩库段岩溶控制因素与发育规律研究 [J]. 华北水利水电大学学报（自然科学版），2018，39 (3)：88-92.

[14] 段杰. 鄂尔多斯盆地南缘下古生界碳酸盐岩储层特征研究 [D]. 成都：成都理工大学，2009.

[15] 范高功. 岩溶地下水系统研究 [D]. 西安：西安科技大学，2007.

[16] 傅宏科. 渭北岩溶水特征与安全采煤分区 [C]//陕西省煤炭工业协会. 煤矿水害防治技术研究——陕西省煤炭学会学术年会论文集 (2013). 陕西省煤炭学会，2013.

[17] 傅力浦. 陕西耀县桃曲坡中、上奥陶统及其对比 [J]. 西北地质科学，1981 (1)：105-112.

[18] 高仲斌，华志钧. 渭北煤田奥陶系碳酸盐岩岩溶发育及岩溶水赋存规律 [J]. 陕西煤炭技术，1992 (4)：21-24.

[19] 韩行瑞，梁永平，时坚. 中国西北黄土地区典型岩溶水系统研究 [M]. 桂林：广西师范大学出版社，2002.

[20] 韩行瑞. 岩溶水文地质学 [M]. 北京：科学出版社，2015.

[21] 韩树青. 试论渭北岩溶发育史及新岩溶发育规律 [J]. 煤田地质与勘探，1989 (5)：44-47，71.

[22] 何宇彬，邹成杰. 中国南北方岩溶水特征对比 [J]. 中国岩溶，1996 (3)：54-63.

[23] 侯晨. 泾河东庄水利枢纽工程岩溶地下水同位素水文地球化学特征 [D]. 西安：长安大学，2013.

[24] 华志钧. 渭北岩溶区环境水文地质问题研究 [J]. 中国煤田地质，1998 (4)：67-68，93.

[25] 雷盼盼. 鄂尔多斯盆地西南缘构造演化及其对奥陶系油气成藏条件的影响 [D]. 西安：西北大学，2015.

[26] 李大可. 陕西省羊毛湾水库坝址渗流场的特性及其渗透稳定问题 [J]. 水资源与水工程学报，1990 (4)：78-82.

[27] 李定龙，周治安，王桂梁. 马家沟灰岩（古）岩溶研究中的若干问题探讨 [J]. 地质科技情报，1997（1）：25-30.

[28] 李锋，陕西渭北中部岩溶地下水勘查 [R]. 陕西省地质调查院，2005.

[29] 李孟来. 论泾河东庄水库灰岩坝址渗漏问题 [J]. 水利与建筑工程学报，2008（1）：49-51.

[30] 李清波，万伟锋，王泉伟，等. 东庄水库岩溶渗漏与防渗研究进展 [J]. 资源环境与工程，2015，29（5）：671-676.

[31] 梁杏，张人权，牛宏，等. 地下水流系统理论与研究方法的发展 [J]. 地质科技情报，2012，31（5）：143-151.

[32] 梁永平，王维泰. 中国北方岩溶水系统划分与系统特征 [J]. 地球学报，2010，31（6）：860-868.

[33] 林康，彭德堂，赵迎冬，等. 鄂尔多斯盆地南缘奥陶系平凉组、背锅山组沉积相讨论 [J]. 中国科技信息，2010（13）：17-18.

[34] 刘方. 对鄂尔多斯盆地周边岩溶水系统的几点认识 [J]. 陕西地质，2001（2）：72-74.

[35] 刘建磊，王泉伟，周益民. 东庄水库坝前堆积体成因机制分析及稳定性评价 [J]. 河南水利与南水北调，2016（9）：108-110.

[36] 刘建磊，曾峰，万伟锋，等. 泾河东庄水利枢纽工程初步设计阶段近坝库段岩溶渗漏与防渗专题研究报告 [R]. 黄河勘测规划设计研究院有限公司，2019.

[37] 刘军江. 桃曲坡水库补漏方案优选 [J]. 杨凌职业技术学院学报，2008（4）：97-100.

[38] 刘腾霄. 泾河老龙山至沙坡岩溶河段水量渗漏分析 [J]. 陕西水利，2008（5）：60-61.

[39] 刘文波. 陕西省渭北东部岩溶水开采动态预测——裂隙-孔隙双重介质三维流模型 [D]. 武汉：中国地质大学，2003.

[40] 刘义，梦来. 5次规划4次设计：60年风雨历程 梦想成真终有时——东庄水库前期工作纪实 [J]. 陕西水利，2013（2）：31-34.

[41] 刘志中，徐拴海，郝旗胜. 泾河东庄水库灰岩坝址岩溶渗漏三维电网络模拟试验研究 [J]. 西北水电，1996（3）：33-37.

[42] 马致远，牛光亮，刘方，等. 陕西渭北东部岩溶地下水强径流带的环境同位素证据及其可更新性评价 [J]. 地质通报，2006（6）：756-761.

[43] 马致远，云智汉，李修成，等. 渭北中部筛珠洞泉补给来源的再认识 [J]. 中国岩溶，2014，33（2）：136-145.

[44] 苗旺，万伟锋，邹剑峰，等. 东庄水库工程区岩溶发育特征研究 [J]. 资源环境与工程，2015，29（5）：533-537.

[45] 牛光亮. 渭北隐伏岩溶水循环模式及可更新性研究 [D]. 西安：长安大学，2005.

[46] 牛运光. 病险水库大坝除险加固实例连载之十四——陕西省桃曲坡水库灰岩库区漏水及治理措施 [J]. 大坝与安全，2004（5）：84-85.

[47] 庞军刚，国吉安，李文厚，等. 鄂尔多斯盆地南缘奥陶系浅水台地与深水斜坡砾屑灰岩识别特征 [J]. 西北大学学报（自然科学版），2019，49（6）：961-969.

[48] 彭进夫. 浅析泾河东庄水库灰岩坝址 [J]. 四川水力发电，2005（3）：23-26.

[49] 蒲磊. 鄂尔多斯南缘奥陶系构造沉积演化研究 [D]. 西安：西北大学，2009.

[50] 濮声荣. 冯家山水库古河道渗漏问题 [J]. 人民黄河，1981（4）：36-39，16.

[51] 濮声荣. 论东庄水库岩溶渗漏问题 [J]. 资源环境与工程，2013，27（4）：416-421.

[52] 宋文搏，徐铁铮，濮声荣. 再论东庄水库的岩溶渗漏问题 [J]. 资源环境与工程，2014，28（4）：449-455.

[53] 陶书华. 渭北袁家坡、筛珠洞二泉流量的理论频率计算及其评述 [J]. 中国岩溶，1997（2）：43-49.

[54] 万伟锋，王泉伟，邹剑峰，等. 东庄水库岩溶渗漏几个关键问题的探讨 [J]. 人民黄河，2015，37 (2)：99-103.
[55] 万伟锋，邹剑峰，张海丰，等. 泾河东庄水利枢纽工程可行性研究阶段岩溶渗漏专题研究报告 [R]. 郑州：黄河勘测规划设计有限公司，2015.
[56] 王春永，孙杰. 东庄水库碳酸盐岩库段地下水位特征 [J]. 陕西水利，2020 (10)：113-115，118.
[57] 王德潜，刘祖植，尹立河. 鄂尔多斯盆地水文地质特征及地下水系统分析 [J]. 第四纪研究，2005 (1)：6-14.
[58] 王建杰. 余光夏论东庄水库文选：第二卷 [C]. 西安：陕西省水利水电工程咨询中心，2005.
[59] 王泉伟，常福庆，刘建磊，等. 泾河东庄水利枢纽工程项目建议书阶段岩溶渗漏专题研究报告 [R]. 郑州：黄河勘测设计规划有限公司，2012.
[60] 王泉伟，万伟锋，岳永峰，等. 黄河勘测设计规划有限公司. 泾河东庄水利枢纽工程可行性研究阶段工程地质勘察报告 [R]. 2015.
[61] 王泉伟，刘建磊，常福庆，等. 泾河东庄水利枢纽工程初步设计阶段工程地质勘察报告 [R]. 郑州：黄河勘测规划设计有限公司，2018.
[62] 王艳伟. 泾河东庄水库岩溶渗漏研究 [D]. 北京：中国地质大学（北京），2014.
[63] 魏钦廉，米慧慧，王起琮，肖玲，赖生华. 陕西耀县桃曲坡中奥陶统下平凉组重力流沉积特征 [J]. 地下水，2014，36 (4)：225-227.
[64] 吴宗信，梁纪信，王德成. 灰岩库区漏水及治理 [J]. 陕西水利，1990 (5)：18-22.
[65] 吴宗信，梁纪信，王德成. 桃曲坡水库灰岩库区的漏水情况及治理措施 [J]. 水利水电技术，1990 (12)：49-52.
[66] 吴宗信，梁纪信，王德成. 桃曲坡水库灰岩库区漏水及治理 [J]. 水利与建筑工程学报，1991 (2)：103-106.
[67] 许强. 鄂尔多斯盆地西、南缘奥陶系马家沟组沉积体系 [D]. 成都：成都理工大学，2010.
[68] 闫福贵，梁永平，张翼龙，龙文华，霍改兰，郑成杰. 鄂尔多斯盆地周边地区岩溶发育模式及岩溶地下水开发利用探讨 [J]. 地学前缘，2010，17 (6)：227-234.
[69] 杨会峰，王贵玲，张翼龙. 中国北方地下水系统划分方案研究 [J]. 地学前缘，2014，21 (4)：74-82.
[70] 余光夏. 论陕西省泾河东庄水库工程 [J]. 西北水电，1990 (2)：1-10.
[71] 余光夏，王宇. 论泾河东庄水库的岩溶防渗处理措施 [J]. 西北水电，1994 (3)：42-48.
[72] 余光夏. 余光夏论东庄水库文选：第一卷 [C]. 西安：陕西省水利厅，1996.
[73] 余光夏. 泾河东庄水库论文选集 [C]. 西安：陕西省水利厅，1999.
[74] 余光夏. 泾河东庄水库论文选集——重要参考文献资料汇编 [C]. 西安：陕西省水利厅，2000.
[75] 袁路朋，周洪瑞，景秀春，等. 鄂尔多斯盆地南缘奥陶系碳酸盐微相及其沉积环境分析 [J]. 地质学报，2014，88 (3)：421-432.
[76] 袁路朋. 鄂尔多斯盆地南缘奥陶系碳酸盐微相及其沉积环境分析 [D]. 北京：中国地质大学（北京），2014.
[77] 张杰. 宝鸡峡、羊毛湾灌区地下水动态特征研究 [D]. 西安：长安大学，2017.
[78] 张晶晶. 耀县-富平地区中晚奥陶世生物礁特征及古地理研究 [D]. 西安：西安石油大学，2016.
[79] 张晓霞. 渭北西部岩溶水的赋存特征 [D]. 西安：西安科技大学，2008.
[80] 张兴安. 陕西省桃曲坡水库库区渗漏问题探析 [J]. 地下水，2004 (2)：150-152.
[81] 张之淦. 岩溶发生学 [M]. 桂林：广西师范大学出版社，2006.
[82] 赵宏章. 冯家山水库大坝渗流观测资料分析 [J]. 西北水电，1998 (3)：3-5.
[83] 赵宏章. 冯家山水库地下水动态分析 [J]. 水利管理技术，1997，17 (1)：36-38.
[84] 赵文彦. 渭北喀斯特特征及库坝渗漏问题的初步分析 [J]. 中国喀斯特，1986 (1)：51-56.

[85] 赵迎冬，彭德堂，林康. 鄂尔多斯盆地南缘东庄页岩的两点讨论 [J]. 内江科技，2010，31 (3)：86.

[86] 赵永寿. 渭北东部岩溶发育的规律性探讨 [J]. 陕西地质，1993 (1)：62-71.

[87] 周伟东，黄海真，田惠娟，周莹莹. 东庄水库工程对泾渭湿地生态影响浅析 [J]. 环境生态学，2020，2 (10)：50-54.

[88] 邹成杰. 深岩溶发育的基本规律与水库岩溶渗漏的研究 [C]//中国地质学会工程地质专业委员会. 第四届全国工程地质大会论文选集（三）. 中国地质学会工程地质专业委员会：工程地质学报编辑部，1992.

[89] 邹成杰. 水库坝址岩溶渗漏及防渗处理实例分析 [C]//西部水利水电开发与岩溶水文地质论文选集. 中国地质学会工程地质专业委员会、湖北省地质学会水文地质工程地质环境地质专业委员会、湖北省地质学会地质灾害与岩土工程专家咨询工作委员会：湖北省科学技术协会，2004.

[90] 邹成杰. 岩溶地区地下水位动态分析 [J]. 中国岩溶，1995 (3)：261-269.

[91] 邹成杰. 岩溶区地温场与岩溶渗漏问题的研究 [J]. 中国岩溶，1989 (2)：58-65.